电工电子技术及应用

张 翼 支壮志 王妍玮 主编

化学工业出版社

·北京·

内容简介

本书根据教育部颁发的"电工电子技术"教学基本要求编写，主要内容包括电路的基本定律及分析方法、单相和三相正弦交流电路的基础知识、变压器及安全用电基础知识、电动机的基本原理及控制电路、半导体及半导体器件、各种放大电路的分析方法、逻辑代数的基础知识及集成数字器件的逻辑功能和使用方法以及电工电子技术在工程中的应用。

本书适合作为高等院校工科非电类专业及相关专业电工电子技术课程的教材。

图书在版编目（CIP）数据

电工电子技术及应用／张翼，支壮志，王妍玮主编.
—北京：化学工业出版社，2022.1（2023.9 重印）
ISBN 978-7-122-40029-1

Ⅰ.①电… Ⅱ.①张… ②支… ③王… Ⅲ.①电工技术-高等学校-教材②电子技术-高等学校-教材 Ⅳ.①TM②TN

中国版本图书馆 CIP 数据核字（2021）第 201547 号

责任编辑：高墨荣　　　　　　　　　　装帧设计：刘丽华
责任校对：宋　夏

出版发行：化学工业出版社（北京市东城区青年湖南街 13 号　邮政编码 100011）
印　　装：北京科印技术咨询服务有限公司数码印刷分部
787mm×1092mm　1/16　印张 18¾　字数 429 千字　2023 年 9 月北京第 1 版第 2 次印刷

购书咨询：010-64518888　　　　　　售后服务：010-64518899
网　　址：http://www.cip.com.cn
凡购买本书，如有缺损质量问题，本社销售中心负责调换。

定　　价：66.00 元

前　言

　　随着生产的发展和技术的进步，在现代化工业、农业、交通运输、国防、通信及日常生活中，电的应用越来越广泛。

　　电工电子技术课程是一门专业基础课程，其内容包括电工基础、电机及其拖动、电子技术等。随着高校教学改革的不断进行，一些学校的非电类专业的电工电子技术课程要求向着少而精转变，工科非电类专业设置这门课程的目的是使学生掌握电工与电子技术最低限度的基础理论知识，受到必要的计算和基本技能的训练，能正确使用本专业常见的电气设备，为专业技术方面的进一步学习和从事工程技术工作打下必要的基础。

　　本书根据教育部颁发的"电工电子技术"教学基本要求编写，适用于非电类专业电工与电子技术的教学，主要内容包括电路的基本定律及分析方法、单相和三相正弦交流电路的基础知识、变压器及安全用电基础知识、电动机的基本原理及控制电路、半导体及半导体器件、各种放大电路的分析方法、逻辑代数的基础知识及集成数字器件的逻辑功能和使用方法以及电工电子技术在工程中的应用。

　　本书在理论方面注重少而精的原则，整体结构上有较强的系统性，前后呼应，自成一体，各个章节又有相对的独立性，便于不同专业选用。本书在叙述上概念清楚，深入浅出，通俗易懂，便于自学。

　　本书由张翼、支壮志、王妍玮任主编，孙言、张红艳任副主编。其中，第1、2章由张红艳编写，第3章由马骄编写，第4、5章由张翼编写，第6、7章由支壮志编写，第8、9章由孙言编写，第10～12章由王妍玮编写，附录由朱丹收集整理。全书由支壮志、张翼负责统稿。

　　由于水平有限，书中难免有不妥之处，敬请读者批评指正。

编者

目 录

第 1 章 电路基础

第 2 章 电路的瞬态分析

第 3 章 正弦交流电路

第 4 章　变压器

第 5 章　三相异步电动机

第 6 章　常用控制电器与电气控制技术

第 9 章　集成运算放大器

第 10 章　数字逻辑电路基础

第 11 章　模拟量与数字量的转换

第 12 章 电工电子技术的工程应用

附录

参考文献

CHAPTER 1

第1章
电路基础

本章是电工与电子技术的理论基础,主要讨论电路的基本概念、基本定律和电路的分析与计算方法。

1.1 电路模型

1.1.1 电路的组成与功能

电路是电流所通过的路径,也称回路,它是为了某种需要由电气设备和元器件按一定方式连接起来的。手电筒电路、单个照明灯电路是实际应用中较为简单的电路,而电动机电路、雷达导航设备电路、计算机电路是较为复杂的电路,但不论简单还是复杂,电路都包含三个基本组成部分:电源、负载和中间环节。

电源是向电路提供电能或电信号的设备,它可以将其他形式的能量,如化学能、热能、机械能、原子能等转换为电能。在电路中,电源是"激励",是激发和产生电流、电压(称为"响应")的因素。

负载是取用电能或电信号的设备,其作用是把电能转换为其他形式的能量(如机械能、热能、光能等)。通常,在生产与生活中经常用到的白炽灯、电动机、电炉、扬声器等用电设备都是电路中的负载。

中间环节在电路中起着传递电能、分配电能和控制整个电路的作用。最简单的中间环节即开关和连接导线,一个实际电路的中间环节通常还有一些保护和检测装置,复杂的中间环节可以是由许多电路元器件组成的网络系统。

图 1-1 所示为一个简单的手电筒照明电路,这是一个由干电池和小灯泡、开关和连接导线组成的照明电路。在该电路中,电池作为电源,小灯泡作为负载,导线和开关作为中间环节,将小灯泡和电池连接起来。

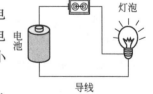

图 1-1 手电筒照明电路

在电力、通信、计算机、信号处理、控制等各个电气工程技术领域中,都使用大量的电路来完成各种各样的任务。电路的功能大致可分为以下两方面。

① 实现电能的传输、分配和转换。例如电力供电系统、照明设备电路、电动机电路等。这类电路主要是利用电能,其电压、电流、功率相对较大,频率较低,也称为强电系统。

② 实现电信号的传递、变换、存储和处理。例如电话、扩音机电路用来传送和处理音频信号,万用表电路用来测量电压、电流和电阻,计算机的存储器电路用来存放数据和程序。这类电路主要用于处理电信号,其电压、电流、功率相对较小,频率较高,也称为弱电系统。

1.1.2　电路中常见的元器件及电路模型

实际电路都是由一些按需要起不同作用的电路元件或器件所组成，诸如发电机、变压器、电动机、电池以及各种电阻器和电容器等，它们的电磁性质较为复杂。最简单的，例如一个白炽灯，它除具有消耗电能的性质（电阻性）外，当通有电流时还会产生磁场，说明它还具有电感性，但电感十分微弱，可忽略不计。人们设计制作某种元器件是要利用它的某种物理性质，譬如说，制作一个电阻器是要利用它的电阻性质，即对电流呈现阻力的性质；制作一个电源是要利用它的两极间能保持一定电压的性质；制作连接导体是要利用它的优良导电性能，使电流顺利流过。但是，实际上不可能制造出只表现出单一性质的器件，例如：

① 一个实际的电阻器在有电流流过的同时还会产生磁场，因而还兼有电感的性质。

② 一个实际电源总有内阻，因而在使用时不可能总保持一定的端电压。

③ 连接导体总有一点电阻，甚至还有电感。

这样就给电路分析带来了困难，因此，必须在一定条件下对实际器件加以理想化，忽略它的次要性质，用一个足以表征其主要性能的模型来表示。例如：

① 灯泡的电感是极其微小的，把它看作一个理想的电阻元件是完全可以的。

② 一个新的干电池，其内阻与灯泡的电阻相比可以忽略不计，把它看作一个电压恒定的理想电压源也是完全可以的。

③ 在连接导体很短的情况下，导体的电阻完全可以忽略不计，可看作是理想导体。

于是理想电阻元件就构成了灯泡的模型，理想电压源就构成了电池的模型，而理想导体则构成了连接导体的模型。各种实际元器件都可以用理想模型来近似地表征它的性质。用抽象的理想电路元件及其组合，近似地代替实际的器件，从而构成了与实际电路相对应的电路模型，它是对实际电路电磁性质的科学抽象和概括。在理想电路元件（简称电路元件）中主要有电阻元件、电感元件、电容元件和电源器件等。这些电路元件分别由相应的参数来表征。例如图 1-1 中的常用手电筒，其实际电路元器件有干电池、小灯泡、开关和连接导线，其对应的电路模型如图 1-2 所示，灯泡是电阻元件，其参数为电阻 R；干电池是电源器件，其参数是电动势 E 和内阻 R_0；连接导线是连接干电池与电阻的中间环节（包括开关），其电阻忽略不计，认为是一个无电阻的理想导体。此后本书所涉及的都是电路模型，简称电路。在电路图中，各种电路元件用规定的图形符号表示。

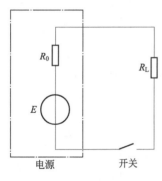

图 1-2　手电筒的电路模型

1.2　电路中的基本物理量及参考方向

1.2.1　电路中的基本物理量

电路中的主要物理量有电流、电压、电荷、磁链、能量、电功率等。在线性电路分析中人们主要关心的物理量是电流、电压和电功率。

（1）电流

带电粒子的定向移动形成电流。电流的大小称为电流强度（简称电流），是指单位时间内通过导体横截面的电荷量，用 $i(t)$ 表示。根据定义有：

$$i(t) = \frac{\mathrm{d}q}{\mathrm{d}t} \tag{1-1}$$

式中，电荷 q 的单位为库仑（C）；时间 t 的单位为秒（s）；电流 i 的单位为安培（A）。除了安培（A）外，常用的单位有毫安（mA）、微安（μA），它们之间的换算关系如下：

$$1A = 10^3\,\mathrm{mA} \tag{1-2}$$

$$1\mathrm{mA} = 10^3\,\mu A \tag{1-3}$$

如果电流的大小和方向不随时间变化，这种电流称为恒定电流，简称直流，一般用大写字母 I 表示。如果电流的大小和方向都随时间变化，则称为交变电流，简称交流，一般用小写字母 i 表示。

（2）电压

电压是指电场中两点间的电位差（电势差），电压的实际方向规定是从高电位指向低电位，a、b 两点之间的电压在数值上等于电场力驱使单位正电荷从 a 点移至 b 点对其所做的功，即

$$u(t) = \frac{\mathrm{d}W}{\mathrm{d}q} \tag{1-4}$$

式中，$\mathrm{d}q$ 为从 a 点转移到 b 点的正电荷量，库仑（C）；$\mathrm{d}W$ 为转移过程中电场力对电荷 $\mathrm{d}q$ 所做的功，焦耳（J）；$u(t)$ 为电压，伏特（V）。

如果正电荷由 a 点转移到 b 点，电场力做了正功，则 a 点为高电位，即正极，b 点为低电位，即负极；如果正电荷由 a 点转移到 b 点，电场力做了负功，则 a 点为低电位，即负极，b 点为高电位，即正极。

如果正电荷量及电路极性都随时间变化，则称为交变电压或交流电压，一般用小写字母 u 表示；若电压大小和方向都不变，称为直流（恒定）电压，一般用大写字母 U 表示。

（3）电位

电位定义：正电荷在电路中某点所具有的能量与电荷所带电量的比称为该点的电位，或者说是电场力把单位正电荷从电场中的一点移到参考点所做的功。符号用 V 表示，单位是伏特（V）。

电路中的电位具有相对性，只有先确定了电路的参考点，再讨论电路中各点的电位才有意义。电路理论中规定：电位参考点的电位取零值，其他各点的电位值均要和参考点相比，高于参考点的电位是正电位，低于参考点的电位是负电位。

理论上，参考点的选取是任意的。但实际应用中，由于大地的电位比较稳定，所以经常以大地作为电位参考点。有些设备和仪器的底盘、机壳往往需要与接地极相连，这时也常选取与接地极相连的底盘或机壳作为电位参考点。电子技术中的大多数设备，很多元件常常汇集到一个公共点，为方便分析和研究，也常常把电子设备中的公共连接点作为电位参考点。在生产实践中，把地球作为零电位点，凡是机壳接地的设备，机壳电位为零电

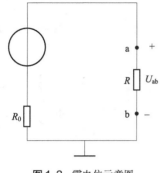

图1-3　零电位示意图

位。有些设备或装置的机壳并不接地，而是把许多元件的公共点作为零电位点。为了方便分析问题，参考点用符号"⊥"表示，如图1-3所示。

电位的高低正负都是相对于参考点而言的。只要电位参考点确定之后，电路中各点的电位数值就是唯一确定的了。电路中其他各点相对于参考点的电压就是各点的电位，因此，任意两点间的电压等于这两点的电位之差，即

$$U_{ab} = V_a - V_b \tag{1-5}$$

电路中各点电位的高低是相对的，参考点不同，各点电位的高低不同，但是电路中任意两点之间的电压与参考点的选择无关。电路中，凡是比参考点电位高的各点电位都是正电位，比参考点电位低的各点电位都是负电位。

【**例1-1**】求图1-4中a点的电位V_a。

+12V　50Ω　a　30Ω　−4V　　　+12V　40Ω　30Ω　a

(a)　　　　　　　　　　　　(b)

图1-4　例1-1图

对于图1-4(a)，有$V_a = -4 + \dfrac{30}{50+30} \times (12+4) = 2(\text{V})$。

对于图1-4(b)，因30Ω电阻中的电流为零，故$V_a = 0$。

(4) 电功率

电流通过电路时传输或转换电能的速率，即单位时间内电场力所做的功，称为电功率。数学描述为

$$p = \frac{\mathrm{d}W}{\mathrm{d}t} \tag{1-6}$$

式中，p表示功率，国际单位为瓦特（W），规定元件1s内提供或消耗1J能量时的功率为1W。常用的单位还有千瓦（kW）。

将式(1-6)等号右边的分子、分母分别乘以$\mathrm{d}q$后，变为

$$p = \frac{\mathrm{d}W}{\mathrm{d}t} = \frac{\mathrm{d}W}{\mathrm{d}q} \times \frac{\mathrm{d}q}{\mathrm{d}t} = ui \tag{1-7}$$

可见，元件吸收或发出的功率等于元件上的电压乘以元件中的电流。

在直流电路中，电功率可表示为

$$P = UI \tag{1-8}$$

式(1-7)或式(1-8)中的电压和电流为关联参考方向时，则P为元件吸收的电功率。若在某一时刻，$P>0$，表明此电路（或元件）吸收功率；若$P<0$，表明此电路（或元件）提供功率或发出功率。

　　根据能量守恒定律，一个电路中，一部分元件或电路发出的功率一定等于其他部分元件或电路吸收的功率，或者说整个电路的功率是守恒的。

1.2.2　电路的参考方向

　　电流的方向是客观存在的，但在分析较为复杂的直流电路时，往往难于事先判断电路中电流的实际方向。对于交流，其方向随时间而变，在电路图上也无法用一个箭头来表示它的实际方向。为此，在分析与计算电路时，常可任意选定某一方向作为电流的参考方向，或称为正方向。当电流的实际方向与其参考方向一致时，则电流为正值，如图 1-5(a) 所示；反之，当电流的实际方向与其参考方向相反时，则电流为负值，如图 1-5(b) 所示。这样，在指定的电流参考方向下，电流值的正和负就可以反映出电流的实际方向。另一方面，只有规定了参考方向后，才能写出随时间变化的电流函数式。

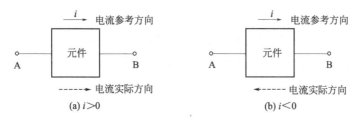

图1-5　电流的参考方向

　　电流的参考方向可以任意指定，不一定与电流的实际方向一致，一般用箭头表示，也可以用双下标表示，例如 i_{AB} 表示参考方向由 A 到 B。

　　同理，对电路两点之间的电压也需指定参考方向或参考极性。在表达两点之间的电压时用正极性（＋）表示高电位，负极性（－）表示低电位，而正极指向负极的方向就是电压的参考方向。指定电压的参考方向后，电压就是一个代数量，如图 1-6(a) 中，电压 u 的参考方向是由 A 指向 B，也就是假定 A 点的电位比 B 点的电位高。如果 A 点的电位确实高于 B 点的电位，即电压的实际方向是由 A 到 B，那么两者的方向一致，则 $u>0$。若实际电位是 B 点高于 A 点，则 $u<0$，如图 1-6(b) 所示。也可以用双下标来表示电压，如用 u_{AB} 表示 A 与 B 之间的电压，其参考方向为由 A 指向 B。

图1-6　电压的参考方向

　　一个元件的电流或电压的参考方向可以独立任意指定。如果指定流过元件的电流的参考方向是自电压的参考正极指向参考负极，即两者的参考方向一致，这样设定的参考方向称为关联参考方向，如图 1-7(a) 所示；当两者不一致时称为非关联参考方向，如图 1-7(b) 所示。

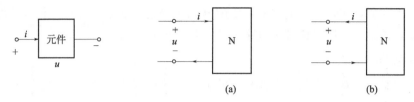

图 1-7   关联和非关联参考方向

1.3   理想电路元件及电气设备的额定值

将实际电路元器件理想化而得到的只具有某种单一电磁特性的电路元件称为理想电路元件，简称电路元件。每种电路元件都体现了某种基本现象，具有某种确定的电磁特性和精确的数学意义。常用的电路元件有表示将电能转化为热能的电阻元件、表示电场性质的电容元件、表示磁场性质的电感元件及电压源元件和电流源元件等，其电路符号如图 1-8 所示。

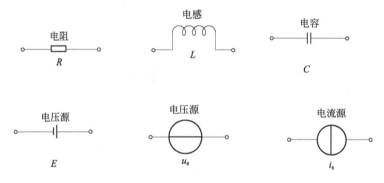

图 1-8   理想电路元件的符号

电路元件是构成电路的基本单元。元件按一定方式进行互连而组成电路，这种连接是通过元件端子来实现的。元件就其端子的数目而言，可分为二端元件和多端元件。同时，电路元件又有有源、无源的区别。电路中常见的无源理想二端元件有电阻、电感和电容，无源理想多端元件有晶体管、运算放大器、变压器等；有源元件有理想电压源和理想电流源。

每一个理想电路元件的电压 u 或电流 i 或电压与电流之间的关系都有着确定的规定，例如电阻元件上的电压与电流关系为 $u=f(i)$；电容元件上电荷 q 与电压 u 的关系为 $q=f(u)$，电感元件上磁通链 Ψ 与电流 i 的关系为 $\Psi=f(i)$。如果表征元件特性的代数关系为线性关系，则称该元件称为线性元件；否则称为非线性元件。如果元件参数是时间 t 的函数，对应的元件称为时变元件；否则称为时不变元件。

1.3.1   电阻元件

电阻元件是表征电路中消耗电能的理想元件。电阻元件分为线性电阻和非线性电阻两类，如无特殊说明，均指线性电阻元件。在交流电路中，白炽灯、电阻炉、电烙铁等均可看成是线性电阻元件。如图 1-9(a) 所示为线性电阻的符号，在电流和电压的关联参考方向下，其端口的伏安关系为

$$u = Ri \tag{1-9}$$

式中，R 为常数，称为电阻。可见，凡是服从欧姆定律的元件都是线性电阻元件。图 1-9(b) 为线性电阻元件的伏安特性曲线。u、i 可以是时间 t 的函数，也可以是常量（直流）。

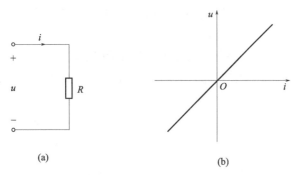

(a)   (b)

图 1-9 电阻的符号和伏安特性曲线

在国际单位制中，电阻的单位是欧姆（Ω），常用的单位还有千欧（kΩ）、兆欧（MΩ）。

电阻的倒数称为电导 G，即

$$G = \frac{1}{R} \tag{1-10}$$

电导的单位是西门子（S）。

如果电流和电压参考方向为非关联，则有

$$u = -Ri \quad 或 \quad i = -Gu \tag{1-11}$$

电阻是一种耗能元件。当电阻通过电流时，就会发生电能转换为热能的过程。热能向周围扩散后，不可能再直接回到电源而转换为电能。电阻吸收的功率为

$$p = ui = i^2 R = \frac{u^2}{R} \tag{1-12}$$

在直流电路中

$$P = UI = I^2 R = \frac{U^2}{R} \tag{1-13}$$

对于线性电阻，当 $R = \infty$ 或 $G = 0$ 时，称为开路，此时无论端电压为何值，其电流恒为零；当 $R = 0$ 或 $G = \infty$，称为短路，电阻元件相当于一段理想导线，此时无论电流为何值，其端电压恒为零。

1.3.2 电容元件

电容元件是一种表征电路元件储存电荷特性的理想元件，简称电容。电容的原始模型为由两块金属极板中间用绝缘介质隔开的平板电容器，当在两极板上加上电压后，极板上分别积聚了等量的正、负电荷，在两极板之间产生电场。积聚的电荷越多，所形成的电场

就越强，电容元件所储存的电场能也就越大。

电容（或称电容量）是表示电容元件容纳电荷能力的物理量，人们把电容器的两极板间的电势差增加1V所需的电荷量，称为电容器的电容，记为 C。其定义为

$$C = \frac{q}{\mu} \tag{1-14}$$

C 是一个常数，单位是法拉（F）。除了法拉（F）外，电容常用的单位还有微法（μF）、皮法（pF），它们之间的换算关系是 $1F = 10^6 \mu F$、$1\mu F = 10^6 pF$。

电容元件也有线性、非线性、时不变和时变的区分，本书只讨论线性时不变二端电容元件。

任何一个二端元件，如果在任意时刻的电荷量和电压之间的关系总可以由 q-u 平面上一条过原点的直线所决定，则此二端元件称为线性时不变电容元件，如图1-10所示。

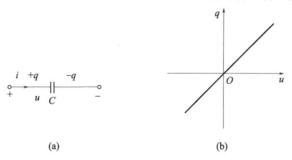

(a)　　　　　　　　　(b)

图1-10　电容的符号和特性

线性电容 C 不随其上的 q 或 u 情况变化。对于极板电容而言，其大小只取决于极板间介质的介电常数 ε、电容极板的正对面积 S 及极板间距 d，即

$$C = \frac{\varepsilon S}{d} \tag{1-15}$$

当电容接上交流电压 u 时，不断被充电、放电，极板上的电荷也随之变化，电路中出现了电荷的移动，形成电流 i。若 u、i 为关联参考方向，则有

$$i = \frac{\mathrm{d}q}{\mathrm{d}t} = \frac{\mathrm{d}(Cu)}{\mathrm{d}t} = C\frac{\mathrm{d}u}{\mathrm{d}t} \tag{1-16}$$

由此可见，电路中流过电容的电流大小与其两端的电压变化率成正比。电压变化越快，电流越大，而当电压不变时，电流为零，所以电路稳定时电容元件对直流可视为断路，因此电容具有"隔直通交"的作用。

对式(1-16)进行积分，可得

$$u(t) = u(0) + \frac{1}{C}\int_0^t i(t)\,\mathrm{d}t \tag{1-17}$$

由此可见，电容元件某一时刻的电压不仅与该时刻流过电容的电流有关，还与初始时刻的电压大小有关。可见，电容是一种电压"记忆"元件。

对于任意线性时不变的正值电容，电容元件吸收的功率为

$$p = ui = Cu\frac{\mathrm{d}u}{\mathrm{d}t} \tag{1-18}$$

则电容从 0 到 t 时间内，其两端电压由 0V 增大到 U 时，吸收的电能为

$$W = \frac{1}{2}CU^2 \tag{1-19}$$

式(1-19) 表明，对于同一个电容元件，当电场电压高时，它储存的能量多；对于不同的电容元件，当充电电压一定时，电容量大的储存的能量多。从这个意义上讲，电容 C 是电容元件储能本领大小的标志。

当电场电压增高时，电容从外部电路吸收能量，为充电过程；反之，当电场电压降低时，电容向外部电路释放能量，为放电过程。电容可以储存电能，但并没有消耗掉，所以称为储能元件。而电容释放的电能也是取之于电路，它本身并不产生能量，所以它是一种无源元件。

实际电容器除了标注电容量外，还要标注耐压值，即该电容器所能承受的最大电压值。

1.3.3　电感元件

载流导体的周围会产生磁场。如果将导线（如漆包线、纱包线等）绕制成线圈，如图 1-11(a) 所示。当通以电流时，线圈中将会产生较强的磁场。电感元件是实际线圈的一种理想化模型，它能够储存和释放磁场能量。空心电感线圈常可抽象为线性电感，用图 1-11(b) 所示的符号表示。

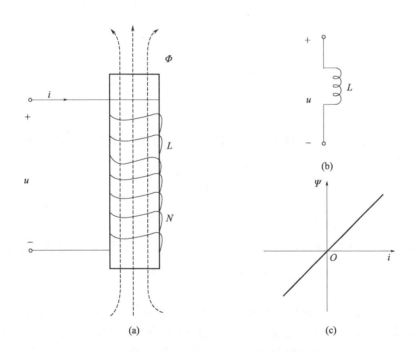

图 1-11　线圈、电感符号及特性

假设电感线圈的匝数为 N，当如图 1-11 通以电流 i 时，根据右手螺旋定则，可确定磁通量 Φ 的方向。磁通量 Φ 与线圈的匝数 N 的乘积称为磁通链 $\Psi = N\Phi$，单位是韦伯（Wb）。

表征电感元件产生磁通、存储磁场能力的参数称为电感，用 L 表示。它在数值上等

于单位电流产生的磁通链，即

$$L = \frac{\Psi}{i} \qquad (1\text{-}20)$$

电感 L 也称自感系数，基本单位是亨利（H），$1H = 1Wb/A$。常用的单位还有毫亨（mH）和微亨（μH），它们之间的换算关系如下

$$1H = 10^3 mH, 1mH = 10^3 \mu H \qquad (1\text{-}21)$$

任何一个二端元件，如果在任意时刻的磁通链和电流之间的关系总可以由 $\Psi\text{-}i$ 平面上一条过原点的直线所决定，则此二端元件称为线性电感元件，如图 1-11(c) 所示。线性电感 L 不随电路的 Ψ 或 i 变化。对于密绕长线圈而言，其 L 的大小只取决于磁导率 μ、线圈匝数 N、线圈截面积 S 及长度 l。

根据电磁感应定律，当磁通链随时间变化时，将在线圈中产生感应电压 u，即

$$u = \frac{d\Psi}{dt} \qquad (1\text{-}22)$$

如果线圈电流 i 的参考方向与磁通链 Ψ 的参考方向成右手螺旋关系，则有 $\Psi = Li$，所以电感的伏安特性关系为

$$u = L\frac{di}{dt} \qquad (1\text{-}23)$$

由此可见，电路中电感元件两端的电压大小与这一瞬间的电流变化率成正比。电流变化越快，电压越高。如果电感元件中通过的是直流电流，稳定时因电流的大小不变，则电感上的感应电压就为零，所以稳定时电感元件对直流可视为短路。

对式(1-23)进行积分，如果取初始时刻 $t_1 = 0$，可得电感的 $u\text{-}i$ 积分关系

$$i(t) = i(0) + \frac{1}{L}\int_0^t u(t)dt \qquad (1\text{-}24)$$

由此可见，电感元件某一时刻流过的电流不仅与该时刻电感两端的电压有关，还与初始时刻的电流大小有关。可见，电感是一种电流"记忆"元件。

在电压、电流关联参考方向下，电感元件的吸收功率为

$$p = u(t)i(t) = Li\frac{di}{dt} \qquad (1\text{-}25)$$

则电感线圈在 0 到 t 时间内，线圈中的电流从 0A 变化到 I 时，吸收的能量为

$$W = \int_0^t p\,dt = \int_0^I Li\,di = \frac{1}{2}LI^2 \qquad (1\text{-}26)$$

可见，电感元件在一段时间内储存的能量与其电流的平方成正比。当通过电感的电流增加时，电感元件从外部电路吸收能量，将电能转换为磁能并储存在磁场中；当通过电感的电流减小时，电感元件就将储存的磁能转换为电能，向外部电路释放能量。所以电感和电容一样，也是储能元件，它以磁场能量的形式储能。同时，电感释放的电能来自电路，不会释放多于它吸收或储存的能量，因此它也是一种无源的储能元件。

实际的空心电感线圈除了要标注电感量以外，还考虑了内阻的影响，要标注出内阻值的大小。

1.3.4　独立电压源

电源是一种把其他形式的能转换成电能的装置。任何电路工作时都首先要由电源提供能量，实际的电源种类多样，有电池、发电机、信号源等，电池能把化学能转换成电能，发电机能把机械能转换成电能，信号源是指能提供信号的电子设备。近年来，新能源的应用发展很快，如太阳能和风力发电等。

独立源是从实际电源中抽象出来的一种电路模型，分为独立电压源（也称为理想电压源，简称电压源）和独立电流源（也称为理想电流源，简称电流源）。电压源的电压或电流源的电流一定，不受外电路的控制而独立存在。

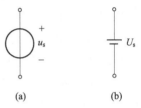

独立电压源是一个理想二端元件，它的端电压总保持为一个确定的值 U_s 或是确定的时间函数 $u_s(t)$，与通过它的电流 $i(t)$ 无关。当电流为零时，其两端仍有电压 U_s 或 $u_s(t)$。而电压源的电流值由外电路决定，当电压源所连接的外电路不同时，流经电源的电流也不同。独立电压源的符号如图 1-12 所示。图 1-12(a) 中"+""−"符号表示电压源的电压方向；图 1-12(b) 表示恒定电压源或直流电压源，长线表示电源的"+"端。

图 1-12　独立电压源

图 1-13(a) 所示的是电压源接外电路的情况。端子 1、2 之间的电压 $u(t)$ 总是等于 $u_s(t)$，不受外电路影响。图 1-13(b) 给出了电压源在 t_1 时刻的伏安特性曲线，它是一条不通过原点且与电流轴平行的直线。当 $u_s(t)$ 随时间改变时，这条平行于电流轴的直线也将随之上下平移其位置。图 1-13(c) 是直流电压源的伏安特性曲线，它不随时间改变。特性曲线表明了电压源端电压与电流大小无关。

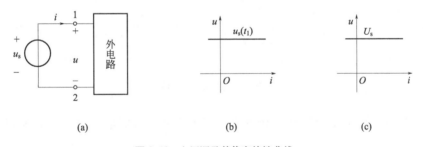

图 1-13　电压源及其伏安特性曲线

若图 1-13(a) 中，电压源的电压和通过电压源的电流选取非关联参考方向，则此时电压源发出的功率为

$$p(t)=u_s(t)i(t) \tag{1-27}$$

它也是外电路吸收的功率。

电压源两端的电压由其本身独立确定，而流过它的电流并不是由电压源本身所能确定的，而是和与之相连接的外电路有关。电流可以从不同的方向流过电压源，因而电压源既可以对外电路提供能量，也可以从外电路接收能量，视电流的方向而定。因此，电压源是一种有源元件。

电压源不接外电路时，电流 i 总为零，这种情况称为"电压源处于开路"。如果一个电压源的电压 $u_s=0$，则此电压源的伏安特性曲线为 u-i 平面上的电流轴，它相当于短路。把 $u_s\neq0$ 的电压源短路是没有意义的，因为短路时端电压 $u=0$，这与电压源的特性不相容。

理想电压源实际上不存在，但通常的电池、发电机等实际电源在一定的电流范围内可近似地看成是一个理想电压源。也可以用电压源与电阻元件来构成实际电源的模型，本书在后面再讨论这个问题。此外，电压源也可用电子电路来辅助实现，如晶体管稳压电源。

1.3.5 独立电流源

电流源是一种能产生电流的装置。例如光电池在一定条件下，在一定照度的光线照射时就被激发产生一定值的电流，该电流与照度成正比，该光电池可视为电流源。

独立电流源的定义是：一个理想二端元件，若其发出的电流总保持为一个确定的值 I_s 或确定的时间函数 $i_s(t)$，而与其两端的电压 $u(t)$ 无关，则这种二端元件称为独立电流源，简称电流源。电流源的端电压 $u(t)$ 由外电路决定。当端电压为零时，电流源发出的电流仍为 I_s 或 $i_s(t)$。

电流源的符号如图 1-14(a) 所示，图中箭头表示电流源的电流方向。图 1-14(b) 给出的是电流源外接电路的情况。外电路不同使得电流源的端电压不同，但其电流总是 $i(t)=i_s(t)$，而不受外电路的影响。图 1-14(c) 为电流源在 t_1 时刻的伏安特性曲线，它是一条不通过原点且与电压轴平行的直线。当 $i_s(t)$ 随时间改变时，这条平行于电压轴的直线也将随之左右平移其位置。如果电流源 $i_s=I_s\neq0$，则该电流源称为直流电流源，其伏安特性曲线如图 1-14(d) 所示，它不随时间改变。

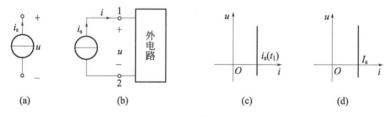

图 1-14 电流源符号及特性曲线

在图 1-14(b) 中电流源的电流和电压的参考方向为非关联参考方向，所以电流源发出的功率为

$$p(t)=u_s(t)i(t) \tag{1-28}$$

它也是外电路吸收的功率。

电流源两端短路时，其端电压 $u=0$ 而 $i=i_s$，短路电流就是激励电流。如果一个电流源 $i_s=0$，则此电流源的伏安特性曲线为 u-i 平面上的电压轴，它相当于开路。把 $i_s\neq0$ 的电流源开路是没有意义的，因为开路时的电流 i 必须为零，这与电流源的特性不相容。

电流源的电流由其本身独立确定，而其两端的电压并不是由电流源本身所能确定的，而是和与之相连接的外电路有关。电流源两端电压可以有不同的极性，因而电流源既可以对外电路提供能量，也可以从外电路接收能量，视电压的极性而定。因此，电流源是一种有源元件。

理想电流源实际上不存在，但光电池等实际电源在一定的电压范围内可近似地看成是一个理想电流源。也可以用电流源与电阻元件来构成实际电源的模型，本书将在后面再讨论这个问题。此外，电流源也可用电子电路来辅助实现。

1.3.6 受控电源

电源除了有独立电源外，还有受控电源。受控（电）源又称非独立源，也是一种理想电路元件。它与独立电源完全不同，受控电源的电压和电流并不独立存在，而是受同一电路中其他支路的电压或电流控制的。

受控源原本是从电子器件中抽象而来的。例如，晶体管的集电极电流受基极电流控制，运算放大器的输出电压受输入电压控制、场效应管的漏极电流受栅极电压控制等。

受控源是一种四端元件，它含有两条支路，一条是控制支路，另一条是受控支路。受控支路为一个电压源或一个电流源，它的输出电压或输出电流（称为受控量）受另外一条支路的电压或电流（称为控制量）的控制，该电压源、电流源分别称为受控电压源和受控电流源，统称为受控源。

根据控制支路的控制量的不同，受控源分为四种形式：电压控制电压源（VCVS）、电压控制电流源（VCCS）、电流控制电压源（CCVS）和电流控制电流源（CCCS）。这四种受控源的符号如图 1-15 所示。独立电源与受控电源在电路中的作用完全不同，为了与独立电源相区别，受控电源用菱形符号表示。图中，u_1 和 i_1 分别表示控制电压和控制电流，μ、g、r、β 分别是有关的控制系数，其中 μ 和 β 无量纲，r 和 g 分别为电阻和电导的量纲。当这些系数为常数时，被控制量和控制量成正比，这种受控源称为线性受控源。本书只考虑线性受控源，故一般将略去线性二字。

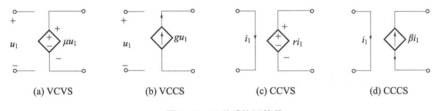

| (a) VCVS | (b) VCCS | (c) CCVS | (d) CCCS |

图 1-15 四种受控源符号

独立电源是电路中的"输入"，它表示外界对电路的作用（如电子电路中的信号源），电路中电压或电流是由于独立源起的"激励"作用产生的。受控源则不同，它是用来反映电路中某处的电压或电流能控制另一处的电压或电流的现象，或表示一处的电路变量与另一处电路变量之间的一种耦合关系。在求解具有受控源的电路时，可以把受控电压（电流）源作为电压（电流）源处理，但必须注意其激励电压（电流）是取决于控制量的。

1.3.7 电气设备的额定值

我们知道，电源发出功率，负载吸收功率。通常负载（例如电视、风扇、空调等）都是并联运行的。因为电源的端电压是基本不变的，所以负载两端的电压也是基本不变的。因此当负载增加时，负载所取用的总电流和总功率都增加，即电源输出的功率和电流都相应增加。就是说，电源输出的功率和电流决定于负载的大小。

既然电源输出的功率和电流决定于负载的大小，是可大可小的，那么，有没有一个最合适的数值呢？对负载而言，它的电压、电流和功率又是怎样确定的呢？要回答这个问题，就要引出额定值这个术语。

各种电气设备的电压、电流及功率等都有一个额定值。例如，一盏电灯的电压是220V、功率是60W，这就是它的额定值。额定值是制造厂为了使产品能在给定的工作条件下正常运行而规定的正常允许值。大多数电气设备（例如电机、变压器）等的寿命与绝缘材料的耐热性能及绝缘强度有关。当电流超过额定值过多时，由于发热过甚，绝缘材料将遭受损坏；当所加电压超过额定值过多时，绝缘材料也可能被击穿。反之，如果电压和电流远低于其额定值，不仅得不到正常合理的工作情况，而且也不能充分利用设备的能力。此外，对电灯及各种电阻器来说，当电压过高或电流过大时，其灯丝或电阻丝也将被烧毁。因此，制造厂在制订产品的额定值时，要全面考虑使用的经济性、可靠性以及寿命等因素，特别要保证设备的工作温度不超过规定的允许值。

电气设备或元器件的额定值常标在铭牌上或写在其他说明中，在使用时应充分考虑额定数据。例如一个电烙铁标有 220V/45W，这是额定值，使用时不能接到 380V 的电源上。额定电压、额定电流和额定功率分别用 U_N、I_N 和 P_N 表示。

使用时电压、电流和功率的实际值不一定等于它们的额定值，因为这也受到环境的影响。例如电源额定电压是 220V，但是电源电压经常波动，或高于或低于 220V。这样额定值是 220V、40W 电灯上所加的电压不是 220V，所以实际功率也就不是 40W 了。

【例 1-2】有一额定值 6W、600Ω 的电阻，其额定电流为多少？在使用时电压不能超过多大的数值？

【解】根据瓦数和欧姆数可以求出额定电流

$$I = \sqrt{\frac{P}{R}} = \sqrt{\frac{6}{600}} = 0.1(A)$$

在使用时电压不得超过

$$U = IR = 0.1 \times 600 = 60(V)$$

因此，在选用时不能只提出欧姆数，还要考虑电流有多大，而后提出瓦数。

【例 1-3】如果将一个 110V、20W 的灯泡与一个 110V、40W 的灯泡串联接于 220V 电源上，请问哪一个灯泡会首先损坏？并说明原因。

【解】根据功率计算公式 $P = \frac{U^2}{R}$ 可知，$R = \frac{U^2}{P}$，这样可计算出

$$R_1 = \frac{110^2}{20} = 605(\Omega), \quad R_2 = \frac{110^2}{40} = 302.5(\Omega)$$

显然，$R_1 > R_2$。在额定电压相同的情况下，电阻器件的功率越大，其电阻越小。这两个电阻串联在 220V 的电压源上，根据串联电阻分压公式，可知 R_1 上的分压要大于 R_2 上的分压；同时，还很容易知道，R_1 上的分压必然会大于 110V，而 R_2 上的分压却小于 110V。因为 20W 灯泡上的实际电压（即 R_1 上的分压）超过了它的额定电压，当然会首先损坏了。

1.4　基尔霍夫定律及应用

1.4.1　基尔霍夫定律

分析与计算电路的基本定律，除了欧姆定律以外，还有基尔霍夫电流定律和电压定律。基尔霍夫电流定律应用于结点，电压定律应用于回路。

电路中三条或三条以上的支路相连接的点称为结点，在图 1-16 所示的电路中共有两个结点：a 和 b。电路中流过同一电流的一个分支称为一条支路，一条支路流过一个电流，称为支路电流。图 1-16 中共有三条支路。由有一条或多条支路所组成的闭合电路，其中每个结点只经过一次，这条闭合路径称为回路，图 1-16 中共有三个回路：adbca、abca、abda。网孔是回路的一种。将电路画在平面上，在内部不含有支路

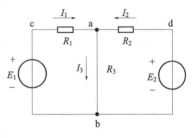

图 1-16　电路举例

的回路称为网孔，在图 1-16 中共有两个网孔。电路中的各条支路中的电流和支路的端电压称为支路电流和支路电压。

（1）基尔霍夫电流定律（KCL）

基尔霍夫电流定律是用来确定连接在同一结点上的各支路电流间关系的。根据电流连续性原理，电荷在任何一点均不能堆积（包括结点）。因此，在电路中任意一个结点上，在任一时刻，流入结点的电流之和，等于流出结点的电流之和。

如在图 1-16 所示的直流电路中，对于结点 a（图 1-17）可列出

$$I_1 + I_2 = I_3$$

整理得

$$I_1 + I_2 - I_3 = 0$$

即

$$\sum I = 0$$

因此基尔霍夫电流定律也可以定义为：汇于电路的任一结点的电流的代数和恒等于零。用公式可表示为

$$\sum I_出 = \sum I_入 \quad 或 \quad \sum_{k=1}^{n} I_k = 0 \tag{1-29}$$

规定流入结点的电流为正，流出结点的电流为负。在图 1-18 所示电路中，对于结点 A 有

$$I_1 + I_2 - I_3 + I_4 - I_5 = 0$$

支路电流的计算结果可能是负值，这是因为所选定的电流的参考方向与实际方向相反。

基尔霍夫定律通常应用于结点，也可以把它推广应用于电路中任意假定的封闭面。如图 1-19 所示，虚线所包围的闭合面可视为一个结点，该结点称为广义结点，即流进封闭

面的电流等于流出封闭面的电流。

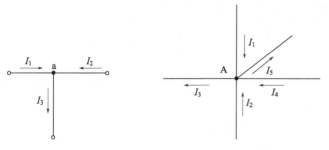

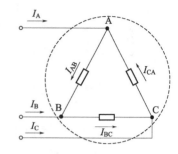

图 1-17 结点　　　　　　图 1-18 结点的应用　　　　图 1-19 基尔霍夫定律的推广

$$I_A + I_B + I_C = 0$$

也即 $\qquad \sum I = 0$

可见，在任一瞬间通过任一封闭面的电流的代数和也恒等于零。

【例 1-4】 在图 1-20 中，$I_1 = 2A$，$I_2 = -2A$，$I_3 = -3A$，试求 I_4。

【解】 由基尔霍夫电流定律可列出

$$I_1 + I_2 - I_3 - I_4 = 0$$
$$2 + (-2) - (-3) - I_4 = 0$$

得 $\qquad I_4 = 3A$

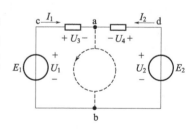

图 1-20 例 1-4 的图

（2）基尔霍夫电压定律（KVL）

基尔霍夫定压定律是用来确定回路中各段电压间关系的。在任一瞬间沿任一回路绕行一周，回路中各个元件上电压的代数和等于零。也可定义为各段电阻上电压降的代数和等于各电源电动势的代数和。绕行一周回到原来的出发点时，该点的电位是不会发生变化的。也即电路中任意一点的瞬时电位具有单值性。

在图 1-21 所示的直流电路中，回路的绕行方向和电源电动势、电流和各段电压的参考方向已标出。沿着图中所示的虚线方向绕行一周，根据电压的参考方向可列出

图 1-21 KVL 回路

$$U_1 + U_4 = U_2 + U_3$$

整理写成 $\qquad U_1 - U_2 - U_3 + U_4 = 0$

即 $\qquad \sum U = 0$

就是在任一瞬时，沿任一回路绕行方向（顺时针方向或逆时针方向）绕行一周，回路中各段电压的代数和恒等于零。如果规定电压降取正号，则电压升就取负号。用公式表示为

$$\sum_{k=1}^{n} U_k = 0 \qquad\qquad (1\text{-}30)$$

图 1-21 所示的回路是由电源电动势和电阻构成的。上面等式可改写为

$$E_1 - E_2 - R_1 I_1 + R_2 I_2 = 0$$

或

$$E_1 - E_2 = R_1 I_1 - R_2 I_2$$

即

$$\sum E = \sum (RI) \qquad\qquad (1\text{-}31)$$

此为基尔霍夫电压定律在电阻电路中的另一种表达式，就是在任一回路绕行方向上，回路中电动势的代数和等于电阻上电压降的代数和。值得注意的是，电动势的参考方向与所选的回路绕行方向相反，取正号，反之取负号。电流的参考方向与回路绕行方向相反，则该电流在电阻上所产生的电压降取正号，反之取负号。

基尔霍夫电压定律不仅应用于闭合回路，也可以把它推广应用于回路的部分电路，如图 1-22 所示。

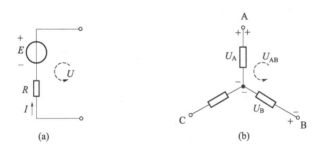

图 1-22　基尔霍夫电压定律的推广应用

对图 1-22(a) 的电路可列出

$$E - U - RI = 0 \ \text{或} \ U = E - RI$$

这也就是一段有源（有电源）电路的欧姆定律的表达式。

对图 1-22(b) 的电路可列出

$$\sum U = U_A - U_B - U_{AB} = 0$$

即

$$U_{AB} = U_A - U_B$$

图 1-16 和图 1-21 给出的是直流电阻电路中基尔霍夫两个定律的应用。实际上基尔霍夫两个定律具有普遍性。它们既适用于由各种不同元器件所构成的电路，也适用于任一瞬时对任何变化的电流和电压。

在具体应用中要注意，解题之前必须在电路上标出电流、电压或电动势的参考方向。因为所列方程中各项前的正、负号是由它们的参考方向决定的，如果参考方向选得相反，则会相差一个负号。

【例 1-5】 已知图 1-23 所示的各元件数值及其连接关系，求出电路中的电流 i。

【解】 以电压降为正，根据 KVL 列出

$$E_1 - E_2 + R_1 i + R_2 i + R_3 i + E_3 + R_4 i = 0$$

代入数据

$$100-200+40i+180i+110i+500+70i=0$$

算出　　　　　　$i=-1\text{A}$

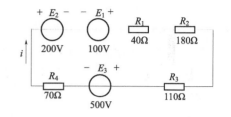

图 1-23　例 1-5 图

1.4.2　支路电流法

支路电流法是以支路电流为未知量，直接应用基尔霍夫电流定律（KCL）和基尔霍夫电压定律（KVL），分别对结点和回路列出所需的方程式，然后联立求解出各未知电流。一个具有 b 条支路、n 个结点的电路，根据 KCL 可列出 $(n-1)$ 个独立的结点电流方程式，根据 KVL 可列出 $b-(n-1)$ 个独立的回路电压方程式。联立解出 b 个支路电流。

列方程时，必须先在电路图上选定好未知支路电流以及电压或电动势的参考方向。

今以图 1-24 所示的两个电源并联的电路为例，来说明支路电流法的应用步骤。

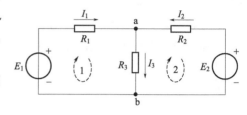

图 1-24　两个电源并联的电路

在本电路中，支路数 $b=3$，结点数 $n=2$，要列出 3 个独立方程。电动势和电流的参考方向如图中所示。

① 电路的支路数 $b=3$，支路电流有 I_1、I_2 和 I_3 三个。

② 结点数 $n=2$，可列出 $2-1=1$ 个独立的 KCL 方程。

对结点 a　　　　　　　　　$I_1+I_2-I_3=0$　　　　　　　　　(1-32)

或对结点 b　　　　　　　　$I_3-I_1-I_2=0$　　　　　　　　　(1-33)

③ 独立的 KVL 方程数为 $3-(2-1)=2$ 个。

回路 1　　　　　　　　　　$E_1=R_1I_1+R_3I_3$　　　　　　　　(1-34)

回路 2　　　　　　　　　　$E_2=R_2I_2+R_3I_3$　　　　　　　　(1-35)

④ 联立方程组，代入数据求解未知量。

【例 1-6】 在图 1-25 所示的桥式电路中，设 $E=16\text{V}$，$R_1=R_2=4\Omega$，$R_3=8\Omega$，$R_4=4\Omega$，中间支路是一检流计，其电阻 $R_G=10\Omega$。试求检流计中的电流 I_G。

【解】 这个电路的支路数 $b=6$，结点数 $n=4$，应用基尔霍夫定律列出下列六个方程：

对结点 a　　　　　　　　　$I_1-I_2-I_G=0$

对结点 b　　　　　　　　　$I_3+I_G-I_4=0$

对结点 c　　　　　　　　　$I_2+I_4-I=0$

对回路 abda　　　　　　　$R_1I_1+R_GI_G-R_3I_3=0$

对回路 acba　　　　　　　$R_2I_2-R_4I_4-R_GI_G=0$

对回路 dbcd　　　　　　　$E=R_3I_3+R_4I_4$

联立解得

$$I_G=\frac{E(R_2R_3-R_1R_4)}{R_G(R_1+R_3)(R_2+R_4)+R_1R_2(R_3+R_4)+R_3R_4(R_1+R_2)}$$

将已知数据代入，得

$$I_G = 0.182A$$

当 $R_2R_3 = R_1R_4$ 时，$I_G = 0$，这时电桥平衡。

【**例1-7**】在图1-26所示的电路中，$I_{S1} = 7A$，用支路电流法求 I_3。

【**解**】在图1-26中，虽有四条支路，但因 I_{S1} 已知，故可少列一个回路电压方程。

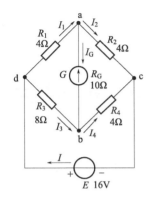

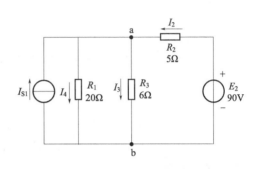

图1-25 例1-6的电路图   图1-26 例1-7的电路图

应用基尔霍夫电流定律对结点 a 和应用电压定律对右、中两个单孔回路分别列出方程：

$$\begin{cases} I_{S1} - I_4 - I_3 + I_2 = 0 \\ R_2I_2 + R_3I_3 = E_2 \\ R_1I_4 - R_3I_3 = 0 \end{cases}$$

代入数据，得

$$\begin{cases} 7 - I_4 - I_3 + I_2 = 0 \\ 5I_2 + 6I_3 = 90 \\ 20I_4 - 6I_3 = 0 \end{cases}$$

联立解得

$$I_3 = 10A$$

1.5 叠加定理

在线性电路中，任一支路中的电流（或电压）等于电路中各个独立源分别单独作用时在该支电路中产生的电流（或电压）的代数和，这就是叠加定理。所谓一个电源单独作用是指除了该电源外其他所有电源的作用都去掉，即理想电压源所在处用短路代替，理想电流源所在处用开路代替，但保留它们的内阻，电路结构也不做改变。

叠加定理不仅适用于线性直流电路，也适用于线性交流电路，为了测量方便，我们用直流电路来验证它。

在图1-27(a) 所示电路中有两个电源，各支路中的电流是由这两个电源共同作用产生

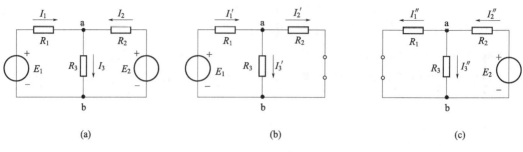

图 1-27 叠加定理

的。以图 1-27(a) 中支路电流 I_1 为例，它可用支路电流法求出，即应用基尔霍夫定律列出方程组

$$I_1+I_2-I_3=0$$
$$E_1=R_1I_1+R_3I_3$$
$$E_2=R_2I_2+R_3I_3 \tag{1-36}$$

三个方程联立解得

$$I_1=\frac{R_2+R_3}{R_1R_2+R_2R_3+R_3R_1}E_1-\frac{R_3}{R_1R_2+R_2R_3+R_3R_1}E_2 \tag{1-37}$$

I_1 可简化写成

$$I_1=I_1'-I_1'' \tag{1-38}$$

在这里令

$$\left.\begin{array}{l}I_1'=\dfrac{R_2+R_3}{R_1R_2+R_2R_3+R_3R_1}E_1\\[3mm] I_1''=\dfrac{R_3}{R_1R_2+R_2R_3+R_3R_1}E_2\end{array}\right\} \tag{1-39}$$

经过分析可知，I_1'是当电路中只有电压源 E_1 单独作用（电压源 E_2 相当于短路）时，在第一支路中所产生的电流〔图 1-27(b)〕。而 I_1'' 是当电路中只有 E_2 单独作用（电压源 E_1 相当于短路）时，在第一支路中所产生的电流〔图 1-27(c)〕。因为 I_1''的方向同 I_1 的参考方向相反，所以带负号。

同理可得
$$I_2=I_2''-I_2' \tag{1-40}$$
$$I_3=I_3'+I_3'' \tag{1-41}$$

使用叠加定理，就是把一个多电源的复杂电路化为几个单电源电路来进行计算。

从数学上看，叠加定理就是线性方程的可加性。由前面支路电流法和结点电压法得出的都是线性代数方程，所以支路电流或电压都可以用叠加定理来求解。但功率的计算不能用叠加原理。如以图 1-27(a) 中电阻 R_3 上的功率为例，显然

$$P_3=R_3I_3^2=R_3(I_3'+I_3'')^2\neq R_3(I_3')^2+R_3(I_3'')^2$$

这是因为电流与功率之间不是线性关系。

【例 1-8】试用叠加定理计算图 1-28(a) 所示电路中 U_1 与 I_2。

【解】电压源与电流源分别单独作用时的电路如图 1-28(b) 和图 1-28(c) 所示。

对图 1-28(b) 有

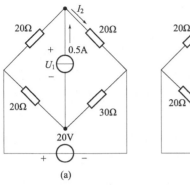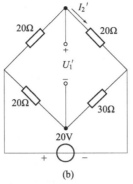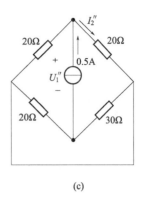

图1-28　例1-8图

$$U_1' = \frac{20}{20+20} \times 20 - \frac{30}{20+30} \times 20 = -2(\text{V})$$

$$I_2' = \frac{20}{20+20} = 0.5(\text{A})$$

对图 1-28(c) 有

$$U_1'' = \left(\frac{20 \times 20}{20+20} + \frac{20 \times 30}{20+30}\right) \times 0.5 = 11(\text{V})$$

$$I_2'' = \frac{20}{20+20} \times 0.5 = 0.25(\text{A})$$

原电路的总响应为

$$U_1 = U_1' + U_1'' = -2 + 11 = 9(\text{V})$$
$$I_2 = I_2' + I_2'' = 0.5 + 0.25 = 0.75(\text{A})$$

显然，运用叠加定理使得本题的求解简单化了。

叠加定理体现了线性网络重要的基本性质——叠加性，是分析线性复杂网络的理论基础。叠加定理不仅可以用来计算复杂电路，而且也是分析与计算线性问题的普遍原理，在后面还常用到。

应用叠加定理分析电路时应注意：

① 只能用来计算线性电路的电流和电压，对非线性电路，叠加定理不适用。

② 叠加时要注意电流和电压的参考方向，求其代数和。电流或电压分量的参考方向与原电流或电压的参考方向应尽量保持一致，否则要注意其正、负的选定。

③ 化为几个单独电源的电路来进行计算时，所谓电压源不作用，就是在该电压源处用短路代替；所谓电流源不作用，就是在该电流源处用开路代替。

④ 不能用叠加定理直接来计算功率。

1.6　电路等效定理——戴维南定理

在电路分析中，有时只需求某一条支路的电压或电流，用上述电路分析方法去分析计算就比较烦琐，而且很多计算结果没有用，对于只需求某一条支路的电压或电流的电路能否有新的方法去求解呢？这就是本节所要讲的戴维南定理。

在电路中，经常会遇到线性二端网络，其包括有源二端网络和无源二端网络。无源二

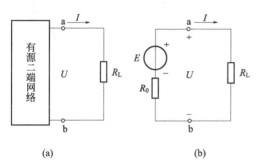

(a)　　　　　　(b)

图1-29　有源二端网络及其等效电源

端网络都可等效为一个电阻。而有源二端网络可等效为一个实际电压源或电流源。如图1-29(a) 中的ab支路，其电阻为 R_L，而把其余部分看作是一个有源二端网络。所谓有源二端网络，就是具有两个出线端的部分电路，其中含有电源。有源二端网络可以是简单的或任意复杂的电路。但是不论它的简繁程度如何，它对所要计算的这个支路而言，仅相当于一个电源，因为它对这个支路供给电能。因此，这个有源

二端网络一定可以化简为一个等效电源。经过这种等效变换后，ab支路中的电流 I 及其两端的电压 U 没有变动。

戴维南定理指出：任何一个线性有源二端网络，对外电路而言，均可以用一个电动势为 E 的理想电压源与一个内阻 R_0 的电阻相串联的电源来等效代替，如图1-29(b)。等效代替的条件是：等效电源的电动势 E 等于原有源二端网络的开路电压 U_0，即将负载断开后 a、b 两端之间的电压；等效电源的内阻 R_0 等于有源二端网络中所有电源均除去后（将各个理想电压源短路，即其电动势为零；将各个理想电流源开路，即其电流为零）所得到的无源网络 a、b 两端之间的等效电阻。这就是戴维南定理。

图1-29(b) 所示的等效电路是一个最简单的电路，其中电流可由下式计算

$$I = \frac{E}{R_0 + R_L} \tag{1-42}$$

【例1-9】在图1-30所示的电路中，设 $E_1 = 120\text{V}$，$E_2 = 80\text{V}$，$R_1 = 16\Omega$，$R_2 = 4\Omega$，$R_3 = 5.3\Omega$，用戴维南定理计算支路电流 I_3。

【解】图1-30的电路可化为图1-31(a) 所示的等效电路。

等效电源的电动势 E 可由图1-31(b) 求得

$$I = \frac{E_1 - E_2}{R_1 + R_2} = \frac{120 - 80}{16 + 4} = 2(\text{A})$$

于是

$$E = U_0 = E_1 - R_1 I = 120 - 16 \times 2 = 88(\text{V})$$

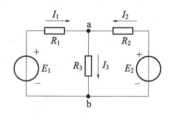

图1-30　例1-9图

等效电源的内阻 R_0 可由图1-31(c) 求得。对 a、b 两端来讲 R_1 和 R_2 是并联的，因此

$$R_0 = \frac{R_1 R_2}{R_1 + R_2} = \frac{16 \times 4}{16 + 4} = 3.2(\Omega)$$

最后由图1-30求出

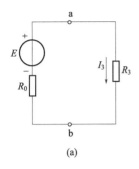

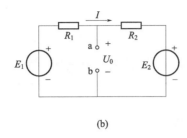

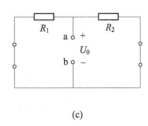

(a)　　　　　　　　　(b)　　　　　　　　　(c)

图1-31　例1-9等效电路、E和R_0的计算

$$I_3 = \frac{E}{R_0 + R_3} = \frac{88}{3.2 + 5.3} = 10(\text{A})$$

【**例1-10**】 由戴维南定理计算如图1-32中的电流I_G。

【**解**】 图1-32的电路可化简为图1-33(a)所示的等效电路。

等效电路的电动势E'可由图1-33(b)求得

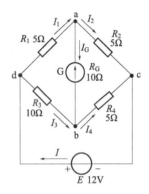

$$I' = \frac{E}{R_1 + R_2} = \frac{12}{5 + 5} = 1.2(\text{A})$$

$$I'' = \frac{E}{R_3 + R_4} = \frac{12}{10 + 5} = 0.8(\text{A})$$

于是

$$E' = U_0 = R_3 I'' - R_1 I' = 10 \times 0.8 - 5 \times 1.2 = 2(\text{V})$$

等效电源的内阻R_0可由图1-33(c)求得

$$R_0 = \frac{R_1 R_2}{R_1 + R_2} + \frac{R_3 R_4}{R_3 + R_4} = \frac{5 \times 5}{5 + 5} + \frac{10 \times 5}{10 + 5} = 2.5 + 3.3 = 5.8(\Omega)$$

图1-32　例1-10的电路

而后由图1-33(a)求出

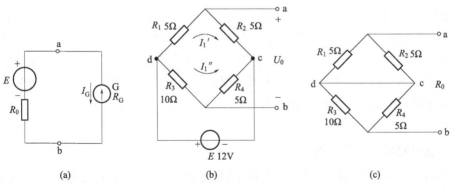

(a)　　　　　　　　　(b)　　　　　　　　　(c)

图1-33　例1-10等效电路、E和R_0的计算

$$I_G = \frac{E'}{R_0 + R_G} = \frac{2}{5.8 + 10} = 0.126(\text{A})$$

戴维南定理表明任意一个有源二端网络都可以用一个极其简单的电压源模型来等效代

替。戴维南定理是用电路的"等效"概念总结出的一个分析复杂网络的基本定理。可以看出比之前用支路电流法求解要简单得多。

1.7　电路的等效变换

1.7.1　电路等效变换的一般概念

在电路分析中，常用到等效的概念。对电路进行分析和计算时，有时可以把电路中某一部分简化，即用一个较为简单的电路代替该电路。在图1-34(a)右方虚线框中有几个电阻构成的电路可以用一个电阻R_{eq}[图1-34(b)]所代替，使整个电路得以简化。进行代替的条件是使图1-34(a)、(b)中端子a、b以右的部分有相同的伏安特性。电阻R_{eq}称为等效电阻，其值决定于被代替的原电路中各电阻的阻值以及它们的连接方式。

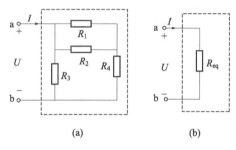

图1-34　等效电路的概念

当图1-34(a)中端子a、b以右部分电路被R_{eq}代替后，端子a、b以左部分电路的任何电压和电流都将维持与原电路相同，这就是电路的"等效概念"。当电路中某一部分用其等效电路代替后，未被代替部分的电压和电流均应保持不变。也就是说用等效电路的方法求解电路时，电压和电流保持不变的部分仅限于等效电路以外，这就是"对外等效"的概念。等效电路是被代替部分的简化或结构变形，因此内部并不等效。例如，把图1-34(a)所示电路简化后，不难按图1-34(b)求得端子a、b以左部分的电流I和电压U，它们分别等于原电路中的电流I和电压U。如果要求图1-34(a)中虚线框内的各电阻的电流，就必须回到原电路，根据已求得的电流I和电压U来求解。可见"对外等效"也就是其外部特性等效。

1.7.2　电阻的串联与并联等效变换

在电路中，电阻的连接形式是多种多样的，但连接方式无非就是串联、并联和由串、并联混合组成的混联三种方式。由电阻串、并联组成的简单电路都可通过串、并联电阻等效化简后，由欧姆定律进行求解。这里我们分别对这三种连接方式就其特点、应用及电路计算几方面来一起探讨和学习。

(1) 电阻的串联

如果电路中有两个或两个以上的电阻按顺序一个接一个地连成一串，并且在这些电阻中通过同一电流，则这样的连接法就称为电阻的串联。
图 1-35(a) 所示是两个电阻串联的电路。

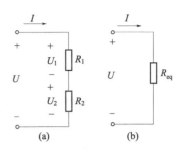

图 1-35　电阻串联及等效电路

串联电路的特点：

① 电阻串联时，每个电阻中的电流为同一电流 I。

② 等效电阻 R_{eq} [图 1-35(b)] 等于各个串联电阻之
和，即

$$R_{eq} = R_1 + R_2 \qquad (1\text{-}43)$$

③ 电阻串联时主要起分压限流作用。根据 KVL 有

$$U = U_1 + U_2 \qquad (1\text{-}44)$$

已知总电压和各电阻的阻值，可以利用分压公式计算两个串联电阻上的电压分别为

$$U_1 = R_1 I = \frac{R_1}{R_1 + R_2} U$$
$$U_2 = R_2 I = \frac{R_2}{R_1 + R_2} U \qquad (1\text{-}45)$$

可见，串联电阻上电压的分配与电阻成正比。当其中某个电阻较其他电阻小很多时，
在它两端的电压也较其他电阻上的电压低很多，因此，这个电阻的分压作用常可忽略
不计。

电阻串联的应用很多。譬如在负载的额定电压低于电源电压的情况下，通常需要与负
载串联一个电阻，以降落一部分电压。有时为了限制负载中通过过大的电流也可以与负载
串联一个限流电阻。如果需要调节电路中的电流时，一般也可以在电路中串联一个变阻器
来进行调节。另外，改变串联电阻的大小以得到不同的输出电压，也是常见的。

(2) 电阻的并联

如果电路中有两个或两个以上电阻连接在两个公共的结点之间，则这样的连接法就称
为电阻的并联。在各个并联支路（电阻）上受到同一电
压。图 1-36(a) 是两个电阻并联的电路。

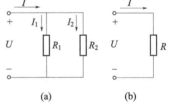

图 1-36　电阻并联及等效电路

并联电路的特点：

① 电阻并联时，各个电阻元件上的电压相等，均
为 U。

② 等效电阻 R_{eq} [图 1-36(b)] 的倒数等于各个并联
电阻的倒数之和，即

$$\frac{1}{R_{eq}} = \frac{1}{R_1} + \frac{1}{R_2} \qquad (1\text{-}46)$$

上式也可写成

$$G = G_1 + G_2 \qquad (1\text{-}47)$$

式中，G 称为电导，是电阻的倒数，单位是西门子（S）。

③ 电阻并联主要起分流作用。若已知总电流和各阻值，可用分流公式计算并联电阻
上的电流分别为

$$I_1 = \frac{R_2}{R_1 + R_2} I$$

$$I_2 = \frac{R_1}{R_1 + R_2} I \qquad (1\text{-}48)$$

可见，并联电阻上电流的分配与电阻成反比。当其中某个电阻较其他电阻大很多时，通过它的电流就较其他电阻上的电流小很多，因此，这个电阻的分流作用常可忽略不计。一般负载都是并联运行的，它们处于同一电压之下，任何一个负载的工作情况基本上不受其他负载的影响。并联的负载电阻愈多（负载增加），则总电阻愈小，电路中总电流和总功率也就愈大。但是每个负载的电流和功率却没有变动（严格地讲，基本上不变）。有时为了某种需要，可将电路中的某一段与电阻或变阻器并联，以起分流或调节电流的作用。

【例 1-11】 计算图 1-37(a) 所示电阻电路的等效电阻 R_{eq}，并求电流 I 和 I_5。

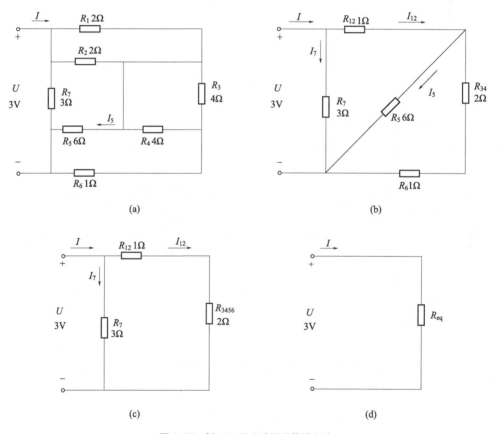

图 1-37　例 1-11 的电路图及等效电路

【解】 (1) 在图 1-37(a) 中，R_1 与 R_2 并联，得 $R_{12} = 1\Omega$；R_3 与 R_4 并联，得 $R_{34} = 2\Omega$。从而简化为图 1-37(b) 所示的电路，R_{34} 与 R_6 串联，而后再与 R_5 并联，得 $R_{3456} = 2\Omega$，再简化为图 1-37(c) 所示的电路。由此最后简化为图 1-37(d) 所示的电路，等效电阻

$$R_{eq} = \frac{(1+2) \times 3}{1+2+3} = 1.5 (\Omega)$$

（2）由图 1-37(d) 得出

$$I=\frac{U}{R_{\text{eq}}}=\frac{3}{1.5}=2(\text{A})$$

（3）电阻串联起分压作用，电阻并联起分流作用，式(1-45) 和式(1-48) 分别为两个电阻串联的分压公式和两个电阻并联的分流公式。这两个公式在分析与计算电路时很有用处。在图 1-37(c) 中

$$I_7=\frac{U}{R_7}=\frac{3}{3}=1(\text{A})$$

$$I_{12}=I-I_7=2-1=1(\text{A})$$

于是应用分流公式可得

$$I_5=\frac{R_{34}+R_6}{R_{34}+R_6+R_5}I_{12}=\frac{2+1}{2+1+6}\times1=\frac{1}{3}(\text{A})$$

1.7.3 电压源与电流源的等效变换

一个电源可以用两种不同的电路模型来表示。一种是用电压的形式来表示，称为电压源；一种是用电流的形式来表示，称为电流源。

(1) 电压源

任何一个电源，例如发电机、电池等都含有电动势 E 和内阻 R_0。在分析与计算电路时，往往把它们分开，组成由理想电压源 E 和电阻 R_0 串联的电路模型，即电压源模型，简称电压源，如图 1-38 所示。在图中，U 是电源端电压，R_L 是负载电阻，I 是负载电流。

根据 KVL 可写出

$$U=E-R_0I \tag{1-49}$$

电压源的外特性曲线如图 1-39 所示。当电压源开路时，$I=0$，$U=U_0=E$；当电压源短路时，$U=0$，$I=I_S=\dfrac{E}{R_0}$。内阻 R_0 愈小，则直线愈平。

当 $R_0=0$ 时，电压 U 恒等于电动势 E，是一定值，而其中的电流 I 则是任意的，由负载电阻 R_L 及电压 U 本身确定。它的外特性曲线将是与横轴平行的一条直线，如图 1-39 所示。这即是前面讲过的理想电压源或恒压源。

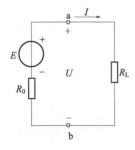

图 1-38 电压源电路

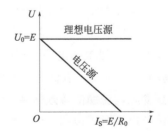

图 1-39 电压源和理想电压源的外特性曲线

如果一个电源的内阻远小于负载电阻（即 $R_0 \ll R_L$），则内阻电压降 $R_0I \ll U$，于是 $U \approx$

E，基本上恒定，可以认为是理想电压源，通常用的稳压电源也可认为是一个理想电压源。

（2）电流源

实际电源除了可以用电动势 E 和内阻 R_0 串联的电路模型来表示外，还可以用另一种电路模型来表示。

将式(1-49)两端分别除以 R_0，则得

$$\frac{U}{R_0}=\frac{E}{R_0}-I=I_S-I$$

即

$$I_S=\frac{U}{R_0}+I \tag{1-50}$$

式中，$I_S=\dfrac{E}{R_0}$ 为电源的短路电流；I 还是负载电流；而 $\dfrac{U}{R_0}$ 是引出的另一个电流，如图 1-40 电路中所示。

图 1-40 是用电流的形式来表示电源的电路模型，即电流源，两条支路并联，其中电流分别为 I_S 和 $\dfrac{U}{R_0}$。对于负载电阻 R_L 来说，和图 1-38 是一样的，其上电压 U 和通过的电流 I 未有改变。

由式(1-50)可作出电流源的外特性曲线，如图 1-41 所示。当电流源开路时，$I=0$，$U=U_0=I_S R_0$；当短路时，$U=0$，$I=I_S$。内阻 R_0 愈大，则直线愈陡。

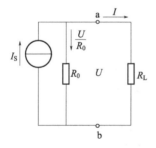

图1-40 电流源电路

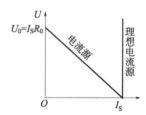

图1-41 电流源及理想电流源的外特性曲线

当 $R=\infty$（相当于并联支路 R_0 断开）时，电流 I 恒等于电流 I_S，是一定值，而其两端的电压 U 则是任意的，由负载电阻 R_L 及电流 I_S 本身确定，这即是前面讲过的理想电流源或恒流源，它的外特性曲线将是与纵轴平行的一条直线，如图 1-41 所示。

理想电流源也是理想的电源。如果一个电源的内阻远大于负载电阻（即 $R_0 \gg R_L$），则 $I \approx I_S$，基本上恒定，可以认为是理想电流源。

（3）电压源与电流源的等效变换

一个实际的电源既可以用一个理想电压源与内阻相串联的电压源作为它的电路模型，也可以用一个理想电流源与内阻相并联的电流源作为它的电路模型。因此，这两种实际电源的电路模型，在一定条件下也是可以等效互换的。

将一个与内阻相并联的电流源模型等效为一个与内阻相串联的电压源模型，或是将一

个与内阻相串联的电压源模型等效为一个与内阻相并联的电流源模型，等效互换的条件是什么呢？

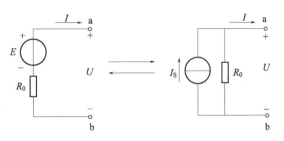

图 1-42 两种电源的等效互换

电压源的外特性（图 1-39）和电流源的外特性（图 1-41）是相同的，两种电路模型，图 1-38 和图 1-40 应互为等效电路，二者可以进行等效变换，如图 1-42 所示。对比两个外特性方程，式（1-49）和式（1-50）可得

$$I_S = \frac{E}{R_0} \text{ 或 } E = R_0 I_S \qquad (1\text{-}51)$$

式（1-51）即为两种电源模型等效互换的条件。

一定注意的是，电压源和电流源的等效关系只是对外电路而言的，对于电源内部，则是不等效的。例如在图 1-38 中，当电压源开路时，$I=0$，电源内阻 R_0 上不损耗功率；但在图 1-40 中，当电流源开路时，电源内部仍有电流，内阻 R_0 上有功率损耗。当电压源和电流源短路时也是这样，两者对外电路是等效的 $\left(U=0，I_S = \frac{E}{R_0}\right)$，但电源内部的功率损耗也不一样，电压源有损耗，而电流源无损耗（R_0 被短路，其中不通过电流）。

理想电压源和理想电流源本身之间没有等效的关系。因为对理想电压源（$R_0=0$）讲，其短路电流 I_S 为无穷大，对理想电流源（$R_0=\infty$）讲，其开路电压 U_0 为无穷大，都不能得到有限的数值，故两者之间不存在等效变换的条件。

上面所讲的电源的两种电路模型，实际上，一种是电动势为 E 的理想电压源和内阻 R_0 串联的电路；一种是电流为 I_S 的理想电流源和 R_0 并联的电路。一般不限于内阻 R_0，只要一个电动势为 E 的理想电压源和某个电阻 R 串联的电路，都可以化为一个电流为 I_S 的理想电流源和这个电阻并联的电路（图 1-42），反之亦可，二者是等效的，其中 $I_S = \frac{E}{R}$ 或 $E=RI_S$。在分析与计算电路时，可以用这种等效变换的方法。

【例 1-12】 用电源等效变换的方法计算图 1-43(a) 中 1Ω 电阻上的电流 I。

【解】 根据图 1-43 的变换次序，最后化简为图 1-43(f) 的电路，由此可得

$$I = \frac{2}{2+1} \times 3 = 2\text{(A)}$$

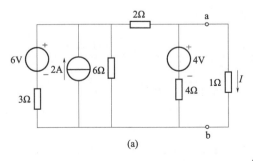

(a)

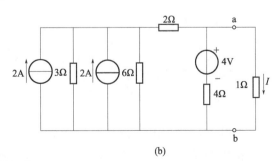

(b)

图 1-43

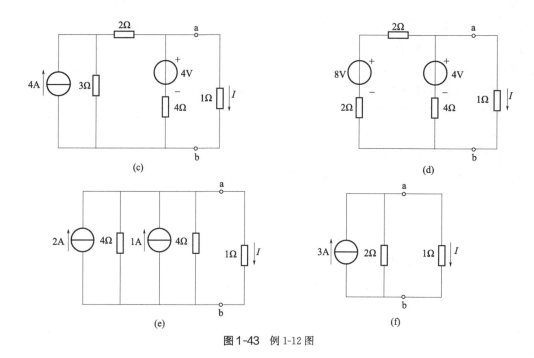

图 1-43 例 1-12 图

习　题

1-1　在图 1-44 所示电路中。元件 A 吸收功率 30W，元件 B 吸收功率 15W，元件 C 产生功率 30W，分别求出三个元件中的电流 I_1、I_2、I_3。

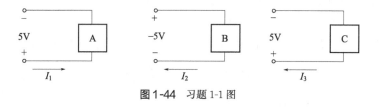

图 1-44 习题 1-1 图

1-2　已知电路如图 1-45 所示，以 C 为参考点时，$V_A=10V$，$V_B=5V$，$V_D=-3V$，试求 U_{AB}、U_{BC}、U_{BD}、U_{CD}。

1-3　在图 1-46 所示电路中，求各元件的功率。

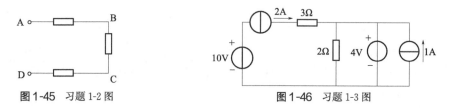

图 1-45 习题 1-2 图　　　　　图 1-46 习题 1-3 图

1-4　在图 1-47 中，求 A 点的电位 V_A。

1-5　在图 1-48 所示电路中，如果 15Ω 电阻上的电压降为 30V，其极性如图所示，试电阻

R 及 B 点的电位 V_B。

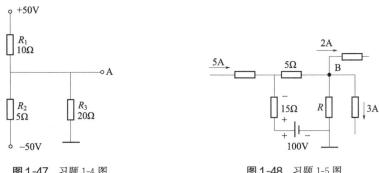

图 1-47 习题 1-4 图　　　　　　　　　　图 1-48 习题 1-5 图

1-6　在图 1-49 所示电路中，(1) 仅用 KCL 求各元件电流；(2) 仅用 KVL 求各元件电压；(3) 求各电源发出的功率。

1-7　在图 1-50 中，已知 $U_1=10\mathrm{V}$，$E_1=4\mathrm{V}$，$E_2=2\mathrm{V}$，$R_1=4\Omega$，$R_2=2\Omega$，$R_3=5\Omega$，1、2 两点间处于开路状态，试计算开路电压 U_2。

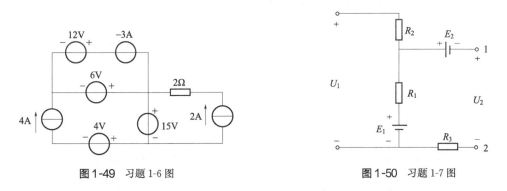

图 1-49 习题 1-6 图　　　　　　　　　　图 1-50 习题 1-7 图

1-8　在图 1-51 所示电路中，$I_1=0.01\mu\mathrm{A}$，$I_2=0.3\mu\mathrm{A}$，$I_5=9.61\mu\mathrm{A}$，试求电流 I_3、I_4、I_6。

1-9　在图 1-52 中，用支路电流法求电路中的各支路电流 I_1、I_2、I，并求出三个电源的输出功率和负载电阻 R_L 取用的功率。0.8Ω 和 0.4Ω 分别为两个电压源的内阻。

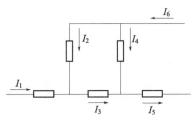

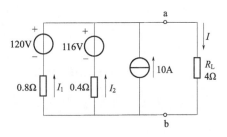

图 1-51 习题 1-8 图　　　　　　　　　　图 1-52 习题 1-9 图

1-10　电路如图 1-53 所示，用叠加定理求 U。

1-11 用叠加原理求图 1-54 电路中的电流 i。

1-12 在图 1-55 中，(1) 当将开关 S 合在 a 点时，求电流 I_1、I_2 和 I_3；(2) 当开关 S 合在 b 点时，利用 (1) 的结果，用叠加定理计算电流 I_1、I_2 和 I_3。

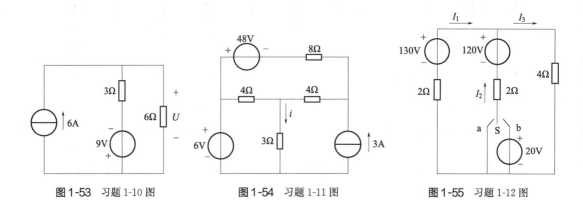

图 1-53 习题 1-10 图   图 1-54 习题 1-11 图   图 1-55 习题 1-12 图

1-13 应用戴维南定理计算图 1-56 中 1Ω 电阻中的电流。

1-14 电路如图 1-57 所示，求电路 AB 间的等效电阻 R_{AB}。

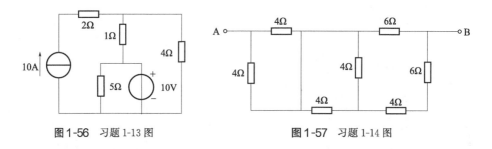

图 1-56 习题 1-13 图   图 1-57 习题 1-14 图

1-15 电路如图 1-58 所示，(1) 若 $U_2 = 10$ V，求 I_1 及 U_S；(2) 若 $U_S = 10$ V，求 U_2。

1-16 计算图 1-59 中的电流 I_3。

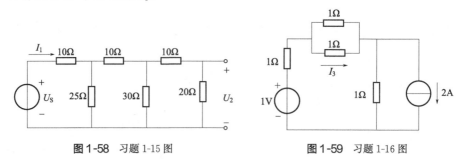

图 1-58 习题 1-15 图   图 1-59 习题 1-16 图

第2章
电路的瞬态分析

稳态，顾名思义就是指稳定状态。任何事物的运动，在一定的条件下都有一定的稳定状态。当条件改变，就要过渡到新的稳定状态。例如电动机从静止状态（一种稳定状态）启动，它的转速从零逐渐上升，最后到达稳态值（新的稳定状态）。相反地，当电动机停下来时，它的转速从某一稳态值逐渐下降，最后为零。事物从一种稳定状态到另一种新的稳定状态的变化过程往往不是突变的，而是需要一定过程（时间）的，这个变化过程就称为过渡过程，也叫瞬态过程。事物在瞬态过程中所处的状态称为瞬态。这章我们将介绍电路中的瞬态过程。

瞬态过程虽然为时短暂，但在不少实际工作中却是极为重要的。譬如在研究脉冲电路时，经常遇到的是电子器件的开关特性和电容器的充放电。由于脉冲是一种跃变的信号，并且持续时间很短，因此我们注意的是电路的瞬态过程，即电路中每个瞬时的电压和电流的变化情况。此外，在电子技术中也常利用电路中瞬态过程现象来改善波形以及产生特定的波形。电路的瞬态过程也有其有害的一面，例如某些电路在接通或断开的瞬态过程中，要产生电压过高或电流过大的现象，从而使电气设备或器件遭受损坏。因此，研究瞬态过程的目的就是：认识和掌握这种客观存在的物理现象的规律，在生产上既要充分利用瞬态过程的特性，同时也必须预防它所产生的危害。

数学分析的方法是研究瞬态过程常采用的方法。本章我们只介绍用经典法来分析电路中的瞬态过程，将重点讲解 RC 和 RL 一阶线性电路的瞬态过程。

2.1 电路换路规则及初始值设定

2.1.1 换路规则

瞬态过程的产生是由于物质所具有的能量不能跃变而造成的。因为自然界的任何物质在稳定状态下，都具有一定的或一定变化形式的能量，当条件改变，能量随着改变，但是能量的积累或衰减是需要一定时间的。在前面所举的例子中，电动机的转速不能跃变，这是因为它的动能不能跃变。

电路的接通、切断、短路、电压改变或参数改变等称为换路。含有动态元件（电容和电感）的电路称为瞬态电路或动态电路。

由于换路，使电路中的能量发生变化，但这种变化也是不能跃变的。在电容元件中，储有电能 $\frac{1}{2}Cu_C^2$，当换路时，电能不能跃变，这反映在电容元件上的电压 u_C 不能跃变。

在电感元件中，储有磁能 $\frac{1}{2}Li_L^2$，当换路时，磁能不能跃变，这反映在电感元件中的电流 i_L 不能跃变。可见因为能量的存储和释放需要一个过程，所以有电容和电感存在的电路存在过渡过程。

也可从另外的角度来分析。设有一个 RC 串联电路，当接上直流电源（其电压为 U）对电容器充电时，假若电容器两端电压 u_C 跃变，则在此瞬间充电电流 $i=C\dfrac{\mathrm{d}u_C}{\mathrm{d}t}$ 将趋于无限大。但是任一瞬间，电路都要受到基尔霍夫定律的制约，充电电流要受到电阻 R 的限制，即 $i=\dfrac{U-u_C}{R}$。

除非在电阻 R 等于零的理想情况下，否则充电电流不可能趋于无限大。因此，电容电压一般不能跃变。类比分析 RL 串联电路，电感元件中的电流 i_L 一般也不能跃变，否则在此瞬间电感电压 $u_C=L\dfrac{\mathrm{d}i_L}{\mathrm{d}t}$ 将趋于无限大，这也要受到基尔霍夫定律的制约。

我们设 $t=0$ 为换路瞬间，而以 $t=0_-$ 表示换路前稳态的终了瞬间，在这之前，电路维持旧的稳定状态；$t=0_+$ 表示换路后稳态的起始瞬间，这是换路的开始时刻。0_- 和 0_+ 在数值上都等于 0，但对于电路来说有本质的区别。前者是指 t 从负值趋近于零，后者是指 t 从正值趋近于零。

如果换路前后电容电流和电感电压为有限值，则在从 $t=0_-$ 到 $t=0_+$ 的换路瞬间，电容元件上的电压和电感元件中的电流不能跃变，这称为换路定则。其数学表达式为

$$u_C(0_-)=u_C(0_+)$$
$$i_L(0_-)=i_L(0_+)$$

(2-1)

值得注意的是，在换路瞬间，电感元件中的电流和电容元件上的电压不能跃变，但电路中的其他电流和电压，如 i_C、u_L、u_R、i_R 等是可以发生跃变的。

2.1.2　初始条件

分析动态电路过渡过程的常用方法就是根据基尔霍夫电流定律（KCL）、基尔霍夫电压定律（KVL）和支路的伏安特性关系（VCR）建立起描述电路的方程。这类方程是以时间为自变量的线性常微分方程。通过求解常微分方程，得到电路所求的变量（电压或电流），它是一种在时间域中进行的分析方法，此方法称为经典法。

用经典法求解常微分方程时，必须根据电路的初始条件确定解答中的积分常数。设描述电路动态过程的微分方程为 n 阶，所谓初始条件就是指电路中所求变量（电压或电流）及其 1 阶到 $(n-1)$ 阶导数在 $t=0_+$ 时刻的值，也称初始值。

对于线性电容和线性电感，它们的初始条件分别为

$$u_C(0_+)=u_C(0_-)\qquad i_L(0_+)=i_L(0_-)$$

(2-2)

电容电压 $u_C(0_+)$ 和电感电流 $i_L(0_+)$ 称为独立的初始条件，其余的（如电荷量、磁通链）称为非独立的初始条件。

2.1.3　初始条件的计算方法

动态电路是从原来的稳定状态过渡到新的稳定状态，因此要分析瞬态过程的变化规

律，首先要确定动态电路中各个待求量的初始值。换路定则仅适用于电容电压和电感电流初始值的确定。电路中其他电压和电流的初始值可按下面的步骤进行。

① 根据换路前一瞬间的电路及换路定律求出动态元件上响应的初始值。即由 $t=0_-$ 时的电路求 $i_L(0_-)$ 和 $u_C(0_-)$。

② 根据换路定则，有 $i_L(0_+)=i_L(0_-)$，$u_C(0_+)=u_C(0_-)$。

③ 根据动态元件初始值的情况画出 $t=0_+$ 时刻的等效电路图：当 $i_L(0_+)=0$ 时，电感元件在图中相当于开路；若 $i_L(0_+)\neq 0$ 时，电感元件在图中相当于数值等于 $i_L(0_+)$ 的恒流源；当 $u_C(0_+)=0$ 时，电容元件在图中相当于短路；若 $u_C(0_+)\neq 0$，则电容元件在图中相当于数值等于 $u_C(0_+)$ 的恒压源。

根据换路后的电路，由 $t=0_+$ 时的等效电路以及 $i_L(0_+)$ 或 $u_C(0_+)$ 求解其他待求量电压、电流的初始值。

【**例 2-1**】确定图 2-1 所示电路中各个电压和电流的初始值。设换路前电路处于稳态。

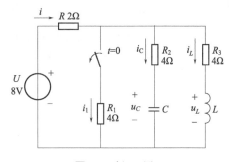

图 2-1　例 2-1 图 1

【**解**】先由 $t=0_-$ 的电路图 2-2(a)（这里电容视作开路，电感视作短路），求得

$$i_L(0_-)=\frac{R_1}{R_1+R_3}\times\frac{U}{R+\dfrac{R_1R_3}{R_1+R_3}}$$

$$=\frac{4}{4+4}\times\frac{8}{2+\dfrac{4\times4}{4+4}}=1(\text{A})$$

$$u_C(0_-)=R_3i_L(0_-)=4\times1=4(\text{V})$$

在 $t=0_+$ 的电路中

$$u_C(0_+)=u_C(0_-)=4\text{V}$$

$$i_L(0_+)=i_L(0_-)=1\text{A}$$

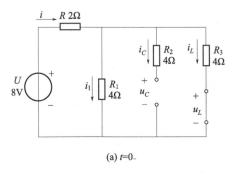

(a) $t=0_-$

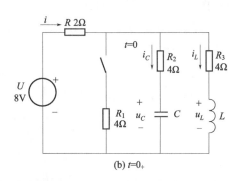

(b) $t=0_+$

图 2-2　例 2-1 图 2

于是由图 2-2(b) 可列出

$$\begin{cases}8=2i(0_+)+4i_C(0_+)+4\\ i(0_+)=i_C(0_+)+1\end{cases}$$

解得

$$i_C(0_+)=\frac{1}{3}\text{A} \qquad i(0_+)=1\frac{1}{3}\text{A}$$

并可得出

$$u_L(0_+)=R_2 i_C(0_+)+u_C(0_+)-R_3 i_L(0_+)$$

$$=4\times\frac{1}{3}+4-4\times1=\frac{4}{3}(\text{V})$$

由上可知，$u_C(0_-)=u_C(0_+)$，不能跃变；而 $i_C(0_-)=0$，$i_C(0_+)=\frac{1}{3}\text{A}$，是可以跃变的。$i_L(0_-)=i_L(0_+)$，不能跃变；而 $u_L(0_-)=0$，$u_L(0_+)=\frac{4}{3}\text{V}$，是可以跃变的。此外，$i(0_-)=2\text{A}$，而 $i(0_+)=\frac{4}{3}\text{A}$，也是可以跃变的。

因此，计算 $t=0_+$ 时电压和电流的初始值，只需计算 $t=0_-$ 时的 $i_L(0_-)$ 和 $u_C(0_-)$，因为它们不能跃变，即为初始值，而 $t=0_-$ 时的其余电压和电流都与初始值无关，不必去求。

2.2　一阶电路的瞬态响应

用经典法分析电路的瞬态过程，就是根据激励（电源电压或电流），通过求解电路的微分方程以得出电路的响应（电压和电流）。本节讨论一阶电路的暂态响应。

2.2.1　一阶电路的零输入响应

动态电路中在无外激励电源，输入信号为零时，仅在动态元件的原始储能下所引起的电路响应称为零输入响应。

(1) RC 电路的零输入响应

RC 电路的零输入响应，是指在无电源激励的情况下，由电容元件的初始状态 $u_C(0_+)$ 所产生的电路的响应。

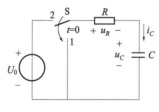

图 2-3　RC 放电电路

分析 RC 电路的零输入响应，实际上就是分析它的放电过程。图 2-3 是一 RC 串联电路。在换路前，开关 S 合到位置 2 上，电路即与电压为 U 的电压源接通，对电容元件开始充电。在 $t=0$ 时将开关从位置 2 合到位置 1 上，使电路脱离电源，输入信号为零。此时，电容元件已储有能量，其上电压的初始值 $u_C(0_+)=U_0$，于是电容元件经过电阻 R 开始放电。

根据基尔霍夫电压定律，列出 $t\geqslant0$ 时的电路微分方程

$$RC\frac{\mathrm{d}u_C}{\mathrm{d}t}+u_C=0 \tag{2-3}$$

式(2-3) 的通解为

$$u_C = A \mathrm{e}^{-\frac{1}{RC}t} \tag{2-4}$$

根据换路定则，在 $t = 0_+$ 时 $u_C(0_+) = U_0$，则 $A = U_0$。

因此 RC 一阶动态电路零输入响应的表达式为

$$u_C = U_0 \mathrm{e}^{-\frac{1}{RC}t} = U_0 \mathrm{e}^{-\frac{t}{\tau}} \tag{2-5}$$

其随时间的变化曲线如图 2-4 所示。

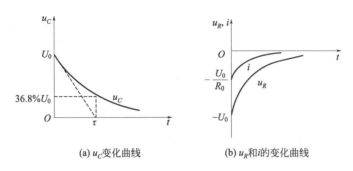

(a) u_C 变化曲线　　　　　　(b) u_R 和 i 的变化曲线

图 2-4　　RC 电路零输入响应

当 $t = \tau$ 时

$$u_C = U_0 \mathrm{e}^{-1} = \frac{U_0}{2.718} = 36.8\% U_0$$

即从 $t = 0$ 经过一个 τ 的时间，电压 u_C 衰减到初始值 U_0 的 36.8%。从理论上讲要经过无限长的时间（$t = \infty$），$u_C(t)$ 的过渡过程才算结束，也就是达到稳定状态。但是，由于指数曲线开始变化较快，而后逐渐缓慢，如表 2-1 所示，所以在工程上一般认为经过 $(3 \sim 5)\tau$ 的时间，就可认为达到稳定状态了。

表 2-1　　u_C 随时间的衰减

t	0	τ	2τ	3τ	4τ	5τ	$\cdots$	∞
$u_C(t)$	U_0	$0.368U_0$	$0.135U_0$	$0.05U_0$	$0.018U_0$	$0.0067U_0$	$\cdots$	0

电压 u_C 衰减的快慢决定于电路的时间常数 τ。时间常数 τ 越大，u_C 衰减（电容器放电）越慢，如图 2-4(a) 所示。因为在一定初始电压 U_0 下，电容 C 越大，则储存的电荷越多；而电阻 R 越大，则放电电流越小，这都促使放电变慢。因此电路中选择不同的 R、C 参数可以控制电容器放电的快慢。例如当 C 值一定时，减小放电电阻可以缩短放电时间，但会增大放电电流的初始值。

至于 $t \geqslant 0$ 时电容器的放电电流和电阻元件 R 上的电压，也可求出，即

$$i = C \frac{\mathrm{d}u_C}{\mathrm{d}t} = -\frac{U_0}{R} \mathrm{e}^{-\frac{t}{\tau}}$$

$$u_R = Ri = -U_0 \mathrm{e}^{-\frac{t}{\tau}}$$

上两式中的负号表示放电电流的实际方向与图 2-3 中所选定的参考方向相反。

【例 2-2】电路如图 2-5 所示，开关 S 闭合前电路已处于稳态。在 $t=0$ 时，将开关闭合，已知 $U=6\mathrm{V}$，$R_1=1\mathrm{k}\Omega$，$R_2=2\mathrm{k}\Omega$，$C=5\mu\mathrm{F}$，试求 $t\geqslant0$ 时电压 u_C 和电流 i_C、i_2 及 i_3。

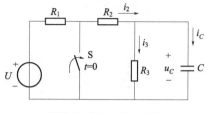

图 2-5 例 2-2 的电路图

【解】在 $t=0_-$ 时，电容断路，R_1、R_2 和 R_3 串联，有

$$u_C(0_-)=\frac{6}{1+2+3}\times3=3(\mathrm{V})$$

在 $t\geqslant0$ 时，6V 电压源与 1Ω 电阻串联的支路被开关短路。这时电容器经两支路放电，时间常数 τ 为

$$\tau=\frac{2\times3}{2+3}\times5\times10^{-6}=6\times10^{-6}(\mathrm{s})$$

由式(2-5)可得

$$u_C=3\mathrm{e}^{\frac{10^6}{6}t}=3\mathrm{e}^{-1.7\times10^5t}(\mathrm{V})$$

并由此得

$$i_C=C\frac{\mathrm{d}u_C}{\mathrm{d}t}=-2.5\mathrm{e}^{-1.7\times10^5t}(\mathrm{A})$$

$$i_3=\frac{u_C}{3}=\mathrm{e}^{-1.7\times10^5t}(\mathrm{A})$$

$$i_2=i_3+i_C=-1.5\mathrm{e}^{-1.7\times10^5t}(\mathrm{A})$$

(2) RL 电路的零输入响应

RL 电路的零输入响应，是指换路前电感元件储有能量，即 $i_L(0_+)\neq0$，在无电源激励下所产生的电路响应。

在图 2-6 中，电路接通电源 U 后，当其中电流 i 达到稳定值 $I_0=\dfrac{U}{R}$ 时，将开关 S 从位置 2 拨至位置 1，使电路脱离电源，输入信号为零。电流初始值 $i(0_+)=I_0$。

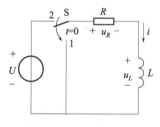

图 2-6 RL 零输入响应

根据基尔霍夫电压定律，可列出 $t\geqslant0$ 时电路的微分方程

$$Ri+L\frac{\mathrm{d}i}{\mathrm{d}t}=0 \tag{2-6}$$

其通解为

$$i=I_0\mathrm{e}^{-\frac{R}{L}t}=I_0\mathrm{e}^{-\frac{t}{\tau}} \tag{2-7}$$

式中 $\tau=\dfrac{L}{R}$。

i 随时间变化的曲线如图 2-7(a) 所示。

$t\geqslant0$ 时电阻元件和电感元件上的电压，它们分别为

$$u_R=Ri=RI_0\mathrm{e}^{-\frac{t}{\tau}} \tag{2-8}$$

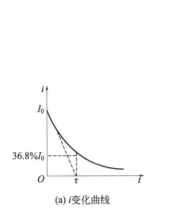
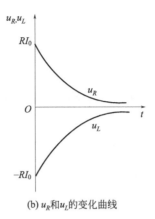

(a) i 变化曲线　　　(b) u_R 和 u_L 的变化曲线

图 2-7　RL 电路零输入响应

$$u_L = L\frac{\mathrm{d}i}{\mathrm{d}t} = -RI_0\mathrm{e}^{-\frac{t}{\tau}} \tag{2-9}$$

它们的变化曲线如图 2-7(b) 所示。

【例 2-3】图 2-8 所示电路原处于稳定状态，$t=0$ 时刻开关 S 从 2 拨至 1，求换路后的电感电流 $i_L(t)$。

【解】换路前电感相当于短路，有换路定则可得

$$i_L(0_+) = i_L(0_-) = \frac{U}{R_1+R_3} = \frac{10}{1+4} = 2(\mathrm{A})$$

换路后的暂态过程为 RL 零输入响应，此时电阻

$$R = R_3 + R_2 = 4 + 4 = 8(\Omega)$$

时间常数为 $\tau = \dfrac{L}{R} = \dfrac{1}{8}(\mathrm{s})$

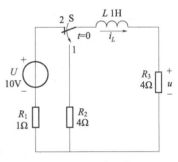

图 2-8　例 2-3 的电路图

代入得　$i_L(t) = i_L(0_+)\mathrm{e}^{-\frac{t}{\tau}} = 2e^{-8t}(\mathrm{A})$

2.2.2　一阶电路的零状态响应

动态元件的初始储能为零，动态电路在零初始状态下由外加激励电源所引起的响应，称为零状态响应。

(1) RC 电路的零状态响应

RC 电路的零状态响应，是指换路前电容元件未储有能量，即 $u_C(0_-)=0$，由电源激励所产生的电路响应。

分析 RC 电路的零状态响应，实际上就是分析它的充电过程。图 2-9 是一 RC 串联电路。开关闭合前电路处于零初始状态，$u_C(0_-)=0$。在 $t=0$ 时，将开关 S 合到位置 2 上，电路接入直流电压源 U，电容元件开始充电，其电压为 u_C。

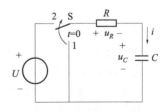

图 2-9　RC 电路零状态响应

根据基尔霍夫电压定律，有

$$U = Ri + u_C$$

将 $u_R = Ri$，$i = C \dfrac{\mathrm{d}u_C}{\mathrm{d}t}$ 代入，可得 $t \geqslant 0$ 时电路中的微分方程

$$RC \frac{\mathrm{d}u_C}{\mathrm{d}t} + u_C = U \qquad (2\text{-}10)$$

此方程是一阶线性非齐次方程。它的通解有部分组成：一个是特解 u_C'，一个是对应齐次方程的通解 u_C''，即 $u_C = u_C' + u_C''$。

特解取电路的稳态值，为 $u_C' = U$。

而齐次微分方程 $RC \dfrac{\mathrm{d}u_C}{\mathrm{d}t} + u_C = 0$ 的通解为

$$u_C'' = A\mathrm{e}^{-\frac{1}{\tau}t}$$

这里令 $\tau = RC$。

因此，式（2-10）的通解为

$$u_C = u_C' + u_C'' = U + A\mathrm{e}^{-\frac{1}{\tau}t}$$

根据换路定则，在 $t = 0_+$ 时，$u_C(0_+) = 0$，则 $A = -U$。

所以电容元件两端的电压为

$$u_C = U - U\mathrm{e}^{-\frac{1}{\tau}t} = U(1 - \mathrm{e}^{-\frac{t}{\tau}}) \qquad (2\text{-}11)$$

电压 u_C 随时间的变化曲线如图 2-10(a) 所示。

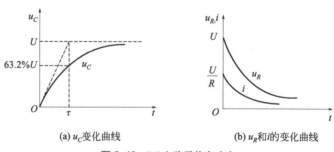

(a) u_C变化曲线   (b) u_R和i的变化曲线

图 2-10　RC电路零状态响应

当 $t = \tau$ 时

$$u_C = U(1 - \mathrm{e}^{-1}) = U\left(1 - \frac{1}{2.718}\right)$$
$$= U(1 - 0.368) = 63.2\%U$$

可以看出，电压 u_C 以指数规律趋近于它的最终恒定值。到达该值后，电压和电流不再变化，电容相当于开路，电流为零，此时电路达到稳定状态（简称稳态）。所以特解 $u_C' = U$ 称为稳态分量，它的变化规律和大小都与电源电压 U 有关，所以又称为强制分量。而通解 u_C'' 变化规律与电源电压无关，所以称自由分量。u_C'' 仅存在于瞬态过程中，称为瞬态分量。它按指数规律衰减，最终趋近于零。

当电路中储能元件的能量增长到某一稳态值或衰减到某一稳态值或零值时，电路的瞬态过程随即终止，瞬态分量也趋于零（在上面所讨论的 RC 电路的零输入响应中，稳态分量为零值）。

至于 $t \geqslant 0$ 时电容器充电电路中的电流，也可求出，即

$$i = C \frac{\mathrm{d}u_C}{\mathrm{d}t} = \frac{U}{R} \mathrm{e}^{-\frac{t}{\tau}} \tag{2-12}$$

由此也可得出电阻元件 R 上的电压

$$u_R = Ri = U\mathrm{e}^{-\frac{t}{\tau}} \tag{2-13}$$

所求 u_R 及 i 的随时间变化的曲线如图 2-10(b) 所示。

RC 电路接通直流电压源也即是电源通过电阻对电容充电的过程。在充电过程中，电源供给的能量一部分转换成电场能量储存于电容中，另一部分被电阻转变为热能消耗掉，电阻消耗的电能为

$$W_R = \int_0^\infty i^2 R \, \mathrm{d}t = \int_0^\infty i^2 \left(\frac{U}{R} \mathrm{e}^{-\frac{t}{\tau}} \right)^2 R \, \mathrm{d}t = \frac{1}{2} C U^2$$

可以看出，在充电过程中，电源提供的能量只有一半转变成电场能量储存在电容中，另一半则为电阻所消耗掉，也就是说电源的效率只有 50%。

【**例2-4**】在图 2-11 中，$R_1 = 3\mathrm{k}\Omega$，$R_2 = 6\mathrm{k}\Omega$，$C_1 = 40\mu\mathrm{F}$，$C_2 = C_3 = 20\mu\mathrm{F}$，电压 $U = 12\mathrm{V}$，$u_C(0) = 0$，试求输出电压 u_C。

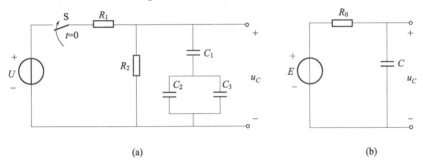

图 2-11　例 2-4 的图

【**解**】C_2 和 C_3 并联后再与 C_1 串联，其等效电容为

$$C = \frac{C_1(C_2 + C_3)}{C_1 + (C_2 + C_3)} = \frac{40(20+20) \times 10^{-12}}{[40 + (20+20)] \times 10^{-6}} = 20 \times 10^{-6} (\mathrm{F}) = 20(\mu\mathrm{F})$$

电路其余部分可应用戴维南定理化为等效电源，等效电源的电动势为

$$E = \frac{R_2 U}{R_1 + R_2} = \frac{6 \times 10^3 \times 12}{(3+6) \times 10^3} = 8(\mathrm{V})$$

等效电源的内阻为

$$R_0 = \frac{R_1 R_2}{R_1 + R_2} = \frac{(3 \times 6) \times 10^6}{(3+6) \times 10^3} = 2 \times 10^3 (\Omega) = 2(\mathrm{k}\Omega)$$

等效电路如图 2-11(b) 所示。由等效电路可得出电路的时间常数

$$\tau = R_0 C = 2 \times 10^3 \times 20 \times 10^{-6} = 40 \times 10^{-3} (\mathrm{s}) = 40(\mathrm{ms})$$

输出电压为

$$u_C = E(1 - \mathrm{e}^{-\frac{t}{\tau}}) = 8(1 - \mathrm{e}^{-\frac{t}{40 \times 10^{-3}}}) = 8(1 - \mathrm{e}^{-25t})(\mathrm{V})$$

(2) RL 电路的零状态响应

RL 电路的零状态响应，是指换路前电感元件未储有能量，即 $i(0_-)=i(0_+)=0$，在电源激励下所产生的电路响应。

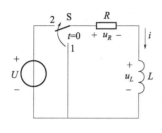

图 2-12　RL 零状态响应

我们讨论在直流电压源激励下的 RL 电路的零状态响应。例如图 2-12 所示是一 RL 串联电路。在 $t=0$ 时将开关 S 置于位置 2 上，此时电路将与一恒定电压为 U 的电压源接通，其中电流为 i。

换路前电感元件没有原始储能，$i(0_-)=i(0_+)=0$，即电路处于零状态。

换路后根据 KVL 定律，列出 $t \geqslant 0$ 时电路的微分方程

$$U = Ri + L\frac{\mathrm{d}i}{\mathrm{d}t} \tag{2-14}$$

其通解为

$$i = \frac{U}{R} - \frac{U}{R}\mathrm{e}^{-\frac{R}{L}t} = \frac{U}{R}(1 - \mathrm{e}^{-\frac{t}{\tau}}) \tag{2-15}$$

可以看出结果也是稳态分量和瞬态分量二者的叠加。式中 τ 为电路的时间常数

$$\tau = \frac{L}{R}$$

其电流随时间变化的曲线如图 2-13(a) 所示。

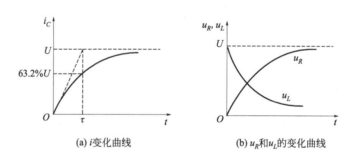

(a) i 变化曲线　　　　　　　(b) u_R 和 u_L 的变化曲线

图 2-13　RL 电路零状态响应

$t \geqslant 0$ 时电阻元件和电感元件上的电压分别为

$$u_R = Ri = U(1 - \mathrm{e}^{-\frac{t}{\tau}}) \tag{2-16}$$

$$u_L = L\frac{\mathrm{d}i}{\mathrm{d}t} = U\mathrm{e}^{-\frac{t}{\tau}} \tag{2-17}$$

它们随时间变化的曲线如图 2-13(b) 所示。达到稳态时，电感元件相当于短路，其上电压为零，所以电阻元件上的电压就等于电源电压。

2.2.3　一阶电路的全响应

当电路中既有外激励，动态元件上又有原始能量，这种情况下所引起的电路响应称为全响应。

（1）RC 电路的全响应

RC 电路的全响应，是指在电源激励作用下，电容元件的初始状态 $u_C(0_+)$ 也不为零时电路的响应，实际上是零输入响应与零状态响应二者的叠加。

在图 2-9 的电路中，电源激励电压为 U，由换路定则可知初始值

$$u_C(0_+)=u_C(0_-)=U_0$$

当电路达到新的稳定状态时，有稳态值 $u_C(\infty)=U_0'$，当初始值大于稳态值（$U_0>U_0'$）时，电容发生放电；当初始值小于稳态值（$U_0<U_0'$）时，电容发生充电；若二者相等时当转换开关时就没有暂态过程。

由图 2-9 所示电路，$t\geq0$ 时的电路的微分方程和式(2-10) 相同，也由此得出

$$u_C=u_C'+u_C''=U+A\mathrm{e}^{-\frac{1}{\tau}t}$$

但积分常数 A 与零状态响应时不同。在 $t=0_+$ 时，$u_C(0_+)=U_0$，则 $A=U_0-U$。所以

$$u_C=U+(U_0-U)\mathrm{e}^{-\frac{1}{\tau}t} \tag{2-18}$$

经改写后得出

$$u_C=U_0\mathrm{e}^{-\frac{t}{\tau}}+U(1-\mathrm{e}^{-\frac{t}{\tau}}) \tag{2-19}$$

可以看出，右边第一项即为零输入响应的表达式，第二项即零状态响应的表达式：

$$全响应＝零输入响应＋零状态响应$$

这是叠加原理在电路瞬态分析中的体现。在求全响应时，可把电容元件的初始状态 $u_C(0_+)$ 看作一种电压源。$u_C(0_+)$ 和电源激励分别单独作用时所得出的零输入响应和零状态响应叠加，即为全响应。

在式(2-19) 中也反映出稳态分量 U 和瞬态分量 $(U_0-U)\mathrm{e}^{-\frac{t}{\tau}}$ 的叠加：

$$全响应＝稳态分量＋瞬态分量$$

【例 2-5】 如图 2-14 所示，已知 $R_1=2\mathrm{k}\Omega$，$R_2=4\mathrm{k}\Omega$，$C=3\mu\mathrm{F}$，电压源 $U_1=3\mathrm{V}$ 和 $U_2=4\mathrm{V}$。开关长期合在位置 1 上，如在 $t=0$ 时把它合到位置 2 后，试求电容元件上的电压 u_C。

【解】 在 $t=0_-$ 时

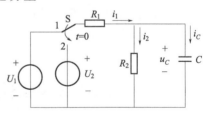

图 2-14　例 2-5 的图

$$u_C(0_-)=\frac{U_1R_2}{R_1+R_2}=\frac{3\times(4\times10^3)}{(2+4)\times10^3}=2(\mathrm{V})$$

在 $t\geq0$ 时，根据基尔霍夫电流定律列出

$$i_1-i_2-i_C=0$$

$$\frac{U_2-u_C}{R_1}-\frac{u_C}{R_2}-C\frac{\mathrm{d}u_C}{\mathrm{d}t}=0$$

经整理后，得

$$R_1C\frac{\mathrm{d}u_C}{\mathrm{d}t}+\left(1+\frac{R_1}{R_2}\right)u_C=U_2$$

代入数据为

$$(6 \times 10^{-3}) \frac{\mathrm{d}u_C}{\mathrm{d}t} + \frac{3}{2} u_C = 4$$

解得

$$u_C = u_C' + u_C'' = \frac{8}{3} + A\mathrm{e}^{-\frac{1}{4 \times 10^{-3}t}} \quad (\mathrm{V})$$

当 $t = 0_+$ 时，$u_C(0_+) = 2\mathrm{V}$，则 $A = -\frac{2}{3}$，所以

$$u_C = \frac{8}{3} - \frac{2}{3}\mathrm{e}^{-\frac{1}{4 \times 10^{-3}t}} = \frac{8}{3} - \frac{2}{3}\mathrm{e}^{-250t} \quad (\mathrm{V})$$

(2) RL 电路的全响应

RL 电路的全响应，是指换路前电感元件储有能量，即 $i_L(0_+) \neq 0$，且在有电源激励情形下所产生的电路响应。RL 电路的全响应与 RC 电路全响应相类似，RL 电路的全响应也应该是零输入和零状态响应的叠加。下面我们通过一个实例来进行验证。

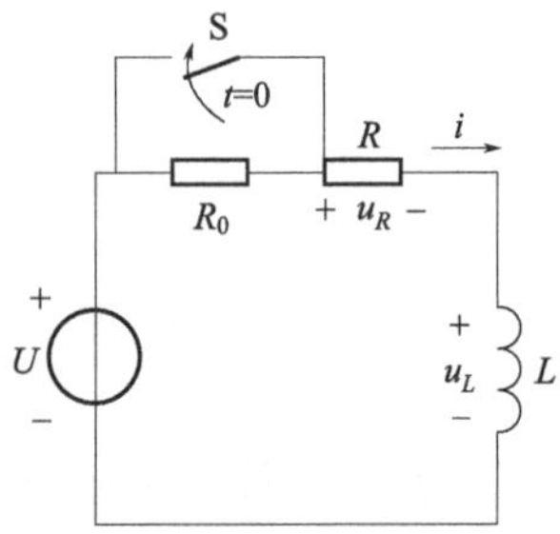

图 2-15 RL 电路的全响应

在图 2-15 所示电路中，电源电压为 U，$i(0_-) = I_0$。当将开关闭合时，回路是一 RL 串联电路。

$t \geqslant 0$ 时电路的微分方程和式(2-14) 相同，因此其通解为

$$i = \frac{U}{R} + \left(I_0 - \frac{U}{R}\right)\mathrm{e}^{-\frac{R}{L}t} \tag{2-20}$$

式中，等号右边第一项为稳态分量，第二项为暂态分量。两者相加即为全响应电流 i。

整理后得

$$i = I_0\mathrm{e}^{-\frac{t}{\tau}} + \frac{U}{R}(1 - \mathrm{e}^{-\frac{t}{\tau}}) \tag{2-21}$$

式中，右边第一项即为式(2-7)，是零输入响应；第二项即为式(2-15)，是零状态响应。两者叠加即为全响应 i。

2.3 一阶线性电路瞬态分析的三要素法

只含有一个储能元件或可等效为一个储能元件的线性电路，不论是简单还是复杂的，它的微分方程都是一阶常系数线性微分方程［如式(2-10)］。这样的电路称为一阶线性电路。

通过前面的分析可知，直流电源激励下的一阶电路中的电压或电流，其全响应总是由初始值开始，按指数规律变化而趋近于稳态值，并且电路的响应总是由稳态分量（包括零值）和瞬态分量两部分相加得到，写成一般形式为

$$f(t) = f'(t) + f''(t) = f(\infty) + A\mathrm{e}^{-\frac{t}{\tau}}$$

式中，$f(t)$ 是电流或电压，$f(\infty)$ 是稳态分量（即稳态值），$A\mathrm{e}^{-\frac{t}{\tau}}$ 是瞬态分量。若初始值为 $f(0_+)$，则得 $A = f(0_+) - f(\infty)$。于是

$$f(t)=f(\infty)+[f(0_+)-f(\infty)]\mathrm{e}^{-\frac{t}{\tau}} \tag{2-22}$$

这就是分析一阶线性电路瞬态过程中任意变量的一般公式。只要知道初始值 $f(0_+)$、稳态值 $f(\infty)$ 和时间常数 τ 这三个要素，就可以通过式(2-22)直接求得直流电源激励下的一阶电路的全响应（电流或电压），故称这种方法为三要素法。至于电路响应的变化曲线，前面讲过，都是按指数规律变化的（增长或衰减）。

三要素法在分析 RC 和 RL 一阶电路的暂态响应时，可避免求解微分方程，而使分析简便，并且物理意义清楚。三要素法非常实用，其具体使用步骤如下。

① 求初始值 $f(0_+)$。根据题意可求出换路前的终了时刻的值 $f(0_-)$，再根据换路定则确定 $f(0_+)=f(0_-)$，即 RC 电路 $u_C(0_+)=u_C(0_-)$；RL 电路 $i_L(0_+)=i_L(0_-)$。

② 求稳态值 $f(\infty)$。换路后，电路达到最稳定状态时的电压和电流值。在稳态为直流量的电路中，电路的处理方法是：电容开路，电感短路；用求稳态电路的方法求出电容的开路电压即为 $u_C(\infty)$，电感中的短路电流即为 $i_L(\infty)$。

③ 求时间常数 τ。对于电路中的任一变量（如电流、电压），它们的时间常数是相同的，并与外加信号源无关。为求得一阶电路的时间常数，可将电压源短路，将电流源开路，经过简化后必然能得到一个等值的 RC 或 RL 闭合电路，回路中 RC 或 $\dfrac{L}{R}$ 即为原电路的时间常数。时间常数是电路瞬变过程中一个重要的物理参数。因为它的大小可以反映出 RC（或 RL）电路瞬变过程的快慢。

列方程时应注意的问题：

① 在所求解的电路中有多个待求量时，不必列出全部待求量的微分方程，而是选出一个适当的待求量，其他变量则利用与该变量的关系来求解。例如，在 RLC 串联电路中，可选电路 i 作为变量，然后由 $U_R=iR$，$u_L=L\dfrac{\mathrm{d}i}{\mathrm{d}t}$ 和 $u_C=\dfrac{1}{C}\displaystyle\int i\mathrm{d}t$ 来求 u_R、u_L 和 u_C 等。

② 一般情况下微分比积分计算方便，因此，含有电容的电路，选 u_C 作为变量；在电感电路中，选 i_L 作为变量较好。若 L、C 同时存在，选 i_L 或 u_C 均可。

③ 也可把支路电流、网孔电压、结点电位等作为变量，而后由 KCL 或 KVL 列出微分方程。

下面举例说明三要素法的应用。

【例 2-6】 应用三要素法求图 2-16 中的 u_C。

【解】（1）确定 u_C 的初始值。根据换路定则 $u_C(0_+)=u_C(0_-)$，换路前电容断路，R_1、R_2 电阻串联，有

$$u_C(0_+)=\frac{U_1R_2}{R_1+R_2}=\frac{3\times(4\times10^3)}{(2+4)\times10^3}=2(\mathrm{V})$$

（2）确定 u_C 的稳态值。换路稳定后电容还是断路，R_1、R_2 电阻串联，有

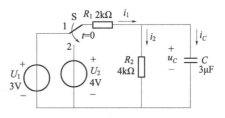

图 2-16　例 2-6 的电路图

$$u_C(\infty)=\frac{U_2R_2}{R_1+R_2}=\frac{4\times(4\times10^3)}{(2+4)\times10^3}=\frac{8}{3}(\mathrm{V})$$

（3）确定电路的时间常数 τ。将网络中的独立电源置零（电压源短路、电流源开路），从储能元件 C 两端看进去，除源后的等效电阻为 R_1、R_2 两电阻并联，则有

$$\tau = (R_1 /\!/ R_2)C = \frac{R_1 R_2}{R_1 + R_2}C = \frac{2 \times 4 \times 10^6}{(2+4) \times 10^3} \times 3 \times 10^{-6} = 4 \times 10^{-3}(\text{s})$$

于是根据三要素公式(2-22)

$$u_C(t) = u_C(\infty) + [u_C(0_+) - u_C(\infty)]\mathrm{e}^{-\frac{t}{\tau}}$$

代入数据可写出

$$u_C = \frac{8}{3} + \left(2 - \frac{8}{3}\right)\mathrm{e}^{-\frac{t}{4 \times 10^{-3}}} = \frac{8}{3} - \frac{2}{3}\mathrm{e}^{-250t}(\text{V})$$

【例 2-7】电路如图 2-17 所示，$t=0$ 时，开关 S 闭合；求 $t \geqslant 0$ 时的 $i_L(t)$。假设开关闭合前电路已处于稳态。

【解】（1）求初始值 $i_L(0_+)$。开关闭合前，电感元件相当于短路，R_2、R_3 电阻并联并且相等，则由换路定则可得

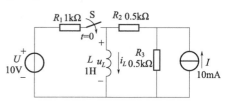

图 2-17　例 2-7 的电路图

$$i_L(0_+) = i_L(0_-) = \frac{1}{2} \times 10 = 5(\text{mA})$$

在 $t=0_+$ 时，由于 $u_C(0_+)=0$，故 $u_0(0_+)=6\text{V}$。$i_L(0_+) = i_L(0_-)$

（2）求稳态值 $i_L(\infty)$。当开关闭合电路达到新的稳态时，电感元件仍相当于短路，故

$$i_L(\infty) = 5 + \frac{10}{1 \times 10^3} = 15(\text{mA})$$

（3）求电路的时间常数 τ。根据换路后的电路，先求出从电感元件两端看进去的等效电阻 R_{eq} 为 R_2 与 R_3 串联后再与 R_1 并联（将理想电压源短路，理想电流源开路）。即

$$R_{\text{eq}} = R_1 /\!/ (R_2 + R_3) = 0.5(\text{k}\Omega)$$

代入数据，时间常数 τ 为

$$\tau = \frac{L}{R_{\text{eq}}} = \frac{1}{0.5} = 2 \times 10^{-3}(\text{s})$$

（4）根据三要素公式(2-22)

$$i_L(t) = i_L(\infty) + [i_L(0_+) - i_L(\infty)]\mathrm{e}^{-\frac{t}{\tau}}$$

代入数据，得

$$i_L(t) = 15 + (5-15)\mathrm{e}^{-\frac{1}{2 \times 10^{-3}}t} = 15 - 10\mathrm{e}^{-5 \times 10^2 t} = 15 - 10\mathrm{e}^{-500t}$$

习　题

2-1　图 2-18 所示电路中，已知 $U_S = 5\text{V}$，$R_1 = 10\Omega$，$R_2 = 5\Omega$，开关 S 闭合前电容没储能。求开关合瞬间电容的初始电压 $u_C(0_+)$ 和电流值 $i_C(0_+)$。

2-2　图 2-19 所示电路中，已知 $U_S=12V$，$R_1=4k\Omega$，$R_2=8k\Omega$，$C=1\mu F$，电路已经稳定。$t=0$ 时，开关 S 打开，试求初始值 $u_C(0_+)$、$i_C(0_+)$、$i_1(0_+)$ 和 $i_2(0_+)$。

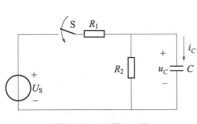

图 2-18　习题 2-1 图

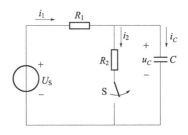

图 2-19　习题 2-2 图

2-3　如图 2-20 所示的电路中，换路前已处于稳态。求 $t=0$ 时 u_C 和 i_C，并画出它们的波形。

2-4　电路如图 2-21 所示，在开关 S 动作之前已达稳态，在 $t=0$ 时由位置 a 投向位置 b。求过渡过程中的 $u_L(t)$ 和 $i_L(t)$。

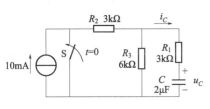

图 2-20　习题 2-3 图

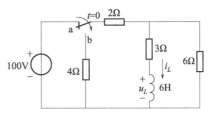

图 2-21　习题 2-4 图

2-5　在图 2-22 所示电路中，$R_1=R_2=100k\Omega$，$C=1\mu F$，$U_S=3V$。开关 S 闭合前电容元件上原始储能为零，试求开关闭合后电容两端的电压为多少。

2-6　如图 2-23 所示电路，已知 $U_S=100V$，$R_1=R_3=10\Omega$，$R_2=20\Omega$，$C=50\mu F$，开关 S 打开前电路已处于稳态。在 $t=0$ 时开关打开。求 $t\geqslant0$ 时电容电压 u_C 及和电流 i_C 的响应。

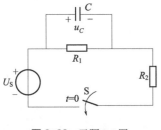

图 2-22　习题 2-5 图

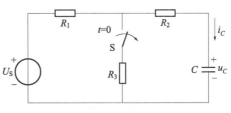

图 2-23　习题 2-6 图

2-7　如图 2-24 所示电路中，开关原来置于位置 1 上，电路处于稳态。在 $t=0$ 时开关 S 置于位置 2 上，求 $t\geqslant0$ 时电感电流 i_L 和电感电压 u_L 的表达式。

2-8　如图 2-25 所示电路中，已知 $U_S=10V$，$R_1=R_2=10\Omega$，$L=0.5H$ 电路原已稳定。

$t=0$ 时开关 S 闭合，试用三要素法求开关闭合后的 i_L、i_1 和 u_L 的响应。

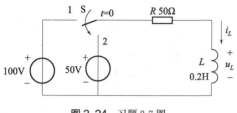

图 2-24 习题 2-7 图

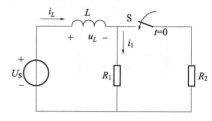

图 2-25 习题 2-8 图

2-9 如图 2-26 所示电路中，电路原已稳定，$t=0$ 时开关闭合。试用三要素法求开关闭合后电流 i_1、i_2 的响应。

2-10 如图 2-27 所示电路，已知当 $t<0$ 时电源 u_S 为 20V，当 $t>0$ 时电源 u_S 为 0V，求 $t>0$ 时电流 i 的表达式。

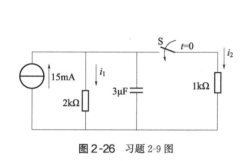

图 2-26 习题 2-9 图

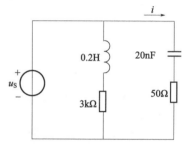

图 2-27 习题 2-10 图

第3章
正弦交流电路

回看电工学的发展历史，直流电和交流电是在相互竞争中逐渐完善的，并且因为自身的不同性质，而在不同的方面各有优势。前两章中我们主要分析的是直流电路的性质，在这一章当中我们将着重研究交流电路的基本概念、基本理论和基本分析方法。

通常所说的直流电路指的是在稳定状态下电流或电压的大小和方向都不发生改变的电路，如图 3-1(a) 所示。还有一些电路，其电流或电压大小会随时间而变化，但是其方向始终不变，如某些脉动电压或脉冲电压，广义上来说也可称为直流电路。交流电路指的是电流或电压的大小和方向随时间做周期性变化的电路，其中电流或电压以正弦规律进行周期性变化的电路称为正弦交流电路，如图 3-1(b) 所示。正弦交流电路广泛应用于工业生产、科学研究以及日常生活当中，一些其他形式的交流量也可以通过数学变换分解成恒定量和不同频率的正弦量，因此研究正弦交流电路的性质在电工学中具有非常重要的意义。

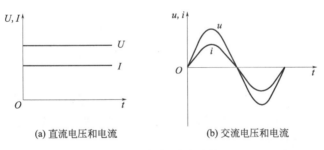

(a) 直流电压和电流　　　　(b) 交流电压和电流

图 3-1　直流量与交流量

3.1　正弦电压与电流

3.1.1　正弦量的三要素

正弦电压或电流等物理量统称为正弦量，描述一个正弦量通常需要三个参数。例如，用三角函数 $i = I_m \sin(\omega t + \varphi)$ 描述一个正弦电流 i，只要参数 I_m、ω 和 φ 确定，就可以知道任意时刻电流 i 的值。这三个量在电工学当中都有着特定的物理意义，被称为正弦量的三要素。

(1) 瞬时值、幅值和有效值

i 指的是给定某一时刻 t 电流的瞬时值，I_m 则表示电流的最大值，也称幅值。同样，u、e 分别表示电压和电动势的瞬时值，U_m、E_m 分别表示电压和电动势的幅值。但是在电工学当中，描述一个正弦量的大小往往不是用它的幅值而是用有效值。例如 220V 家用电是指电压的有效值为 220V，用电流表测量出的交流电路电流值指的也是其有效值。

有效值是从电流的热效应来规定的，因为在电工技术中，电流常表现出其热效应。无论是周期性变化的电流还是大小恒定的电流，只要它们在相等的时间内（通常取一个周期）通过同一电阻而两者的热效应相等，就把它们的电流值看作是相等的。也就是说，如果

$$\int_0^T Ri^2 \mathrm{d}t = RI^2 T$$

则周期性电流的有效值

$$I = \sqrt{\frac{1}{T}\int_0^T i^2 \mathrm{d}t}$$

把 $i = I_\mathrm{m}\sin(\omega t + \varphi)$ 代入上式，通过数学运算可以推算出正弦电流有效值和幅值的关系

$$I = \frac{I_\mathrm{m}}{\sqrt{2}} \tag{3-1}$$

同理，正弦电压的有效值

$$U = \frac{U_\mathrm{m}}{\sqrt{2}} \tag{3-2}$$

交流电的有效值和直流电一样，都用对应物理量的大写字母来表示。

【**例 3-1**】耐压为 220V 的电容器能否直接用在 180V 的正弦交流电源上？

【**解**】

$$U_\mathrm{m} = \sqrt{2}U = \sqrt{2} \times 180 = 255(\mathrm{V})$$

255V＞220V，因此电容器不能接在此电源上，否则有可能会被击穿。

(2) 周期、频率和角频率

正弦量完成一次循环所需要的时间称为周期，用 T 表示。每秒内完成循环的次数称为频率，用 f 表示。周期和频率互为倒数，即

$$T = \frac{1}{f} \tag{3-3}$$

正弦电流 i 经过 T（秒）完成了一次循环，对应正弦函数刚好变化一个周期即 2π 弧度，即

$$\omega(t + T) + \varphi = (\omega t + \varphi) + 2\pi$$

所以

$$\omega = \frac{2\pi}{T} = 2\pi f \tag{3-4}$$

ω 称为角频率，单位是弧度每秒（rad/s）。

周期、频率、角频率三个物理量是从不同角度反映正弦量随时间变化的快慢，只要知道其中之一就可以求出其余两个量。

【**例 3-2**】我国工频电源的频率为 50Hz，求其频率及角频率。

【解】

$$T = \frac{1}{f} = \frac{1}{50} = 0.02(\text{s})$$

$$\omega = \frac{2\pi}{T} = 2\pi f = 2 \times 3.14 \times 50 = 314(\text{rad/s})$$

(3) 初相位、相位和相位差

在正弦量 $i = I_m \sin(\omega t + \varphi)$ 中把 $\omega t + \varphi$ 称为相位。$t = 0$ 时刻的相位 φ 称为初始相位，简称初相，反映的是正弦量的初始状态，计时起点选取不同，初相值也会不同。图 3-2(a) 中 $t = 0$ 时刻相位即初相为 φ，图 3-2(b) 中初相为 0，图 3-2(c) 中初相为 $-\varphi$。

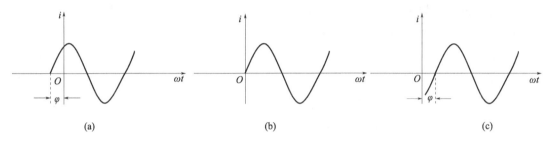

图 3-2　初相位不同的正弦电流

时间起点选定后，正弦量在某一时刻就有了确定的相位，根据其相位即可推算出正弦量在此时刻的数值，因此相位能够反映正弦量的进程。

相位差顾名思义就是两个相位之间的差值，反映的是进程的对比关系，用字母 φ 表示。对于两个频率相同的正弦量，相位差就是它们的初相差。例如，同一个交流电路中电流 i 和电压 u 的频率是相同的，但是初相位不一定相同，可以用下面的解析式分别表示

$$i = I_m \sin(\omega t + \varphi_1)$$

$$u = U_m \sin(\omega t + \varphi_2)$$

它们的相位差为

$$\varphi = (\omega t + \varphi_1) - (\omega t + \varphi_2) = \varphi_1 - \varphi_2 \tag{3-5}$$

可以看出当两个同频的正弦量起点同时改变时，它们在某一时刻的相位会发生改变，但是相位差始终不变，并有：

① 若 $0 < \varphi < \pi$，则称 u 比 i 超前 φ，或 i 比 u 落后 φ。

② 若 $\varphi = 0$，则称 u 和 i 同相。

③ 若 $-\pi < \varphi < 0$，则称 u 比 i 落后 φ，或 i 比 u 超前 φ。

④ 若 $\varphi = \pm\pi$，则称 u 和 i 反相。

需要注意的是，相位比较只有在同频率的正弦量之间进行才有意义。

3.1.2　正弦量的相量表示法

前面提到用三角函数或三角函数曲线两种方法，可以准确描述交流电路中正弦量的特征，但是三角函数数学运算非常烦琐，给复杂电路分析带来了不便。因此人们常使用更加简洁方便的相量表示法来描述正弦量或分析交流电路。

（1）数学基础

相量表示法的数学基础是复数。我们在平面上建立直角坐标系，横轴以 1 为单位，表示复数的实部，称为实轴。纵轴以 j 为单位（$j=\sqrt{-1}$），表示复数的虚部，称为虚轴。那么复数 $A=a+jb$，可以表示为复数平面内的一个矢量 $\overline{OA}$，如图 3-3 所示。复数的大小称为复数的模，记为 $|A|$，$|A|=\sqrt{a^2+b^2}$，即矢量 $\overline{OA}$ 的长度。$\overline{OA}$ 与实轴正方向的夹角 $\varphi=\arctan\dfrac{b}{a}$。

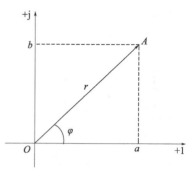

图 3-3　复平面

复数 A 除了可以用代数式 $A=a+jb$ 表示，还经常写成下面三种形式：

① 三角式　$A=|A|(\cos\varphi+j\sin\varphi)$　　　　　　　　　　　　　　　　　　　　　　　　（3-6）

② 极坐标式　$A=|A|\angle\varphi$　　　　　　　　　　　　　　　　　　　　　　　　　　　　（3-7）

③ 指数式　$A=|A|e^{j\varphi}$　　　　　　　　　　　　　　　　　　　　　　　　　　　　　（3-8）

其中指数式是把"欧拉公式"

$$\cos\varphi=\frac{e^{j\varphi}+e^{-j\varphi}}{2}, \quad \sin\varphi=\frac{e^{j\varphi}+e^{-j\varphi}}{2j}$$

代入三角式(3-6) 中得到的。以上几种表述方式都是等价的，在进行正弦电路分析时根据不同的情况选择不同的表述方式进行计算会使问题得到简化。

【例 3-3】　已知复数 $A=30\angle-30°$，$B=5+j8.66$，求 $A+B$，$A-B$，AB，$\dfrac{A}{B}$。

【解】
$$A=30\angle-30°=25.98-j15$$
$$B=5+8.66=10\angle60°$$
$$A+B=(25.98-j15)+(5+j8.66)=30.98-j6.34$$
$$A-B=(25.98-j15)-(5+j8.66)=20.98-j23.66$$
$$AB=(30\angle-30°)\times(10\angle60°)=300\angle30°$$
$$\frac{A}{B}=\frac{30\angle-30°}{10\angle60°}=3\angle-90°$$

（2）正弦量的相量表示

如果把复平面内矢量 $\overline{OA}$ 以角速度 ω 逆时针匀速旋转，$t=0$ 时刻矢量与实轴夹角为 φ，那么 t 时刻 $\overline{OA}$ 在虚轴上的投影为时间的正弦函数，即

$$y=|A|\sin(\omega t+\varphi)$$

由此可以看出复数可以用来描述正弦量，正弦量的三个特征量幅值、角频率、初相分别对应复数的模、矢量旋转的角速度、矢量与实轴的夹角，如图 3-4 所示。

在分析线性电路时，正弦激励和响应均为同频率的正弦量，频率是已知的，可以不考虑。这时一个正弦量由幅值（或有效值）和初相位就可以确定。为了和普通复数区分开，我们把描述正弦量的复数称为相量，并在物理量对应的大写字母上加

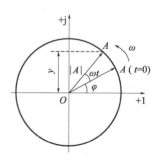

图 3-4　旋转矢量法

"·"来表示，如电流 $i = I_{\mathrm{m}}\sin(\omega t + \varphi)$ 的最大值相量式为

$$\dot{I}_{\mathrm{m}} = I_{\mathrm{m}}(\cos\varphi + \mathrm{j}\sin\varphi) = I_{\mathrm{m}}\mathrm{e}^{\mathrm{j}\varphi} = I_{\mathrm{m}}\angle\varphi \tag{3-9}$$

电流 i 有效值的相量式

$$\dot{I} = I(\cos\varphi + \mathrm{j}\sin\varphi) = I\mathrm{e}^{\mathrm{j}\varphi} = I\angle\varphi \tag{3-10}$$

需要注意的是相量 $\dot{I}$ 可以表示正弦量，但并不等于正弦量，它们只是对应的关系。复平面上的相量图中矢量 $\overline{I}$ 每一时刻在虚轴上的投影是正弦量 i 的瞬时值。同样，还可以写出电压 u 的最大值相量 $\dot{U}_{\mathrm{m}}$ 和有效值相量 $\dot{U}$ 等。

除了用相量式表示正弦量，还可以画出正弦量的相量图更加直观地对其进行比较和计算。但要注意只有同频率的正弦量才能同一相量图上，不同频率的正弦量无法在同一图上进行处理。比较几个同频率正弦量的关系或进行相关运算时，通常可以令某一相量的辐角 $\varphi = 0$ 作为参考量来确定其他相量的辐角和位置，此时该参考量的方向即为实轴正方向，画相量图时可以省略坐标轴。

【**例 3-4**】 在图 3-5(a) 所示的电路中，已知 $i_1 = 8\sqrt{2}\sin(\omega t + 60°)\mathrm{A}$，$i_2 = 6\sqrt{2}\sin(\omega t - 30°)\mathrm{A}$。求总电流 i，并画其电流相量图。

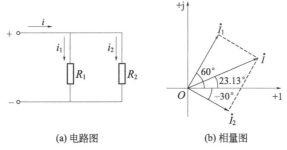

(a) 电路图　　　　　(b) 相量图

图 3-5　例 3-4 图

【**解**】 由基尔霍夫电流定律可知 $i = i_1 + i_2$，其相量式为

$$\dot{I} = \dot{I}_1 + \dot{I}_2$$

由已知条件可知

$$\dot{I}_1 = 8\angle 60° = 8(\cos 60° + \mathrm{j}\sin 60°) = (4 + \mathrm{j}4\sqrt{3})\mathrm{A}$$

$$\dot{I}_2 = 6\angle -30° = 6[\cos(-30°) + \mathrm{j}\sin(-30°)] = (3\sqrt{3} - \mathrm{j}3)\mathrm{A}$$

则

$$\dot{I} = \dot{I}_1 + \dot{I}_2 = (4 + \mathrm{j}4\sqrt{3}) + (3\sqrt{3} - \mathrm{j}3) = 10\angle 23.13°(\mathrm{A})$$

相量图如图 3-5(b) 所示。

3.2　单一参数的正弦交流电路

在进行电路分析时，单一参数电路指只包含一种理想无源元件（如电阻、电感或电

容）的电路，是最简单的电路模型。其他复杂的电路基本上都可以看成是单一参数电路的组合。这一节中我们会从电压与电流的关系以及功率和能量转换的角度分别研究三种单一参数正弦交流电路的性质。

3.2.1 电阻元件的正弦交流电路

在生产生活中照明光源、电阻炉等用电器都可以看成是理想的电阻元件模型。

图 3-6(a) 是线性电阻元件的交流电路，电压和电流的参考方向如图。根据欧姆定律可知电流与电压的基本关系

$$u = Ri \tag{3-11}$$

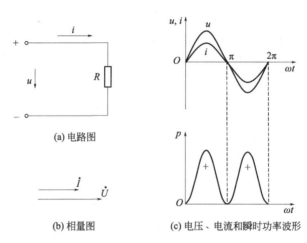

(a) 电路图

(b) 相量图　　　(c) 电压、电流和瞬时功率波形

图 3-6　电阻元件的交流电路

若电流按正弦规律变化，并设其初相位为零，即

$$i = I_m \sin\omega t$$

则

$$u = Ri = RI_m \sin\omega t = U_m \sin\omega t$$

由上式可以看出，电压 u 是一个与电流 i 同频同相的正弦量，二者的波形关系如图 3-6(c) 所示。同时还可以看出电流与电压最大值的关系

$$U_m = RI_m \tag{3-12}$$

电压与电流有效值的关系

$$U = RI \tag{3-13}$$

如用相量表示电压与电流的关系，则由于

$$\dot{U} = U e^{j0°}, \quad \dot{I} = e^{j0°}$$

那么　　　　　　　　　　　$$\dot{U} = R\dot{I} \tag{3-14}$$

此即欧姆定律的相量表示式。电压和电流的相量图如图 3-6(b) 所示。

知道了电压与电流的变化规律和相互关系后，便可计算出电路中的功率。在任意瞬间，电压瞬时值 u 与电流瞬时值 i 的乘积，称为瞬时功率，用小写字母 p 代表，即

$$p = p_R = ui = U_m I_m \sin^2\omega t = 2UI \sin^2\omega t \geqslant 0$$

瞬时功率为正，表明外电路从电源取用能量。在这里就是电阻元件从电源取用电能而转换为热能，其波形如图 3-6(c) 所示。

一个周期内电路消耗电能的平均速率，即瞬时功率的平均值，称为平均功率。在电阻元件电路中，平均功率为

$$P = \frac{1}{T}\int_0^T p\,dt = \frac{1}{T}\int_0^T 2UI\sin^2\omega t\,dt = UI = RI^2 = \frac{U^2}{R} \tag{3-15}$$

【例 3-5】一个 220V、1000W 的电炉接在电源电压 $u = 311\sin\left(314t + \dfrac{\pi}{6}\right)$ V 的电路中，求：(1) 电炉的电阻是多少？(2) 通过电炉的电流是多少？写出瞬时表达式。(3) 设此电炉每天使用 2h，问每月（按 30 天计算）消耗多少电能？

【解】(1) 电路的电阻 R

$$R = \frac{U^2}{P} = \frac{220^2}{1000} = 48.4(\Omega)$$

(2) 电流的相量

$$\dot{I} = \frac{\dot{U}}{R} = \frac{220\angle\dfrac{\pi}{6}}{48.4} = 4.55\angle\frac{\pi}{6}\,(A)$$

通过电炉的电流瞬时值为

$$i = 4.55\sqrt{2}\sin\left(314t + \frac{\pi}{6}\right)(A)$$

(3) 消耗的电能

$$W = Pt = 1000 \times 2 \times 30 = 60(kW \cdot h)$$

3.2.2　电感元件的正弦交流电路

电感元件的工作情况要比前面研究的电阻元件复杂一些。电感元件在通入变化的电流时会产生变化的磁通量，变化的磁通量又会使线圈中产生感生电动势，这种感生电动势具有阻碍电流变化的作用，称为自感电动势，用 e_L 表示。电阻元件的电压 u 和电流 i 成正比，而线性电感元件的电压 u 却与电流变化率 $\dfrac{di}{dt}$ 成正比。

设电感线圈中通过交流电流 $i = I_m\sin\omega t$，其中产生自感电动势 e_L，电压为 u，参考方向如图 3-7(a) 所示，则根据

$$u = -e_L = L\frac{di}{dt}$$

可知

$$u = L\frac{d(I_m\sin\omega t)}{dt}$$
$$= \omega L I_m\cos\omega t$$
$$= \omega L I_m\sin(\omega t + 90°)$$
$$= U_m\sin(\omega t + 90°)$$

在上式中 $U_m = \omega L I_m$，亦可写成

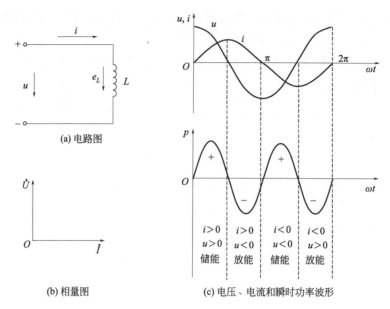

(a) 电路图

(b) 相量图   (c) 电压、电流和瞬时功率波形

图 3-7 电感元件的交流电路

$$\frac{U_{\mathrm{m}}}{I_{\mathrm{m}}}=\omega L=2\pi fL$$

在电感电路中，电压和电流的比值同样也是反映电气元件对电流的阻碍作用，我们称之为感抗，用 X_L 表示，其单位和电阻的单位相同，都是欧姆，即

$$X_L=\frac{U_{\mathrm{m}}}{I_{\mathrm{m}}}=\omega L=2\pi fL \tag{3-16}$$

感抗 X_L 的大小与电感 L、频率 f 成正比。因此，电感线圈对高频电流的阻碍作用很大，而对直流则可视作短路。

如用相量表示电压与电流的关系，则

$$\dot{U}=U\mathrm{e}^{\mathrm{j}90°},\quad \dot{I}=I\mathrm{e}^{\mathrm{j}0°}$$

$$\frac{\dot{U}}{\dot{I}}=\frac{U}{I}\mathrm{e}^{\mathrm{j}90°}=\mathrm{j}X_L$$

$$\dot{U}=\mathrm{j}X_L\dot{I} \tag{3-17}$$

式(3-17) 中，相量 $\dot{I}$ 乘以 j 表示相量逆时针旋转 90°，相量图如图 3-7(b) 所示，也就是说电压的相位超前于电流 90°。在大小方面，$\dot{U}$ 与 $\dot{I}$ 的模则相差了 X_L 倍。

电感元件交流电路的瞬时功率为

$$\begin{aligned}
p &= p_L = ui \\
&= U_{\mathrm{m}}\sin(\omega t+90°)I_{\mathrm{m}}\sin\omega t \\
&= U_{\mathrm{m}}I_{\mathrm{m}}\cos\omega t\sin\omega t \\
&= \frac{1}{2}U_{\mathrm{m}}I_{\mathrm{m}}\sin2\omega t \\
&= UI\sin2\omega t
\end{aligned} \tag{3-18}$$

由上式可见，p 是一个幅值为 UI ，并以 2ω 的角频率随时间而变化的交变量，其变化波形如图 3-7(c) 所示。可以看到电感的瞬时功率 p 是有正负的，$p>0$ 时，电感将电能转换为磁场能存储起来；$p<0$ 时，电感释放电能，将磁场能转化为电能回送至电路系统。

在电感元件电路中，平均功率

$$P=\frac{1}{T}\int_0^T p\,\mathrm{d}t=\frac{1}{T}\int_0^T UI\sin2\omega t\,\mathrm{d}t=0 \tag{3-19}$$

由此可知，正弦交流电路中电感元件不消耗能量，仅为储能元件。

电感元件虽然不消耗能量，但有能量的储存与释放，时刻与电源或电感外电路进行着能量互换。这种能量互换的规模用无功功率 Q 来衡量。规定其无功功率等于瞬时功率 p_L 的幅值，即

$$Q=UI=X_L I^2 \tag{3-20}$$

无功功率的大小并不等于单位时间内互换能量的多少，其单位是乏（var）或千乏（kvar）。与无功功率 Q 相对应平均功率 P 也可称为有功功率。

【例 3-6】一理想电感元件电感为 0.3H 接到频率为 50Hz、电压为 220V 的电源上，求电路中电流的大小；若电源频率增大为 500Hz，电流大小将为多少？

【解】
$$X_L=2\pi fL=2\times3.14\times50\times0.3=94.2(\Omega)$$

$$I=\frac{U}{X_L}=\frac{220}{94.2}=2.34(\text{A})$$

当 $f=500\text{Hz}$ 时

$$X_L=2\pi fL=2\times3.14\times500\times0.3=942(\Omega)$$

$$I=\frac{U}{X_L}=\frac{220}{942}=0.234(\text{A})=234(\text{mA})$$

可见，在电压有效值一定时，频率越高，通过电感元件的电流有效值越小。

3.2.3 电容元件的正弦交流电路

电容也是电子设备中大量使用的电子元件之一，有隔直、耦合、旁路、滤波、调谐回路、能量转换、控制电路等作用，应用十分广泛。我们首先研究最简单、最典型的单一理想电容元件的正弦交流电路，如图 3-8(a) 所示。

电容极板上储集的电荷量 q 与其两端的电压 u 成正比，即

$$q=Cu$$

其中，C 为电容元件的电容，单位是法拉（F）。当极板上的电荷 q 或电压 u 发生变化时电路中就会出现电流

$$i=\frac{\mathrm{d}q}{\mathrm{d}t}=C\frac{\mathrm{d}u}{\mathrm{d}t}$$

若电压为初相为零的正弦量 $u=U_m\sin\omega t$，电压 u 和电流 i 的参考方向如图 3-8(a)，则

$$i=C\frac{\mathrm{d}(U_m\sin\omega t)}{\mathrm{d}t}=\omega CU_m\sin(\omega t+90°)=I_m\sin(\omega t+90°) \tag{3-21}$$

电流 i 是一个和电压 u 同频率的正弦量，并且在相位上比电压超前 90°，其波形如图 3-8(c) 所示。式（3-21）中

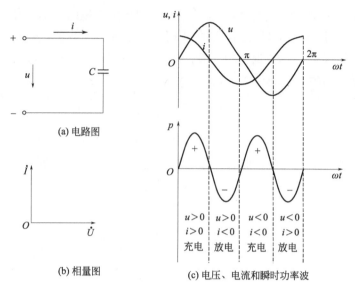

图 3-8　电容元件的交流电路

$$I_m = \omega C U_m \tag{3-22}$$

$$\frac{U_m}{I_m} = \frac{U}{I} = \frac{1}{\omega C} \tag{3-23}$$

显然 $\dfrac{1}{\omega C}$ 的量纲是伏特/安培（V/A），也就是欧姆（Ω），描述的是电容对电流的阻碍作用，所以称为容抗，用 X_C 表示，即

$$X_C = \frac{1}{\omega C} = \frac{1}{2\pi f C} \tag{3-24}$$

这里容抗 X_C 和频率 f 成反比，在电压一定的情况下，频率越高容抗就越小，电流也就越大。所以电容元件对高频电流的阻碍很小，而对低频电流的阻碍作用则相对较大，对直流电则可以视作开路。

如用相量表示电压与电流，则为 $\dot{U} = U e^{j90°}$，$\dot{I} = I e^{j0°}$，因此

$$\frac{\dot{U}}{\dot{I}} = \frac{U}{I} e^{j90°} = j X_C \tag{3-25}$$

$$\dot{U} = j X_C \dot{I} = j \omega L \dot{I} \tag{3-26}$$

和电阻、电感一样，电容电路的 $\dot{U}$、$\dot{I}$ 相量式同样反映了电压与电流的大小和相位关系，相量图如图 3-8（b）所示。

电容元件交流电路的瞬时功率为

$$p = p_C = ui = U_m I_m \sin\omega t \sin(\omega t + 90°) = U_m I_m \sin\omega t \cos\omega t$$

$$= \frac{U_m I_m}{2} \sin 2\omega t = UI \sin 2\omega t \tag{3-27}$$

功率曲线如图 3-8（c）所示。可以看到电容元件和电感元件一样也是幅值为 UI，角频

率为 2ω 的正弦交变量。在第一个和第三个 $\frac{1}{4}$ 周期内，电压值在增高，电容元件充电，从电源取用电能储存在它的电场中，瞬时功率 p 为正。在第二个和第四个 $\frac{1}{4}$ 周期内，电压值在降低，电容元件放电，把充电时所储存的能量归还给电源，瞬时功率 p 为负。

在电容元件电路中，平均功率

$$P = \frac{1}{T}\int_0^T p\,\mathrm{d}t = \frac{1}{T}\int_0^T UI\sin2\omega t\,\mathrm{d}t = 0 \tag{3-28}$$

这说明电容元件和电感元件一样不消耗能量，能量只是在电源和元件之间转移。能量转移的规模用无功功率 Q 衡量，Q 的大小等于瞬时功率 p_C 的幅值。

为了同电感元件电路的无功功率相比较，我们也设电流为参考正弦量

$$i = I_\mathrm{m}\sin\omega t$$

则

$$u = U_\mathrm{m}\sin(\omega t - 90°)$$

瞬时功率

$$p = p_C = ui = -UI\sin2\omega t$$

那么电容元件电路的无功功率

$$Q = -UI = -X_C I^2 \tag{3-29}$$

当电路中通过相同电流时电容性元件瞬时功率为负值，而电感性元件瞬时功率为正值，若电路中同时接入这两种元件，它们存储和释放能量的进程刚好相反。

【例 3-7】 把一个 $20\mu\mathrm{F}$ 的电容元件接在 220V、50Hz 的电源上，电路中电流是多少？如果电源频率是 500Hz，电路中电流是多少？

【解】

$$X_C = \frac{1}{\omega C} = \frac{1}{2\pi fC} = \frac{1}{2\times3.14\times50\times20\times10^{-6}} = 159.2(\Omega)$$

$$I = \frac{U}{X_C} = \frac{220}{159.2} = 1.38(\mathrm{A})$$

电源频率为 500Hz 时

$$X_C = \frac{1}{\omega C} = \frac{1}{2\pi fC} = \frac{1}{2\times3.14\times500\times20\times10^{-6}} = 15.92(\Omega)$$

$$I = \frac{U}{X_C} = \frac{220}{15.92} = 13.8(\mathrm{A})$$

可见，和电感元件相反，在电压有效值一定时，频率越高，通过电容元件的电流有效值越大。

3.3　阻抗串并联电路分析

在上一节单一参数的正弦交流电路基本性质的基础上，本节主要使用相量分析的方法

研究包含多种类元件的复杂电路，讨论电路中的电压与电流关系以及元件串并联时的等效阻抗的计算。

3.3.1 电阻、电感和电容元件的串联交流电路分析

图 3-9 是电阻、电感和电容元件的串联交流电路，在正弦电压 u 的作用下，电流 i 通过 R、L、C 各元件，产生的电压降分别为 u_R、u_L、u_C，电流及电压的参考方向如图所示。

根据基尔霍夫电压定律可知

$$u = u_R + u_L + u_C$$
$$= Ri + L\frac{\mathrm{d}i}{\mathrm{d}t} + \frac{1}{C}\int i\,\mathrm{d}t$$

设电路中电流 $i = I_\mathrm{m}\sin\omega t$，各元件参数已知，根据前面学习的内容可以用三角函数法计算得出电压 u 的正弦表达式，但是运算过程烦琐，容易出错。而对更加复杂的电路进行分析也就愈发困难，因此我们一般都使用更加简单便捷的相量分析法对正弦电路进行研究。

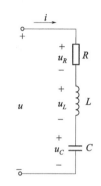

图 3-9 电阻、电感、电容串联的交流电路

如用相量表示电压与电流的关系，可以写出基尔霍夫电压定律的相量形式

$$\dot{U} = \dot{U}_R + \dot{U}_L + \dot{U}_C$$
$$= R\dot{I} + \mathrm{j}X_L\dot{I} - \mathrm{j}X_C\dot{I}$$
$$= [R + \mathrm{j}(X_L - X_C)]\dot{I}$$

则

$$\frac{\dot{U}}{\dot{I}} = R + \mathrm{j}(X_L - X_C) \tag{3-30}$$

这里我们定义电路中电压相量与电流相量的比值为电路的阻抗，用大写字母 Z 来表示，显然，阻抗 Z 是描述电路中电气元件对电流阻碍作用的物理量，单位是欧姆（Ω），即

$$Z = R + \mathrm{j}(X_L - X_C)$$
$$= \sqrt{R^2 + (X_L - X_C)^2}\ \mathrm{e}^{\mathrm{j}\cdot\arctan\frac{X_L - X_C}{R}} \tag{3-31}$$
$$= |Z|\mathrm{e}^{\mathrm{j}\varphi}$$

式(3-31)中阻抗 Z 的实部为"阻"；虚部为"抗"，$(X_L - X_C)$ 也称为电抗，用字母 X 表示。$|Z|$ 是阻抗的模，称为阻抗模，其大小为

$$|Z| = \sqrt{R^2 + (X_L - X_C)^2} = \sqrt{R^2 + \left(\omega L - \frac{1}{\omega C}\right)^2} \tag{3-32}$$

φ 是阻抗的辐角，称为阻抗角，同时 φ 也是电流与电压之间的相位差，其大小为

$$\varphi = \arctan\frac{U_L - U_C}{U_R} = \arctan\frac{X_L - X_C}{R} \tag{3-33}$$

这样，可以写出电路中的电压

$$u = U_\mathrm{m}\sin(\omega t + \varphi) \tag{3-34}$$

同样，也可以用相量图来分析这个电路，电压与电流的相量关系如图 3-10(a) 所示。

将图 3-10(a) 中的电压三角形 $\triangle AOB$ 的三条边 U、U_R、U_X 分别除以电流有效值 I，得到 $\triangle COD$，它的三条边分别为 $|Z|$、R、X，称为阻抗三角形。显然，阻抗三角形和电压三角形是相似的直角三角形。

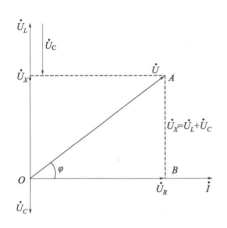

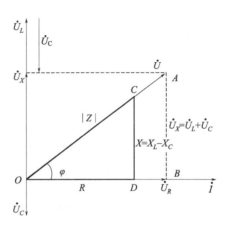

(a) 电压与电流关系相量图　　　　　　　　(b) 阻抗三角形与电压三角形

图 3-10　RLC 串联电路电压与电流关系

需要注意的是，式(3-32)虽然是由 RLC 电路推导得出的，但是它是阻抗的一般表达式，无论单一参数电路、部分电路还是整个复杂电路都可以视为阻抗，并用阻抗来描述其电压和电流的关系。$|Z|$ 反映电压和电流大小的关系，φ 反映电压和电流的相位关系。

图 3-10 中画出的是 $X_L > X_C$ 的情况，此时阻抗角 $\varphi > 0$，电路对外呈电感性，电压超前于电流；若 $X_L < X_C$，则阻抗角 $\varphi < 0$，电路呈电容性，电压落后于电流；若 $X_L = X_C$，则 $\varphi = 0$，电路呈电阻性，电压与电流同相。

【例 3-8】 RLC 串联电路如图 3-9 所示，已知 $R = 20\Omega$，$L = 130\text{mH}$，$C = 40\mu\text{F}$，电源电压 $u = 220\sqrt{2}(314t + 30°)\text{V}$。求电流 i，电容两端的电压 u_C。

【解】

$$X_L = \omega L = 314 \times 130 \times 10^{-3} = 40.8(\Omega)$$

$$X_C = \frac{1}{\omega C} = \frac{1}{314 \times 40 \times 10^{-6}} = 79.6(\Omega)$$

$$Z = R + \text{j}(X_L - X_C) = 20 + \text{j}(40.8 - 79.6) = 20 - \text{j}38.8 = 33.3\angle-62.7°(\Omega)$$

$$\dot{U} = 220\angle30°\text{V}$$

则

$$\dot{I} = \frac{\dot{U}}{Z} = \frac{220\angle30°}{33.3\angle-62.7°} = 6.6\angle92.7°(\text{A})$$

$$i = 6.6\sqrt{2}\sin(314t + 92.7°)(\text{A})$$

$$\dot{U}_C = -\text{j}X_C\dot{I} = -\text{j} \times 79.6 \times 6.6\angle92.7° = 525.4\angle2.7°(\text{V})$$

$$u_C = 525.4\sqrt{2}\sin(314t + 2.7°)(\text{V})$$

3.3.2　阻抗串联交流电路

实际应用的交流电路中往往元件众多，结构复杂，但究其基本连接方式，和直流电路一样，只是串联和并联两种，我们先来研究一下阻抗串联电路。

图 3-11(a) 所示是两个阻抗 Z_1 和 Z_2 的串联电路，根据基尔霍夫电压定律可写出它的相量表示式

$$\dot{U}=\dot{U}_1+\dot{U}_2=Z_1\dot{I}+Z_2\dot{I}=(Z_1+Z_2)\dot{I} \tag{3-35}$$

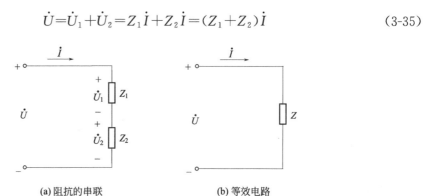

(a) 阻抗的串联　　　　　　　(b) 等效电路

图 3-11　阻抗串联电路

换一个角度，如果把两个阻抗看成一个整体，如图 3-11(b) 所示，用 Z 来表示这个整体的等效阻抗，那么可以写出相量式

$$\dot{U}=Z\dot{I} \tag{3-36}$$

比较式(3-35) 和式(3-36) 可得

$$Z=Z_1+Z_2$$

当多个阻抗串联时

$$Z=\sum Z_i=\sum R_i+\mathrm{j}\sum X_i \tag{3-37}$$

需要注意的是，上式是等效阻抗和各个分阻抗之间的关系，阻抗模之间并不总是存在这样的关系。

【例 3-9】 图 3-11(a) 的电路中，已知 $Z_1=(5+\mathrm{j}10)\Omega$，$Z_2=(20-\mathrm{j}4)\Omega$，电源电压 $u=380\sin(314t+45°)\mathrm{V}$。求电路中的电流。

【解】　$Z=Z_1+Z_2=(5+\mathrm{j}10)+(20-\mathrm{j}4)=(25+\mathrm{j}6)\Omega=25.7\angle13.5°(\Omega)$

$$\dot{U}=220\angle45°\mathrm{V}$$

$$\dot{I}=\frac{\dot{U}}{Z}=\frac{220\angle45°}{25.7\angle13.5°}=8.6\angle31.5°(\mathrm{A})$$

$$i=8.6\sqrt{2}\sin(314t+31.5°)(\mathrm{A})$$

3.3.3　阻抗并联交流电路

图 3-12(a) 所示是两个阻抗 Z_1 和 Z_2 的并联电路，根据基尔霍夫电流定律可写出它的相量表示式

$$\dot{I}=\dot{I}_1+\dot{I}_2=\frac{\dot{U}}{Z_1}+\frac{\dot{U}}{Z_2}=\dot{U}\left(\frac{1}{Z_1}+\frac{1}{Z_2}\right) \tag{3-38}$$

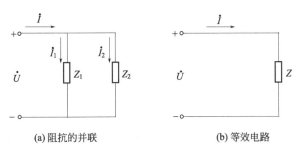

(a) 阻抗的并联　　　　　　　(b) 等效电路

图 3-12　阻抗并联电路

同样，我们把两个阻抗看成一个整体，用等效阻抗 Z 来代替，如图 3-12(b) 所示，可以写出

$$\dot{I}=\frac{\dot{U}}{Z} \tag{3-39}$$

比较式(3-38)和式(3-39)可知

$$\frac{1}{Z}=\frac{1}{Z_1}+\frac{1}{Z_2} \tag{3-40}$$

若多个阻抗并联，则

$$\frac{1}{Z}=\sum\frac{1}{Z_i} \tag{3-41}$$

和阻抗串联的电路相类似，这里同样是阻抗之间有倒数和的关系，而阻抗模并不满足这个关系。

【例 3-10】 如图 3-13(a) 所示的电路中，已知电压 $U=220\text{V}$，$R_1=3\Omega$，$X_L=4\Omega$，$R_2=8\Omega$，$X_C=6\Omega$，求阻抗 Z 电流 $\dot{I}$、$\dot{I}_1$、$\dot{I}_2$ 并作相量图。

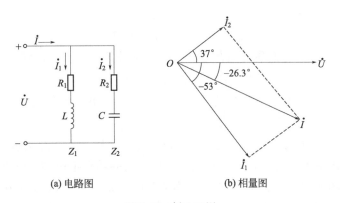

(a) 电路图　　　　　　　　(b) 相量图

图 3-13　例 3-10 图

【解】

$$Z_1=R_1+jX_L=(3+j4)\Omega=5\angle 53°(\Omega)$$
$$Z_2=R_2-jX_C=(8-j6)\Omega=10\angle -37°(\Omega)$$

$$Z = \frac{Z_1 Z_2}{Z_1 + Z_2} = \frac{(5\angle 53°) \times (10\angle -37°)}{(3+j4) + (8-j6)} = 4.5\angle 26.3°(\Omega)$$

设电压相量 $\dot{U}$ 为参考相量，则 $\dot{U} = 220\angle 0° \text{V}$

$$\dot{I}_1 = \frac{\dot{U}}{Z_1} = \frac{220\angle 0°}{5\angle 53°} = 44\angle -53° \text{A} = (26.5-j35.1)(\text{A})$$

$$\dot{I}_2 = \frac{\dot{U}}{Z_2} = \frac{220\angle 0°}{10\angle -37°} = 22\angle 37° \text{A} = (17.6+j13.2)(\text{A})$$

$$\dot{I} = \dot{I}_1 + \dot{I}_2 = (26.5-j35.1) + (17.6+j13.2) = (44.1-j21.9)(\text{A})$$

相量图如图 3-13(b) 所示。

本题中电流之间的关系也可用基尔霍夫电流定律来进行验算。

3.4 正弦交流电路的功率

3.4.1 正弦电路的功率

若已知正弦交流电路中电流为 $i = I_m \sin\omega t$，电压 $u = U_m \sin(\omega t + \varphi)$，则电路的瞬时功率为

$$p = ui = U_m I_m \sin(\omega t + \varphi)\sin\omega t = UI\cos\varphi - UI\cos(2\omega t + \varphi) \tag{3-42}$$

相应的平均功率为

$$P = \frac{1}{T}\int_0^T p\,\mathrm{d}t = \frac{1}{T}\int_0^T [UI\cos\varphi - UI\cos(2\omega t + \varphi)]\mathrm{d}t$$
$$= UI\cos\varphi \tag{3-43}$$

电路的阻抗为

$$Z = R + j(X_L + X_C)$$

由图 3-10 中电压间的关系可以看出，式(3-43) 中 $U\cos\varphi = U_R = RI$，所以

$$P = U_R I = RI^2 = P_R \tag{3-44}$$

式(3-44) 再次验证了上一节中的结论，电路中只有电阻元件消耗能量。电感元件和电容元件不消耗能量，其无功功率为

$$Q = U_L I - U_C I = (U_L - U_C)I = (X_L - X_C)I^2 = UI\sin\varphi \tag{3-45}$$

从上面的分析中可以看到，一个交流发电机输出的功率不仅与发电机的端电压及其输出电流的有效值的乘积有关，而且还与电路负载的参数有关。电路负载所具有的参数不同，则电压与电流间的相位差 φ 就不同，即使电压 u 或电流 i 相同，电路的有功功率和无功功率也会不同。

在交流电路中，平均功率一般不等于电压与电流有效值的乘积，如将两者的有效值相乘，则得出视在功率 S，即

$$S = UI = |Z|I^2 \tag{3-46}$$

视在功率的单位叫做伏安（V·A）或千伏安（kV·A）。

交流电气设备是按照规定了的额定电压 U_N 和额定电流 I_N 来设计和使用的，变压器的容量就是以额定电压和额定电流的乘积，即额定视在功率

$$S_N = U_N I_N \tag{3-47}$$

来表示的。

电源向负载提供的视在功率 UI 能成为有功功率的部分为 $UI\cos\varphi$，成为无功功率的部分为 $UI\sin\varphi$，则它们之间的关系为

$$S = \sqrt{P^2 + Q^2} \tag{3-48}$$

三者构成了一个功率三角形。我们可以看到 $\cos\varphi = \dfrac{P}{S}$，是有功功率 P 在视在功率 S 中所占的比率，反映了电路的能源利用率，通常被称为功率因数。功率三角形和阻抗三角形、电压三角形是相似直角三角形，而在上一节提到的阻抗三角形中有

$$\varphi = \arctan \frac{X_L - X_C}{R} \tag{3-49}$$

由上式可以看出，功率因数角 φ 决定于电路自身的参数和性质。也就是说，功率因数 $\cos\varphi$ 的大小及电路的能源利用率，是电路自身性质的外在体现。

【例 3-11】 RLC 串联电路中已知 $R = 6\Omega$，$L = 150\text{mH}$，$C = 80\mu\text{F}$，电源电压 $u = 220\sqrt{2}\sin(314t + 30°)\text{V}$。求电路的有功功率、无功功率、视在功率以及功率因数。

【解】

$$X_L = \omega L = 314 \times 150 \times 10^{-3} = 47.1(\Omega)$$

$$X_C = \frac{1}{\omega C} = \frac{1}{314 \times 80 \times 10^{-6}} = 39.8(\Omega)$$

$$|Z| = \sqrt{R^2 + (X_L - X_C)^2} = \sqrt{6^2 + (47.1 - 39.8)^2} = 9.4(\Omega)$$

$$\varphi = \arctan \frac{X_L - X_C}{R} = \arctan \frac{47.1 - 39.8}{6} = 50.7°$$

$$I = \frac{U}{|Z|} = \frac{220}{9.4} = 23.4(\text{A})$$

$$S = UI = 220 \times 23.4 = 5148(\text{V} \cdot \text{A})$$

$$\cos\varphi = \cos 50.7° = 0.63$$

$$P = UI\cos\varphi = 220 \times 23.4 \times \cos 50.7° = 3243.2(\text{W})$$

$$Q = UI\sin\varphi = 220 \times 23.4 \times \sin 50.7° = 3983.7(\text{var})$$

3.4.2　功率因数的提高

前面我们提到过功率因数是有功功率 P 在视在功率 S 中所占的比率，在我国电业部门对不同的用电企业用电的功率因数都进行了详细规定，企业月平均功率因数高于指标会予以奖励，低于指标则予以罚款甚至停止供电。那么，功率因数的高低有什么意义？它为什么会引起如此重视呢？下面我们简单分析一下。

功率因数 $\cos\varphi$ 中 φ 是电路中电压和电流的相位差。对于纯电阻性负载，电压和电流同相，相位差为 0，功率因数为 1。而对于复杂电路，由于电感性负载和电容性负载的存

在，电压和电流有相位差出现，元件和电源之间有能量交换，产生了无功功率，功率因数降低，此时电路会产生下面两个问题：

（1）电源设备容量不能充分利用

前面我们提到，交流电气设备是按照规定了的额定电压 U_N 和额定电流 I_N 来设计和使用的，其额定视在功率是一定的。如果功率因数变小，能够被利用的有功功率也会减少，能源的利用率随之降低。

（2）增加线路和发电机绕组的功率损失

当发电机的输出功率 P 和电压 U 一定时，电流 I 与功率因数成反比，即

$$I = \frac{P}{U\cos\varphi}$$

若发电机绕组和输电线路上的电阻为 r，则功率损耗为

$$\Delta P = I^2 r = \left(\frac{P}{U\cos\varphi}\right)^2 r \tag{3-50}$$

可见功率损耗和功率因数的平方成反比，功率因数越低，功率损耗越大。

从上面两点可以看出，提高功率因数既可以充分利用电能提高电网的运行效率，又能减少能量损耗，无论是从国家经济发展的角度，还是从节能减排、保护环境的角度都具有十分重要的意义。

电路中功率因数不高的主要原因就是电感性负载的存在过多。电网中的很多负载都属于电感性负载，如机床、洗衣机、电冰箱等家用电器、带镇流器的日光灯等。针对这种情况并联电容或电容性负载对电感性负载进行无功补偿是一个简单有效的方法。

我们把电感性负载，模型化为 R、L 串联电路，此时有功功率 $P = UI_1\cos\varphi_1$，感性负载阻抗 $Z_1 = R + \mathrm{j}X_L$，电感性负载电流 $I_1 = \dfrac{1}{\sqrt{R^2 + X_L^2}}$。在电感性负载两端并联适当大小的电容器，如图 3-14 所示。此时电感性负载电流 i_1 不变，但总电流增加了一个电流分量 i_C，即

$$i = i_1 + i_C$$

或写成相量式

$$\dot{I} = \dot{I}_1 + \dot{I}_C \tag{3-51}$$

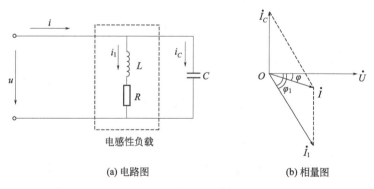

(a) 电路图   (b) 相量图

图 3-14　电感性负载提高功率因数的方法

由图 3-14(b) 可以看到并联电容器后 u 和 i 的相位差 φ 比原来的相位差 φ_1 小，也就是说功率因数变大了。需要注意的是，电感负载本身的功率因数并未发生改变，只是由于并联电容器后减少了电感性负载和电源之间的能量交换（此时能量交换主要在电感性负载和电容器之间进行），电源的无功功率变小，使整个电路的功率因数得到了提高。

【例 3-12】 在工频交流电路中 $f=50\text{Hz}$，$U=220\text{V}$，有一感性负载有功功率为 10kW，功率因数 $\cos\varphi_1=0.6$。（1）要使功率因数提高到 0.9，需要并联电容为多大的电容器？并联前后电路的总电流各为多大？（2）若要使功率因数从 0.9 再提高到 0.95，还应增加多大并联电容？此时电路的总电流是多大？

【解】（1）$\cos\varphi_1=0.6$，则 $\varphi_1=53.13°$

$\cos\varphi_2=0.9$，则 $\varphi_2=25.84°$

$$C=\frac{P}{\omega U^2}(\tan\varphi_1-\tan\varphi_2)=\frac{10\times10^3}{314\times220^2}(\tan53.13°-\tan25.84°)=557(\mu\text{F})$$

未并联电容时电路总电流为

$$I_1=\frac{P}{U\cos\varphi_1}=\frac{10\times10^3}{220\times0.6}=75.8(\text{A})$$

并联电容后电路的总电流为

$$I_2=\frac{P}{U\cos\varphi_2}=\frac{10\times10^3}{220\times0.9}=50.5(\text{A})$$

（2）$\cos\varphi_3=0.95$，则 $\varphi_3=18.19°$

$$C=\frac{P}{\omega U^2}(\tan\varphi_2-\tan\varphi_3)=\frac{10\times10^3}{314\times220^2}(\tan25.84°-\tan18.19°)=103(\mu\text{F})$$

此时电路中总电流为

$$I_3=\frac{P}{U\cos\varphi_3}=\frac{10\times10^3}{314\times0.95}=47.8(\text{A})$$

显然功率因数提高后，线路上总电流减少，但继续提高功率因数所需电容很大，增加成本，总电流减小却不明显。因此一般将功率因数提高到 0.9 即可。

3.5 谐振电路分析

在含有电感和电容元件的电路中，电路两端的电压与其中的电流一般是不同相的。如果调节电路的参数或电源的频率而使它们同相，则电路中发生谐振现象。按发生谐振的电路的不同，谐振现象可分为串联谐振和并联谐振。下面分别讨论这两种谐振的条件和特征。

3.5.1 串联谐振电路

图 3-9 中的 RLC 串联电路，若 $X_L=X_C$，则有

$$\varphi=\arctan\frac{X_L-X_C}{R}=0$$

说明此时电压 u 和电流 i 同相，电路发生串联谐振现象。发生串联谐振时感抗 X_L 和容抗 X_C 相等，也就是说需要有

$$2\pi fL = \frac{1}{2\pi fC}$$

$$f = f_0 = \frac{1}{2\pi\sqrt{LC}} \tag{3-52}$$

式中，f_0 是谐振频率。可以有两种不同的途径来达到这个条件。第一种是电源频率一定时，改变电路参数 L、C 使上式成立。第二种方式则是在电路参数固定时，通过调节电源频率来产生串联谐振。

当电路发生串联谐振时，会有如下特点：

① 电压与电流同相，电路呈电阻性。

② 阻抗模 $|Z| = \sqrt{R^2 + (X_L - X_C)} = R$，其值最小。

③ 在电源电压不变的情况下，电路中的电流 $I = I_0 = \dfrac{U}{R}$ 达到其最大值。

④ 电路中 $X_L = X_C$，则 $U_L = U_C$，而 $\dot{U}_L$ 与 $\dot{U}_C$ 相位相反，互相抵消，对整个电路不起作用，因此电源电压 $\dot{U} = U_R$。

但需要注意的是若 $X_L = X_C \gg R$，因为

$$U_L = X_L I = X_L \frac{U}{R} \qquad U_C = X_C I = X_C \frac{U}{R}$$

就会有 $U_L = U_C \gg U$ 的情况出现。如果电压过高就可能出现过电压，击穿线圈和电容器的绝缘。因此，在电力工程中一般应避免发生串联谐振。但在无线电工程中则常利用串联谐振以获得较高电压，电容或电感元件上的电压常高于电源电压几十倍甚至几百倍。例如，图 3-15 所示是接收机的输入电路，其主要部分是天线线圈 L_1 和由电感线圈 L_2 及电容 C 构成的 LC 串联谐振电路，R 是线圈 L_2 的电阻。天线接收的不同频率的信号都可以在谐振电路中感应出相应的电动势 e_1、e_2、e_3 … 改变电容 C 的值，使所需信号达到串联谐振，则该频率在 LC 回路中的电流最大，可变电容器两端这种频率的电压也最大。其他频率由于未达到谐振，对应的电流、电压值则较小。这样就达到了选择信号和抑制干扰的作用。

【例 3-13】 某收音机的输入电路如图 3-15 所示，已知电感 $L_2 = 0.3\text{mH}$，电阻 $R = 16\Omega$。今欲收听调频 640kHz 的广播电台节目，应将可变电容 C 调到多大？

【解】 由 $f = \dfrac{1}{2\pi\sqrt{LC}}$ 可知

$$C = \frac{1}{4\pi^2 f^2 L} = \frac{1}{4 \times 3.14^2 \times (640 \times 10^3)^2 \times 0.3 \times 10^{-3}} = 2.06 \times 10^{-10}\,(\text{F})$$

3.5.2 并联谐振电路

图 3-16(a) 是电感线圈和一个电容并联的谐振电路，R 是线圈导线的电阻，数值较小。当线路发生谐振时，电压 u 与电流 i 同相，相量图如图 3-16(b) 所示，由相量图可知

$$I_1 \sin\varphi_1 = I_C$$

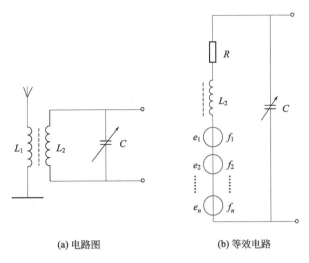

(a) 电路图　　　　　　(b) 等效电路

图 3-15　接收机的输入电路

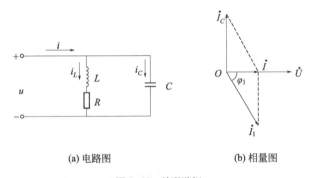

(a) 电路图　　　　　　(b) 相量图

图 3-16　并联谐振

且

$$I_1 = \frac{U}{\sqrt{R^2 + X_L^2}} = \frac{U}{\sqrt{R^2 + (2\pi f L)^2}}$$

$$\sin\varphi_1 = \frac{X_L}{\sqrt{R^2 + X_L^2}} = \frac{2\pi f L}{\sqrt{R^2 + (2\pi f L)^2}}$$

$$I_C = \frac{U}{X_C} = 2\pi f C U$$

电感线圈的电阻 R 一般都很小，谐振时 $2\pi f_0 \gg R$，因此并联谐振频率为

$$f = f_0 \approx \frac{1}{2\pi\sqrt{LC}} \tag{3-53}$$

电路发生并联谐振时，一般具有如下特点：

① 电压与电流同相，电路呈电阻性。

② 电路中阻抗模 $|Z| = \dfrac{L}{RC}$，其值最大。

图 3-16(a) 中的并联谐振电路可根据前面阻抗串并联的知识求其等效复阻抗

$$Z = \frac{(R+\mathrm{j}\omega L)\dfrac{1}{\mathrm{j}\omega C}}{R+\mathrm{j}\omega L+\dfrac{1}{\mathrm{j}\omega C}}$$

电路呈电阻性，复阻抗为实数，虚部为零，因此可以得到 $|Z| = \dfrac{L}{RC}$。

③ 并联谐振时总电流 I 很小，两支路的电流大小相近并远远大于总电流。

由于 $R \ll X_L$，$\varphi_1 \approx 90°$，故从相量图 3-16(b) 可以看到

$$\dot{I} \approx -\dot{I}_C, I_1 \approx I_C \gg I, \ I \approx 0$$

并联谐振在电子电工中也常常被用到。比如可以利用其阻抗模较高的特性来进行信号选择或消除干扰等。

【例 3-14】图 3-16(a) 所示的电路中 $L = 12\mathrm{mH}$，外加电压含有 600Hz 和 2000Hz 两种频率的信号，若要滤掉 2000Hz 的信号，则 C 应取多大？

【解】由 $f = \dfrac{1}{2\pi\sqrt{LC}}$ 可知

$$C = \frac{1}{4\pi^2 f^2 L} = \frac{1}{4 \times 3.14^2 \times 2000^2 \times 12 \times 10^{-3}} = 5.3 \times 10^{-7} \ (\mathrm{F})$$

3.6 三相交流电路

三相交流电路在生产中应用十分广泛，供电系统在发电和输配电中一般都采用三相制，用电方面常见的交流电动机也是三相制。本节中会分别讨论三相供电电源、三相负载及其功率的特点。

3.6.1 三相电源

图 3-17 是三相交流发电机的结构示意图，其主体结构为定子和转子。发电机中固定的部分称为定子，定子由定子铁芯和定子绕组组成。定子上有三个完全相同的绕组对称安装，绕组的始端（U_1、V_1、W_1）或末端（U_2、V_2、W_2）都彼此相隔 120°。发电机中的磁极部分能够转动称为转子。转子由铁芯和励磁绕组构成，通入直流电可产生磁场。当转子由原动机拖动以角速度 ω 匀速转动时，定子三相绕组被磁力线切割，产生感应电动势。三相绕组上得出频率相同、幅值相等、相位互差 120° 的三相对称正弦电压 e_1、e_2、e_3。设 e_1 的初相为零，则

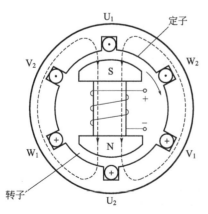

图 3-17 三相交流发电机原理图

$$e_1 = E_\mathrm{m}\sin\omega t$$

$$e_2 = E_\mathrm{m}\sin(\omega t - 120°)$$

$$e_3 = E_\mathrm{m}\sin(\omega t - 240°) = E_\mathrm{m}\sin(\omega t + 120°)$$

也可用相量表示

$$\dot{E}_1 = E \angle 0°$$

$$\dot{E}_2 = E \angle -120°$$

$$\dot{E}_3 = E \angle 120°$$

其相量图和正弦电动势的波形如图 3-18 所示，可以看出三相对称正弦电动势的瞬时值之和、相量之和均为零，即

$$e_1 + e_2 + e_3 = 0$$

$$\dot{E}_1 + \dot{E}_2 + \dot{E}_3 = 0$$

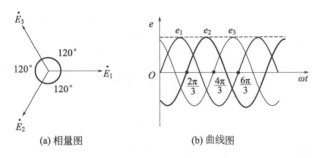

(a) 相量图　　　　　(b) 曲线图

图 3-18　三相对称电动机

在运行中，三相交流电出现正幅值（或响应零值）的顺序称为相序。图 3-18（b）中 e_1、e_2、e_3 依次到达正最大，其相序是 $U_1 \rightarrow V_1 \rightarrow W_1$。

三相发电机给负载供电时三个绕组有两种接线方式，即星形接法和三角形接法，通常采用的是星形接法，下面简单讨论一下。

星形接法是把三相绕组的末端连接在一起，称为中性点或零点，记作 N。从三个首段和中性点引出四条导线连接电路的供电方式称为三相四线制，如图 3-19 所示。只从三个首端引出三根供电导线则称为三相三线制。

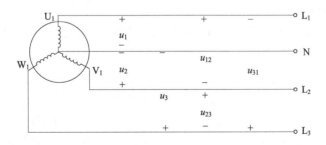

图 3-19　三相电源的星形连接

从三相绕组的三个首端引出的导线称为相线或端线，俗称火线；从中性点引出的导线称为中性线，俗称零线。图 3-19 中三相电源每相绕组首端与末端之间的电压也就是传输线路 L_1、L_2、L_3 中的每根线与中性线 N 之间的电压称为相电压，其有效值分别记为 U_1、U_2、U_3，或一般表示为 U_P。两个绕组首端之间或传输线路的两根相线之间的电压称为线

电压，其有效值用U_{12}、U_{23}、U_{31}表示，或一般用U_L表示。

星形连接的相电压和线电压显然是不相等的，根据基尔霍夫电压定律可知，它们的关系是

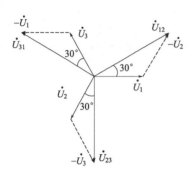

图3-20   相电压和线电压的相量图

$$u_{12}=u_1-u_2$$
$$u_{23}=u_2-u_3$$
$$u_{31}=u_3-u_1$$

或用相量表示

$$\dot{U}_{12}=\dot{U}_1-\dot{U}_2$$
$$\dot{U}_{23}=\dot{U}_2-\dot{U}_3$$
$$\dot{U}_{31}=\dot{U}_3-\dot{U}_1$$

图3-20是它们的相量图，从图中可以看出线电压也是频率相同、幅值相等、相位互差120°的三相对称电压，相位上比相应的相电压超前30°。其大小关系也可以由相量图上根据几何关系看出

$$U_L=\sqrt{3}U_P \tag{3-54}$$

三相四线制供电时可以接出相电压和线电压两种电压。在我国电力供配电系统中线电压为380V，相电压为220V，满足上式的关系。

3.6.2   三相负载

三相电路的负载也由三部分组成，其中每一部分叫做一相负载。三相负载分成两类，一类负载每一相的复阻抗相等，叫做对称三相负载。这种负载通常是必须接在三相电源上才能正常工作的，比如三相异步电动机。另外一些负载只需要单相供电即可正常工作，比如家用电器、照明灯具等，在电路设计的时候把这些负载尽量均衡地接入三相电路，但实际运行中很难达到完全对称，这一类负载称为不对称三相负载。

三相负载有星形和三角形两种接法，在实际中应用都很广泛。

（1）三相负载的星形连接

图3-21是三相四线制电路，每相负载的阻抗模分别为$|Z_1|$、$|Z_2|$和$|Z_3|$，电压和电流的方向如图所示。

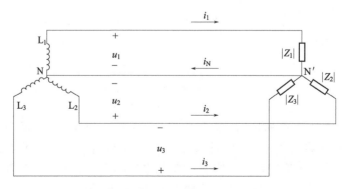

图3-21   负载星形连接的三相四线制电路

和电压一样，三相电路中的电流也分为相电流和线电流两种。每相负载当中的电流就是电路的相电流，记作 I_P，每根相线中的电流称为线电流，记作 I_L。在负载星形连接时相电流和线电流相等，即

$$I_P = I_L \tag{3-55}$$

三相电路的每一相都可以作为一个独立的单相电路来分析。设电源相电压 $\dot{U}_1$ 为正弦参考量初相位 0，则

$$\dot{U}_1 = U_1 \angle 0°,\ \dot{U}_2 = U_2 \angle -120°,\ \dot{U}_3 = U_3 \angle 120°$$

负载如图 3-21 进行星形连接时，每一相的负载电压就等于电源的相电压，那么每相中的电流分别为

$$\dot{I}_1 = \frac{\dot{U}_1}{Z_1} = \frac{U_1 \angle 0°}{|Z_1| \angle \varphi_1} = I_1 \angle -\varphi_1$$

$$\dot{I}_2 = \frac{\dot{U}_2}{Z_2} = \frac{U_2 \angle -120°}{|Z_2| \angle \varphi_2} = I_2 \angle (-120° - \varphi_2)$$

$$\dot{I}_3 = \frac{\dot{U}_3}{Z_3} = \frac{U_3 \angle -120°}{|Z_3| \angle \varphi_3} = I_3 \angle (120° - \varphi_3)$$

式中每相电流的有效值分别为

$$I_1 = \frac{U_1}{|Z_1|},\ I_2 = \frac{U_2}{|Z_2|},\ I_3 = \frac{U_3}{|Z_3|}$$

各相负载电压与电流相位差分别为

$$\varphi_1 = \arctan \frac{X_1}{R_1},\ \varphi_2 = \arctan \frac{X_2}{R_2},\ \varphi_3 = \arctan \frac{X_3}{R_3}$$

当各相负载对称时其复阻抗相等，即

$$Z_1 = Z_2 = Z_3 = Z$$

也就是说阻抗模、电抗、电阻均相等，即

$$|Z_1| = |Z_2| = |Z_3| = |Z|,\ X_1 = X_2 = X_3 = X,\ R_1 = R_2 = R_3 = R$$

又知各相电压是对称的 $U_1 = U_2 = U_3$，由上面的关系可知

$$I_1 = I_2 = I_3 = I_P = \frac{U_P}{|Z|}$$

$$\varphi_1 = \varphi_2 = \varphi_3 = \varphi = \arctan \frac{X}{R}$$

此时中性线中的电流可以根据基尔霍夫电流定律得出

$$\dot{I}_N = \dot{I}_1 + \dot{I}_2 + \dot{I}_3 \tag{3-56}$$

电压和电流关系的相量图如图 3-22 所示。

由相量图可以看出中性线中的电流等于零

$$\dot{I}_N = \dot{I}_1 + \dot{I}_2 + \dot{I}_3 = 0 \tag{3-57}$$

对称负载星形连接时没有电流通过中性线，这时如果把中性线去掉，就是三相三线制电路，如图 3-23 所示。三相三线制电路应用也很广泛，因为生产中的三相负载一般都是对称的。

但是，如果三相中的负载是不对称的，负载的相电压就不对称。有的相可能电压过高，超过额定电压；有的相则电压过低，低于额定电压，此时就必须依靠中性线来平衡各相的电压，因此中性线内不能接入熔断器或闸刀开关。

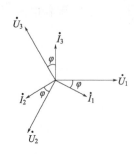

图 3-22   对称负载星形连接时电压和电流的相量图

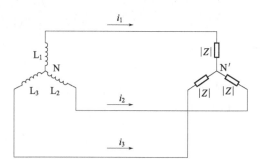

图 3-23   对称负载星形连接的三相三线制电路

【例3-15】图 3-24 所示的电路中电源电压对称，其线电压 $u_{12} = 380\sqrt{2}\sin(314t + 30°)\text{V}$，负载为电灯组。（1）若 $R_1 = R_2 = R_3 = 5\Omega$，求线电流及中性线电流 I_N；（2）若 $R_1 = 5\Omega$，$R_2 = 10\Omega$，$R_3 = 20\Omega$，求线电流及中性线电流 I_N。

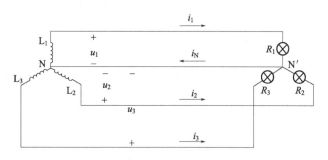

图 3-24   例 3-15 图

【解】由题意知 $\dot{U}_{12} = 380\angle 30°\text{V}$，则 $\dot{U}_1 = 220\angle 0°\text{V}$

（1）线电流 $\dot{I}_1 = \dfrac{\dot{U}_1}{R_1} = \dfrac{220\angle 0°}{5} = 44\angle 0°\ (\text{A})$

三相对称则 $\dot{I}_2 = 44\angle -120°\text{A}$，$\dot{I}_3 = 44\angle 120°\text{A}$

中性线电流 $\dot{I}_N = \dot{I}_1 + \dot{I}_2 + \dot{I}_3 = 0$

（2）三相负载不对称时各线电流需要分别计算

$$\dot{I}_1 = \frac{\dot{U}_1}{R_1} = \frac{220\angle 0°}{5} = 44\angle 0°(\text{A})$$

$$\dot{I}_2 = \frac{\dot{U}_2}{R_2} = \frac{220\angle -120°}{10} = 22\angle -120°(\text{A})$$

$$\dot{I}_3 = \frac{\dot{U}_3}{R_3} = \frac{220\angle 120°}{20} = 11\angle 120°(\text{A})$$

中性线电流

$$\dot{I}_N = \dot{I}_1 + \dot{I}_2 + \dot{I}_3 = 44\angle 0° + 22\angle -120° + 11\angle 120° = 29\angle -19°(\text{A})$$

（2）三相负载的三角形连接

图 3-25 表示负载三角形连接的三相电路，电流和电压的方向如图所示。图中每一相负载都接在两根火线之间，这时负载的相电压就等于电源的线电压。

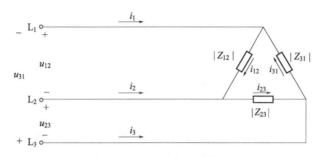

图 3-25　负载三角形连接的三相电路

$$U_{12} = U_{23} = U_{31} = U_L = U_P \tag{3-58}$$

每一相的阻抗模分别用 $|Z_{13}|$、$|Z_{23}|$、$|Z_{31}|$ 表示，则各相负载的相电流有效值为

$$I_{12} = \frac{U_{12}}{|Z_{12}|}, \quad I_{23} = \frac{U_{23}}{|Z_{23}|}, \quad I_{31} = \frac{U_{31}}{|Z_{31}|}$$

各相负载的电压与电流之间的相位差分别为

$$\varphi_{12} = \arctan\frac{X_{12}}{R_{12}}, \quad \varphi_{23} = \arctan\frac{X_{23}}{R_{23}}, \quad \varphi_{31} = \arctan\frac{X_{31}}{R_{31}}$$

负载的线电流可应用基尔霍夫电流定律计算

$$\dot{I}_1 = \dot{I}_{12} - \dot{I}_{31}$$

$$\dot{I}_2 = \dot{I}_{23} - \dot{I}_{12}$$

$$\dot{I}_3 = \dot{I}_{31} - \dot{I}_{23}$$

如果负载是对称的，即

$$|Z_{12}| = |Z_{23}| = |Z_{31}| = |Z|$$

$$\varphi_{12} = \varphi_{23} = \varphi_{31} = \varphi$$

则负载的相电流也是对称的，即

$$I_{12} = I_{23} = I_{31} = I_P = \frac{U_P}{|Z|}$$

$$\varphi_{12} = \varphi_{23} = \varphi_{31} = \varphi_P = \arctan\frac{X}{R}$$

负载对称时，线电流和相电流的关系如图 3-26 所示。显然，线电流也是对称的，相应的相电流滞后 30°线电流，线电流和相电流在大小上的关系也很容易从相量图得出，即

$$I_L = \sqrt{3}\,I_P \tag{3-59}$$

三相电动机的绕组可以连接成星形，也可以连接成三角形，而照明负载一般都连接成星形。

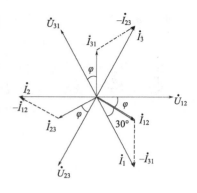

图 3-26   对称负载三角形连接时电压与电流的相量图

【例 3-16】 某三相对称负载，每相负载 $R = 29\Omega$，$X = 21.8\Omega$，按照图 3-25 所示的三角形连接的方式接在线电压为 380V 三相星接电源上，求其线电流和相电流的大小。

【解】 $|Z| = \sqrt{R^2 + X^2} = \sqrt{29^2 + 21.8^2} = 36.1(\Omega)$

$$I_P = \frac{U_P}{|Z|} = \frac{380}{36.1} = 10.5(\text{A})$$

$$I_L = \sqrt{3}\, I_P = \sqrt{3} \times 10.5 = 18.2(\text{A})$$

3.6.3   三相功率

无论负载是星形连接或是三角形连接，总的有功功率必定等于各相有功功率之和。当负载对称时，每相的有功功率是相等的。因此三相总功率为

$$P = 3P_P = 3U_P I_P \cos\varphi \tag{3-60}$$

式中，角 φ 是相电压 U_P 与相电流 I_P 之间的相位差。

当对称负载是星形连接时

$$U_L = \sqrt{3}\, U_P, \quad I_L = I_P$$

当对称负载是三角形连接时

$$U_L = U_P, \quad I_L = \sqrt{3}\, I_P$$

无论对称负载是星形连接或是三角形连接，如将上述关系代入式(3-60)，则得

$$P = \sqrt{3}\, U_L I_L \cos\varphi \tag{3-61}$$

上式中的 φ 角仍为相电压与相电流之间的相位差。式(3-60) 和式(3-61) 都是用来计算三相有功功率的，但通常多应用式(3-61)，因为线电压和线电流的数值是容易测量出的，或者是已知的。同理，可得出三相无功功率和视在功率

$$Q = 3U_P I_P \sin\varphi = \sqrt{3}\, U_L I_L \sin\varphi \tag{3-62}$$

$$S = 3U_P I_P = \sqrt{3}\, U_L I_L \tag{3-63}$$

习   题

3-1   在某电路中 $i = 8\sqrt{2}\sin(314t + 30°)\text{A}$。(1) 其频率、幅值、有效值、初相位分别为多少？(2) 求 $t = 2\text{s}$ 时电路中电流的大小。(3) 若电流 i 的参考方向相反，写出其三角函数式。

3-2   现需选择一个电容器接在有效值为 380V 电源上，有耐压值分别为 400V、500V、600V 的三个电容器（电容量相同），应该选哪个电容器？

3-3　试将下列相量写成指数式，并写出其对应的正弦量。

(1) $\dot{I}_1 = 4 + \mathrm{j}3\,\mathrm{A}$

(2) $\dot{I}_2 = 3\sqrt{3} + \mathrm{j}3\,\mathrm{A}$

(3) $\dot{U}_1 = -\sqrt{2} + \mathrm{j}\sqrt{2}\,\mathrm{V}$

(4) $\dot{U}_1 = 3 - \mathrm{j}4\,\mathrm{V}$

3-4　一个线圈接在 $U = 120\mathrm{V}$ 的直流电源上时电流 $I = 20\mathrm{A}$；接在 $f = 50\mathrm{Hz}$，$U = 220\mathrm{V}$ 的交流电源上，则电流 $I = 28.2\mathrm{A}$。试求线圈的电阻 R 和电感 L。

3-5　在图 3-27 所示的电路中，已知 $i_1 = 6\sin(3t - 60°)\,\mathrm{A}$，$i_2 = 12\sin(3t + 100°)\,\mathrm{A}$，$i_3 = 6\sin(3t + 30°)\,\mathrm{A}$，$u = 3\sin(3t + 30°)\,\mathrm{V}$，试判别各支路分别是什么性质的阻抗。

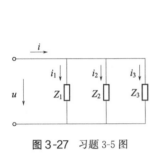

图 3-27　习题 3-5 图

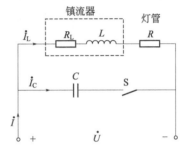

图 3-28　习题 3-7 图

3-6　RLC 串联电路中已知 $u = 220\sqrt{2}\sin 314t\,\mathrm{V}$，$R = 60\Omega$，$X_L = 100\Omega$，$X_C = 20\Omega$。写出电路总阻抗 Z 的表达式并求阻抗模 $|Z|$ 和电流 I 的值。

3-7　如图 3-28 所示，为日光灯及功率因数提高电路，$U = 220\mathrm{V}$，$f = 50\mathrm{Hz}$，若开关 S 断开时，灯管 R 的电压 $U_R = 100\mathrm{V}$，电流 $I_1 = 0.4\mathrm{A}$，镇流器功率 $P_L = 7\mathrm{W}$。试分析计算：

(1) 灯管的电阻 R、镇流器的内阻 R_L 和电感 L；

(2) 灯管的有功功率 P_R、日光灯的总有功功率 P、视在功率 S、功率因数 $\cos\varphi$；

(3) 若将开关 S 闭合，电路功率因数提高到 0.95，则电容 C 和电路的总电流 I 分别为多少？

3-8　某收音机输入电路电感约为 0.3mH，可变电容调节范围为 $25 \sim 360\mathrm{pF}$。试问能否满足收听中波 $535 \sim 1605\mathrm{kHz}$ 的要求。

3-9　某三相异步电动机，三相绕组的额定电压是 220V，若电源电压分别为 380V 和 220V，应分别采取哪种连接方式？为什么？

3-10　如图 3-29 所示，线电压为 380V 的三相电源，接有两组对称三相负载：一组是三角形连接的感性负载，每相阻抗 $Z_\triangle = 36.3\angle 37°\,\Omega$；另一组是星形连接的电阻性负载，每相电阻为 $R = 10\Omega$。求 (1) 各组负载的相电流；(2) 电路线电流；(3) 三相电路的有功功率。

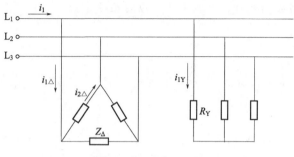

图 3-29   习题 3-10 图

3-11   在三相四线制电路中，已知 $u_1 = 220\sqrt{2}\sin 314t\,\text{V}$，接有三组白炽灯，每只灯的功率为 100W，三相 L_1、L_2、L_3 按照星形接法分别接有 40、50、60 只灯。试分析电路中的线电流、中性线电流以及总有功功率。

CHAPTER4

第4章
变压器

电和磁都是物质的基本运动形式，二者之间是相互联系的。在电力系统和电子设备中经常用电磁转换来实现能量的转换，因此，在许多电气设备（如变压器、电机、电工测量仪表等）中，不仅有电路的问题，同时还有磁路的问题。而变压器作为磁路的典型应用，在生产及生活中使用广泛，是电工与电子技术中重要的学习内容。

本章包括磁路的基础知识、磁性材料和变压器及其应用等内容。

4.1 磁路及交流铁芯线圈

为了把磁场聚集在限定的空间范围内，以便加以控制和利用，常用一定形状的铁芯使磁通的绝大部分经过铁芯而形成一个闭合的通路，这种磁通的路径称为磁路。如图 4-1 所示。

磁路和电路相类似，可以理解为磁通流经的路径。

磁路可以看作是一定路径内的磁场，因此，有关磁场的知识对磁路也是适用的。

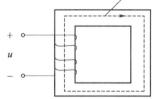

图 4-1 铁芯线圈构成的磁路

4.1.1 磁场的基本物理量

(1) 磁感应强度

磁感应强度 B 是用来表示空间某点磁场强弱和方向的物理量，它是一个矢量，其方向为置于磁场中该点的小磁针静止时 N 极所指的方向。电流产生的磁场，B 的方向与电流方向之间的关系可用右手螺旋定则确定，其大小为垂直于磁场方向的单位长度内流过单位电流的直导体在该点所受的力。

如果磁场内各点的磁感应强度大小相等、方向相同，则该磁场称为匀强磁场。

在国际单位制中，磁感应强度 B 的单位是特斯拉（T）。

(2) 磁通

在磁场中，磁感应强度 B 与垂直于磁场方向的面积 S 的乘积，称为通过该面积的磁通量，简称为磁通 Φ，即

$$\Phi=BS \text{ 或 } B=\frac{\Phi}{S} \tag{4-1}$$

由上式可见，磁感应强度 B 也可以理解为通过垂直于磁场的单位面积的磁通，即磁通密度。

磁通是标量，其大小反映了与磁场相垂直的某个截面上的磁场强弱情况。在国际单位制中，磁通的单位是韦伯（Wb）。

（3）磁导率

磁导率 μ 是用来表示物质导磁能力的物理量。其单位为亨利/米（H/m）。不同的物质导磁能力不同，为了有效地区别它们各自的导磁能力，引入一个参照标准——真空的磁导率 μ_0，实验测得其值为一常数

$$\mu_0 = 4\pi \times 10^{-7} \, \text{H/m}$$

任何物质的磁导率与真空的磁导率的比值，称为该物质的相对磁导率，用 μ_r 表示

$$\mu_r = \frac{\mu}{\mu_0} \tag{4-2}$$

相对磁导率是无量纲的，其值越大，表明该类物质的导磁性越好；反之导磁性就越差。

自然界的物质按照其磁导率的大小，大体上可分为铁磁材料和非铁磁材料两大类。其中非铁磁材料，如铜、铝、空气等，$\mu \approx \mu_0$，$\mu_r \approx 1$，这类材料的导磁性能差。铁磁性材料，如铁、钴、镍及其合金等，其相对磁导率 μ_r 很大，可达几百到几万，且不是常数，随外部条件的变化而变化，这类材料的导磁性能好，是工业中制造变压器、电动机等电工设备的主要材料。

（4）磁场强度

当磁场中有不同的磁介质时，由于磁化过程不同，会产生不同的磁感应强度，也就是说磁场相同而导磁介质不同，则磁感应强度不同。为此引入一个物理量磁场强度，用 H 表示。磁场强度只与产生磁场的电流分布有关，与磁介质的性质无关，这样就可以方便地处理有磁介质的磁场问题。

磁场强度 H 的定义为

$$H = \frac{B}{\mu} \tag{4-3}$$

即磁场中某点磁场强度的大小等于该点的磁感应强度与该点磁介质磁导率的比值，方向与该点磁感应强度的方向相同。

磁场强度的定义对任何类型的磁场都适用。

在国际单位制中，磁场强度的单位是安培/米（A/m）。

4.1.2 磁性材料的磁性能

根据导磁性能的不同，可将材料分为两大类：铁磁材料和非铁磁材料，磁性材料指的是铁磁材料。

磁性材料具有高导磁性、磁饱和性、磁滞性和剩磁性。

（1）高导磁性

物质受到磁场的作用产生磁性的现象称为磁化。磁性材料的磁导率很高，$\mu_r \gg 1$，因此具有被强烈磁化（产生磁性）的特性。

磁性材料之所以具有高导磁性，是由于磁性材料内部结构造成的。任何物质分子中电子的轨道运动和自旋运动都会产生电流，它们的总和可等效于一个圆电流，这就是分子电流，分子电流产生磁场，因此每一个分子电流相当于一个小磁铁。在磁性材料内部可以分为许多体积约为 $10^{-12} \sim 10^{-8} \, \text{m}^3$ 的小区域，每个小区域内众多的分子电流方向相同，它们

所产生的磁场都向同一方向整齐排列，形成一个个小的磁性区域，这些小区域称为磁畴。无外磁场时，磁畴因热运动而呈无规则排列，宏观上不显磁性，如图 4-2(a) 所示。

在外磁场的作用下，磁畴顺着外磁场的方向做定向排列，从而产生与外磁场方向相同的附加磁场，从而使磁性材料内部的磁感应强度大大增加，如图 4-2(b) 所示。由此可见，磁畴是磁性材料磁化的内在依据，而外磁场则是磁化的外部条件。

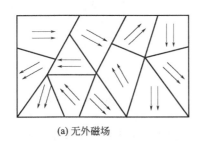 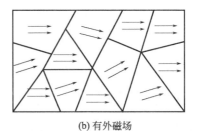

(a) 无外磁场　　　　　　　　　　　　(b) 有外磁场

图 4-2　磁畴取向示意图

电气设备如变压器、电机等，励磁线圈都是绕在用磁性材料做成的铁芯上，利用磁性材料的高导磁性，来达到以小的励磁电流获得大的磁通的目的。

(2) 磁饱和性

磁性材料磁化时所产生的磁化磁场不会随着外磁场的增大而无限增加。当外磁场增加到一定数值时，由于磁性材料内部的磁畴几乎全部转到外磁场的方向，这时随着外磁场的增加，磁化磁场的磁感应强度基本不再增加，达到饱和值，称为磁饱和状态。

磁性材料的磁化特性可用磁化磁场的磁感应强度 B 随外加磁场的磁场强度 H 而变化的曲线来描述，该曲线称为磁化曲线。磁性材料的磁化曲线可通过实验测得。直流励磁时，磁性材料的磁化曲线如图 4-3 所示。

由磁化曲线可以看到：在 Oa 段，H 增加时，B 急剧上升，这是由于磁畴在外磁场的作用下，迅速转向外磁场的方向，因此 B 增加很快，几乎是线性的；在 ab 段，因为大部分磁畴已经转到外磁场方向，所以随着 H 的增加 B 值的增加变得缓慢；b 点后，因磁畴已几乎全部转到外磁场的方向，因此 H 增加时 B 值基本不变，即为磁饱和状态。

因为 $\mu = B/H$，所以磁性材料的磁导率不是常数。

(3) 磁滞性

交流励磁时，磁性材料受到交变磁化。实验测得，当励磁电流变化一个周期时，B-H 关系曲线如图 4-4 所示。由图中可见，当外磁场的 H 减小到零时，磁化磁场的 B 并未回到零值。这种磁感应强度 B 的变化落后于磁场强度 H 的变化的性质，称为磁性材料的磁滞性。图 4-4 中的曲线描述了磁性材料的磁滞性，故称其为磁滞回线。

由于磁滞的缘故，当磁场强度由 H_m 减小到零时，磁感应强度 B 并不等于零，而是仍有一定的数值 B_r，即图 4-4 中的 Oc 段，称为剩余磁感应强度，简称剩磁。剩磁是磁性材料特有的性质，如果一磁性材料有剩磁存在，就表明它已经被磁化。若要消除剩磁，需要使磁性材料反向磁化，当反向磁场强度的大小为 H_c 时，B 等于零，这时磁性材料的磁性消失，通常把 H_c 称为矫顽磁力。

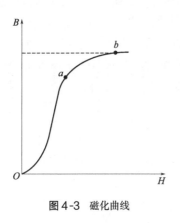

图 4-3 磁化曲线

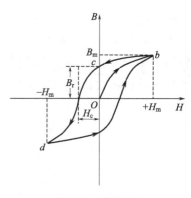

图 4-4 磁滞回线

由于磁性材料常应用于交变磁场中，所以研究磁性材料的磁滞现象具有实际意义。需要指出的是，磁滞效应是要损耗能量的，磁滞损耗与磁滞回线所包围的面积成正比。

不同的磁性材料，磁滞回线不同，根据磁滞性不同，可以将磁性材料分为软磁材料、硬磁材料和矩磁材料，如图 4-5 所示。

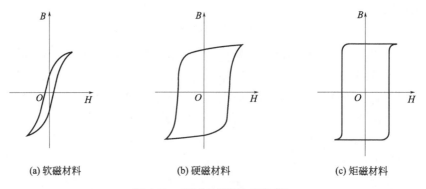

(a) 软磁材料　　　　　(b) 硬磁材料　　　　　(c) 矩磁材料

图 4-5 不同磁性材料的磁滞回线

软磁材料的磁滞回线如图 4-5(a) 所示，其特点是所包围的面积很小，磁滞特性不显著，矫顽力很小，在磁场中很容易被磁化，也容易退磁。如纯铁、硅钢和坡莫合金等均属于软磁材料，这些材料适宜于制造电机、变压器和继电器等设备的铁芯。

硬磁材料的磁滞回线如图 4-5(b) 所示，其特点是剩磁和矫顽力都比较大，磁滞特性显著，充磁后不易退磁。如碳钢、钡铁氧体等均属于软磁材料，这些材料适宜于制造于电磁仪表和扬声器等设备中的永久磁铁。

矩磁材料的磁滞回线如图 4-5(c) 所示，形状接近矩形，剩磁值接近饱和值，但矫顽力较小，易于翻转，如锰镁铁氧体等。矩磁材料是电子计算机和远程控制设备中存储器的重要元件。

4.1.3　磁路欧姆定律

根据磁性材料的性质，在电机、变压器及各种铁磁元件中采用磁性材料，不仅可以用较小的励磁电流获得较多的磁通，而且可以使磁通集中地通过一定的闭合路径。所谓磁路，是一个包含磁通量的闭合回路，它主要由磁性材料构成。磁路中的磁性材料称为铁芯。

磁路中除铁芯外，往往还有一些小段的非磁性物质，如空气隙等。由于磁性材料的磁导率远大于空气等非磁性材料，所以磁通主要沿铁芯而闭合，只有很少部分的磁通经过空气或其他材料。

图 4-6 所示为几种常用电气设备的磁路，磁路中的磁通可以由励磁线圈产生，如图 4-6(a) 及图 4-6(b)；也可以由永久磁铁产生，如图 4-6(c)。我们把通过铁芯的磁通称为主磁通，如图 4-6 中的 Φ，一般情况下漏磁通 Φ_σ 很小，可以忽略。

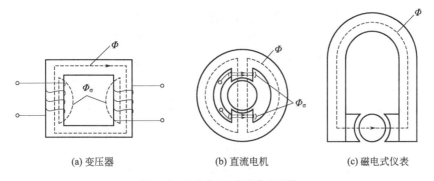

(a) 变压器　　　　　　　(b) 直流电机　　　　　　　(c) 磁电式仪表

图 4-6　几种常见电气设备的磁路

磁路可分为有分支磁路和无分支磁路，图 4-6(a) 及图 4-6(c) 均为无分支磁路，而图 4-6(b) 为有分支磁路。

通常在线圈中通入励磁电流 I，在磁路中就会产生磁通 Φ，改变励磁电流 I 或线圈的匝数 N，磁通 Φ 的大小就要变化。实验表明，铁芯中的磁通 Φ 与通过线圈的电流 I、线圈的匝数 N、磁路的截面积 S 以及构成磁路的磁性材料的磁导率 μ 成正比，与磁路的平均长度 l 成反比，即

$$\Phi = \mu \frac{IN}{l} S = \frac{IN}{\dfrac{l}{\mu S}} = \frac{F_\mathrm{m}}{R_\mathrm{m}} \tag{4-4}$$

式(4-4) 在形式上与电路的欧姆定律（$I = U/R$）相似，所以称为磁路的欧姆定律。其中 $F_\mathrm{m} = IN$，称为磁动势，反映了通电线圈的励磁能力；$R_\mathrm{m} = l/\mu S$，称为磁阻，反映了构成磁路的材料对磁通的阻碍作用。

磁阻 R_m 与磁路的尺寸和材料的磁导率 μ 有关，由于磁性材料的磁导率 μ 不是常数，所以磁阻 R_m 也不是常数。如果磁路是由几段不同的材料构成的，则磁路总的磁阻为各段磁阻的总和。如磁路中有空气隙，由于空气的磁导率比磁性材料的磁导率小得多，因此，即使空气隙很小，其磁阻却很大，此时若仍要求有足够的磁通，就必须增大励磁电流 I 或线圈的匝数 N。所以在变压器、电机等电气设备的磁路中，要尽量减小空气隙。

4.1.4　交流铁芯线圈

按励磁方式的不同，铁芯线圈可分为直流铁芯线圈和交流铁芯线圈。对于直流铁芯线

圈，由于线圈中通过的电流是恒定的，因此所产生的磁通也是恒定的，不会有感应电动势产生，励磁电流 I 只与线圈本身的电阻 R 有关，功率损耗为 I^2R。而对于交流铁芯线圈，由于线圈中通过交流电流，在线圈和铁芯中会产生感应电动势，因此与直流铁芯线圈在电磁关系、电压电流关系及功率损耗方面都是不同的。

(1) 电磁关系

如图 4-7 所示的交流铁芯线圈电路，线圈的匝数为 N，线圈的电阻为 R，当外加正弦交流电压 u 时，线圈中便产生交流励磁电流 i。由交变磁动势 iN 在磁路中产生交变磁通，

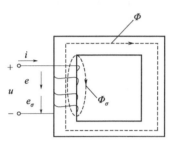

图 4-7 交流铁芯线圈电路

绝大部分为主磁通 Φ，还有很少部分的漏磁通 Φ_σ。两个交变磁通分别在线圈中产生感应电动势，即主磁感应电动势 e 和漏磁感应电动势 e_σ，它们的参考方向与磁通的参考方向满足右手螺旋法则。

根据基尔霍夫电压定律，有

$$u = iR - e - e_\sigma$$

由于线圈电阻上的压降 iR 及漏磁感应电动势 e_σ 与主磁感应电动势相比都很小，可以忽略不计，因此上式可近似为

$$u \approx -e \tag{4-5}$$

设主磁通 $\Phi = \Phi_m \sin\omega t$，在图 4-7 所示的参考方向下，根据电磁感应定律，有

$$e = -N\frac{\mathrm{d}\Phi}{\mathrm{d}t} = N\Phi_m\omega\sin(\omega t - 90°) \tag{4-6}$$

由式(4-6) 可知，主磁感应电动势的最大值为 $E_m = 2\pi f N\Phi_m$，则其有效值为

$$E = \frac{E_m}{\sqrt{2}} = \frac{2\pi f N\Phi_m}{\sqrt{2}} = 4.44 f N\Phi_m \tag{4-7}$$

由式(4-5) 可知，$U \approx E$，因此，在励磁线圈加正弦交流电压时，铁芯中的主磁通也是同频率的正弦交流量，主磁通的幅值 Φ_m 与外加电压有效值 U 的关系为

$$U \approx 4.44 f N\Phi_m \tag{4-8}$$

上式反映了交流铁芯线圈电路的基本电磁关系式中，U 的单位为伏特（V），f 的单位为赫兹（Hz），Φ_m 的单位为韦伯（Wb）。

式(4-8) 表明，在忽略线圈的电阻和漏磁通的条件下，当电源频率和线圈匝数一定时，磁路中的主磁通的幅值 Φ_m 的大小取决于线圈的外加电压的有效值 U，与磁路的性质无关。这一结论是分析变压器、交流电机、交流接触器等的重要依据。

(2) 功率损耗

交流铁芯线圈的损耗可分为两部分，一部分是线圈电阻上的有功损耗，称为铜损 ΔP_{Cu}；另一部分是铁芯中的功率损耗，称为铁损 ΔP_{Fe}，铁损包括磁滞损耗和涡流损耗两部分。

磁性材料交变磁化时，会产生磁滞现象，它所产生的损耗称为磁滞损耗，用 ΔP_h 表示。为了减小磁滞损耗，铁芯应选用磁滞曲线狭小的软磁材料制造，硅钢就是变压器和电机中常用的铁芯材料。

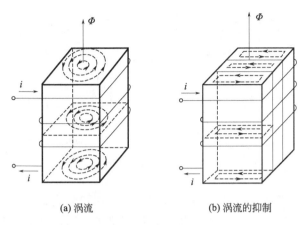

(a) 涡流　　　　　　　　　　　(b) 涡流的抑制

图 4-8　铁芯中的涡流

　　磁性材料不仅具有导磁性能，同时又具有导电能力。在交变磁通的作用下，铁芯内将产生感应电动势，从而产生闭合的感应电流，感应电流在垂直于磁通方向的平面内围绕磁力线呈涡旋状，如图 4-8(a) 所示，故称为涡流。涡流会使铁芯发热，引起的功率损耗称为涡流损耗，用 ΔP_e 表示。

　　在电机和变压器的铁芯中，为了减少涡流损耗，可采用电阻率大、相互绝缘的硅钢片叠成的铁芯，如图 4-8(b) 所示。对高频铁芯线圈，常采用电阻率很高的铁氧体粉末制成的铁芯，来降低涡流损耗。

4.2　变压器基础

　　变压器是根据电磁感应原理制成的静止的电气设备，它具有变电压、变电流和变阻抗的作用，在电力系统和工程领域中应用非常广泛。例如在输电方面，为了节省输电导线的用铜量和减少线路上的电压降及线路的功率损耗，通常利用变压器升高电压；在用电方面，为了用电安全，可利用变压器降低电压。

　　变压器的种类多样，应用广泛，但基本结构和原理是相同的。

4.2.1　变压器的基本结构

　　变压器的主要组成部分是铁芯和绕组。变压器的绕组与铁芯之间、绕组与绕组之间都是相互绝缘的。

　　铁芯的作用是构成变压器的磁路。变压器的铁芯通常是由厚度为 0.35～0.5mm 硅钢片叠装而成，以减小磁滞损耗，每个硅钢片的表面都涂有绝缘漆膜，使硅钢片彼此绝缘，以减少涡流损耗。

　　按绕组与铁芯的安装位置的不同，变压器可分为芯式和壳式两种。如图 4-9 所示。

　　芯式变压器的绕组套在各铁芯柱上，如图 4-9(a) 所示；壳式变压器的绕组套在中间的铁芯柱上，绕组两侧被外侧铁芯包围，如图 4-9(b) 所示。电力变压器多采用芯式，小容量变压器多采用壳式。

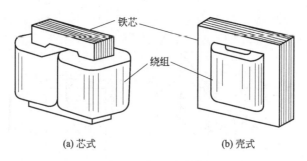

(a) 芯式　　　　　(b) 壳式

图 4-9　变压器的结构

绕组是变压器的电路部分。变压器的绕组有同心式和交叠式两种形式。同心式绕组是把绕组同心地套在铁芯柱上，为了便于绝缘，低压绕组在里，高压绕组在外。这种绕组结构简单、绕制方便，故被广泛采用。交叠式绕组是把绕组按一定的交替次序套在铁芯柱上，这种绕组由于高、低压绕组之间的间隙较多，绝缘复杂，故包扎很不方便，但它具有机械强度高的优点，一般在大型壳式变压器（如大容量的电炉变压器和电焊机变压器）中采用。

图 4-10　变压器的符号

在电路图中，变压器用如图 4-10 所示的符号表示。

4.2.2　变压器的工作原理

图 4-11 所示为变压器工作原理示意图，与电源相连的绕组称为原绕组（或初级绕组、一次绕组），与负载相连的绕组称为副绕组（或次级绕组、二次绕组）。原、副绕组的匝数分别为 N_1 和 N_2。

(1) 变压器的空载运行与电压变换原理

变压器的空载运行是指变压器的副绕组开路（不接负载）时的工作情况。

原绕组两端加上交流电压 u_1 时，便有电流 $i_1 = i_0$，i_0 称为空载电流，磁动势 $i_0 N_1$ 在铁芯中产生主磁通 Φ。此外还有与原绕组匝链的漏磁通 $\Phi_{\sigma 1}$，漏磁通一般很小，在分析问题时可以忽略不计。

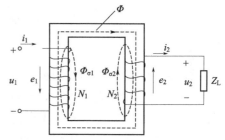

图 4-11　变压器工作原理

交变的主磁通 Φ 在原、副绕组中分别感应出电动势 e_1 和 e_2，e_1 与 e_2 的大小与磁通 Φ 的幅值 Φ_m 满足式(4-7)，即

$$E_1 = 4.44 f N_1 \Phi_m$$
$$E_2 = 4.44 f N_2 \Phi_m$$

由于原绕组的电阻与漏磁通很小，因而它们引起电压降和漏磁感应电动势与 E_1 相比可忽略不计，由式(4-5) 和式(4-8) 可得

$$U_1 \approx 4.44 f N_1 \Phi_m$$

变压器空载时，$i_2 = 0$，$E_2 = U_{20}$，即

$$U_2 = U_{20} \approx 4.44 f N_2 \Phi_m$$

式中，U_{20} 为空载时副绕组的端电压。因此，原、副线圈的电压之比为

$$\frac{U_1}{U_2} \approx \frac{E_1}{E_2} = \frac{N_1}{N_2} \tag{4-9}$$

式(4-9)说明，变压器空载运行时，原、副绕组端电压之比等于原、副绕组的匝数比，比值 k 称为变压器的变压比，简称变比。若 $k>1$，则 $U_2<U_1$，为降压变压器；若 $k<1$，则 $U_2>U_1$，为升压变压器。

【例 4-1】 一台单相变压器，原绕组接在 6600V 的交流电源上，空载运行时它的副边电压为 220V，试求其变比。若原绕组匝数为 $N_1=3300$ 匝，试求副绕组的匝数。若电源电压减小到 6000V。为保持副绕组电压不变，试问原绕组的匝数应变为多少？

【解】 变比

$$k = \frac{N_1}{N_2} \approx \frac{U_1}{U_{20}} = \frac{6600}{220} = 30$$

副绕组的匝数

$$N_2 = \frac{N_1}{k} = \frac{3300}{30} = 110(\text{匝})$$

当 $U_1'=6000V$ 时，若要保持 U_{20} 不变，则原绕组的匝数就变为

$$N_1' = N_2 \frac{U_1'}{U_{20}} = 110 \times \frac{6000}{220} = 3000(\text{匝})$$

(2) 变压器的负载运行与电流变换原理

变压器的负载运行是指副绕组接通负载时的运行状态，如图 4-11 所示。

由式(4-8)可知，$U_1 \approx E_1 = 4.44 f N_1 \Phi_m$，说明无论是空载还是负载运行，只要加在变压器原绕组的电压 U_1 及其频率 f 不变，铁芯中的磁通的幅值 Φ_m 就基本保持不变，根据磁路的欧姆定律，铁芯磁路中的磁动势也应基本不变。

空载时，铁芯中的磁通是由磁动势 $i_0 N_1$ 产生的。有负载时，设原、副绕组的电流分别为 i_1、i_2，此时铁芯中的磁通是由原绕组的磁动势 $i_1 N_1$ 和副绕组中的磁动势 $i_2 N_2$ 共同产生的。由于铁芯磁路中的磁动势基本不变，则有

$$i_1 N_1 + i_2 N_2 = i_0 N_1 \tag{4-10}$$

上式称为变压器负载运行时的磁动势平衡方程。上式也可写为

$$i_1 N_1 = i_0 N_1 + (-i_2 N_2)$$

该式表明，变压器负载运行时，原绕组的磁动势 $i_1 N_1$ 可分为两部分：一部分是 $i_0 N_1$，用来产生主磁通 Φ_m；另一部分是 $i_2 N_2$，用来抵消副绕组电流所建立的磁动势，以保持主磁通 Φ_m 基本不变。由于空载电流 i_0 较小，不到额定电流 i_{1N} 的10%，因此当变压器额定运行时，可忽略，于是有 $i_1 N_1 \approx - i_2 N_2$，即原、副绕组的磁动势近似相等而方向相反，若只考虑大小关系，则有

$$\frac{I_1}{I_2} \approx \frac{N_2}{N_1} = \frac{1}{k} \tag{4-11}$$

式(4-11)表明，当变压器额定运行时，原、副绕组的电流近似地与匝数成反比，这就是变压器的电流变换作用。应当指出的是，式(4-11)不适用于变压器轻载运行的状态。

(3) 变压器的阻抗变换

如图 4-12(a) 所示，变压器的副绕组接入阻抗 Z_L，对电源来说，它可以用一个阻抗 Z_1 来等效代替，如图 4-12(b) 所示。这里的等效是指输入电路的电压、电流和功率是不变的。因为 $|Z_L| = \dfrac{U_2}{I_2}$，由式(4-9) 和式(4-11) 有

$$|Z_1| = \frac{U_1}{I_1} = \frac{kU_2}{k^{-1}I_2} = k^2|Z_L| \tag{4-12}$$

上式表明，在变比为 k 的变压器的副边接入阻抗为 $|Z_L|$ 的负载，相当于在电源上直接接入一个阻抗为 $|Z_1| = k^2|Z_L|$ 的负载。通过改变变压器的变比 k，就可以达到阻抗变换的目的。

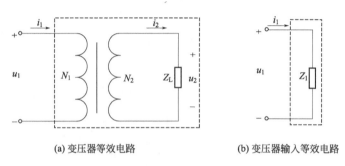

(a) 变压器等效电路　　　　　　　　　　　　(b) 变压器输入等效电路

图 4-12　变压器的阻抗变换

在电子技术中，为了使负载获得最大的输出功率的要求，常用变压器将负载阻抗变换为适当的数值，这种做法称为阻抗匹配，该变压器称为输出变压器。

4.2.3　变压器的外特性及效率

(1) 变压器的外特性

对于用户而言，变压器的副绕组相当于电源，当原绕组外加电压 U_1 不变时，副绕组的端电压 U_2 将随负载电流 I_2 的变化而变化，这种特性称为变压器的外特性，可用曲线 $U_2 = f(I_2)$ 来表示，该曲线称为变压器的外特性曲线，如图 4-13 所示。

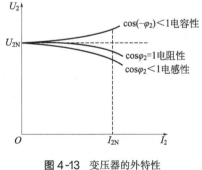

图 4-13　变压器的外特性

当负载为电阻性和电感性时，U_2 随 I_2 的增加而下降，二者相比，感性负载下降得更为明显；当负载为电容性时，U_2 随 I_2 的增加而增加。可见，负载的功率因数对变压器外特性的影响比较大。

变压器副绕组电压 U_2 的变化程度，可以用电压调整率 $\Delta U\%$ 来表示。电压调整率的定义为：变压器由空载到额定负载时副绕组电压的变化程度，即

$$\Delta U\% = \frac{U_{20} - U_{2N}}{U_{20}} \times 100\% \tag{4-13}$$

电压调整率反映了变压器运行时输出电压的稳定性，是变压器的主要性能指标之一。一般变压器，由于漏阻抗比较小，电压调整率不大，约为 $4\% \sim 6\%$。

（2）变压器的效率

变压器运行时，它的实际输出的有功功率 P_2 不仅取决于副边电压 U_2 和电流 I_2，而且与负载的功率因数 $\cos\varphi_2$ 有关，即

$$P_2 = U_2 I_2 \cos\varphi_2$$

变压器输入的有功功率为

$$P_1 = U_1 I_1 \cos\varphi_1$$

式中，φ_1 是原绕组电压 u_1 与电流 i_1 的相位差。

变压器输入功率与输出功率之差（$P_1 - P_2$）就是在能量传递的过程中变压器本身消耗的功率，称为变压器的功率损耗，简称损耗。和交流铁芯线圈一样，变压器的损耗包括铜损 ΔP_{Cu} 和铁损 ΔP_{Fe} 两部分，即

$$P_1 = P_2 + \Delta P_{Cu} + \Delta P_{Fe}$$

铜损 ΔP_{Cu} 与原、副绕组电流有关，随负载的变化而变化，故称可变损耗；铁损 ΔP_{Fe} 与铁芯中交变磁通的幅值 Φ_m 有关，而当电源电压 U_1 和频率 f 一定时，Φ_m 基本不变，因此铁损 ΔP_{Fe} 几乎是固定值，故称固定损耗。

变压器的效率是指变压器的输出功率 P_2 与输出功率 P_1 的比值，记作 η，即

$$\eta = \frac{P_2}{P_1} \times 100\% = \frac{P_2}{P_2 + P_{Cu} + P_{Fe}} \times 100\% \tag{4-14}$$

由于变压器没有转动部分，内部损耗较小，因此它的效率很高，大容量变压器的效率一般可达 95%～98%。

4.3　常见变压器的应用

变压器的种类很多，根据其用途不同分为远距离输配电用的电力变压器、机床控制用的控制变压器、电子设备和仪器供电电源用的电源变压器、焊接用的焊接变压器、平滑调压用的自耦变压器、测量仪表用的互感器及用于传递信号的耦合变压器等。

4.3.1　自耦变压器

普通的双绕组变压器原、副绕组之间只有磁耦合，没有电的直接联系。自耦变压器只有一个绕组，副绕组是原绕组的一部分。与普通变压器不同的是，自耦变压器的原、副绕组之间除了有磁的联系外，还有直接的电的联系。

如图 4-14 所示为自耦变压器的原理图，匝数为 N_1 的原绕组与电源相连，副绕组为原绕组的一部分，匝数为 N_2，与负载相连。自耦变压器的绕组也是绕在闭合的铁芯上，其工作原理与普通变压器是一样的，即

$$\frac{U_1}{U_2} \approx \frac{N_1}{N_2} = k, \quad \frac{I_1}{I_2} \approx \frac{N_2}{N_1} = \frac{1}{k}$$

改变副绕组的匝数 N_2，就可以得所需的电压 U_2。

实验室中常用的调压器就是可改变副绕组的匝数的自耦变压器，如图 4-15 所示。线圈

绕在一个环形的铁芯上，转动手柄时，带动滑动触点以改变副绕组的匝数，实现平滑调压。

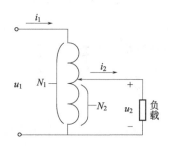

图 4-14　自耦变压器的工作原理

图 4-15　自耦调压器

由于自耦变压器的原、副绕组有直接的电的联系，如果公共部分断开，高电压会直接传到副绕组两端，容易发生事故。因此自耦变压器的变比不宜过大。

使用自耦变压器时要注意：原绕组接电源，副绕组接负载，不能接反，以免烧坏变压器；使用完毕一定要把手柄转回零位。

4.3.2　互感器

专门用来配合测量仪表、控制和保护设备用的变压器，称为仪用变压器，也称仪用互感器。使用互感器可以扩大仪表的量程，使仪表与高压隔离，保证仪表的安全使用。互感器是一种低损耗、变比精确的特殊的小型变压器。按照用途不同，互感器可分为电压互感器和电流互感器两种。

(1) 电压互感器

电压互感器是用于测量高电压的，它实质上是一种变比较大的降压变压器，其作用是可用它扩大交流电压表的量程，将高电压与测量仪表隔离。图 4-16 为电压互感器的原理示意图。

电压互感器的原绕组与被测电路并联，副绕组接电压表。为了防止互感器原、副绕组间因绝缘损坏而造成危险，铁芯及副绕组的一端应接地。由于流过电压表的电流很小，所以电压互感器工作时相当于普通变压器的空载运行，在使用时副绕组电路不允许短路。

通常电压互感器副绕组的额定电压均设计为标准值 100V。因此，在不同电压等级的电路中所用的电压互感器，其变压比是不同的，例如 1000/100、600/100 等。

(2) 电流互感器

电流互感器是一种将大电流变换为小电流的变压器，其工作原理与普通变压器的负载运行相同。图 4-17 为电流互感器的原理示意图。

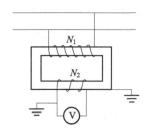

图 4-16　电压互感器的原理示意图

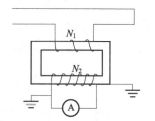

图 4-17　电流互感器的原理示意图

　　电流互感器的原绕组匝数很少，与被测电路串联，流过是被测电流，副绕组匝数比较多，与电流表串联构成闭合回路。由于电流表的阻抗很小，电流互感器的工作状态接近短路。电流互感器是将原边的大电流转换为副边的小电流来使用，使用时副绕组电路不允许开路。另外，与电压互感器一样，为了防止互感器原、副绕组间因绝缘损坏而造成危险，铁芯及副绕组的一端应接地。

　　通常电流互感器副绕组的额定电流均设计为标准值 5A。

4.4　安全用电知识

(1) 触电

　　触电是指人体触及或接近带电导体时，电流通过人体会对人体产生伤害，这种伤害可分为电击和电伤两种。

　　电击是指电流使人体内部器官受到损伤，甚至造成死亡。当人遭到电击时，电流便通过人体内部，会伤害人的心脏、肺部、神经系统等。严重电击会导致人的死亡。电击是最危险的触电伤害，绝大部分触电死亡事故都是由电击造成的。

　　电伤是指在电弧的作用下或熔断器熔断时，飞溅的金属沫等对人体的外部造成的伤害，如烧伤、金属沫溅伤等。电伤的危害虽不及电击严重，但也不可忽视。

　　通过对大量触电事故资料的分析和研究证实，触电所引起的伤害程度与下列因素有关。

　　① 通过人体电流的大小。当工频电流为 0.5～1mA 时，人就有手指、手腕麻或痛的感觉；当电流增至 8～10mA 时，针刺感、疼痛感增强发生痉挛而抓紧带电体，但是可以自行摆脱带电体；当接触电流达到 20～30mA 时，会使人迅速麻痹而不能自行摆脱带电体，同时血压升高，呼吸困难；电流为 50mA 时，就会使人呼吸麻痹，心脏开始颤动，数秒后就可致命。通过人体电流越大，人体生理反应越强烈，病理状态越严重，致命的时间就越短。

　　② 电流通过人体的持续时间。电流通过人体的时间越长后果越严重。这是因为时间越长，人体的电阻就会降低，电流就会增大。同时，人的心脏每收缩、扩张一次，中间有 0.1s 的时间间隙期。在这个间隙期内，人体对电流作用最敏感。所以，触电时间越长，与这个间隙期重合的次数就越多，从而造成的危险也就越大。

　　③ 电流通过人体的路径。当电流通过人体的内部重要器官时，后果就严重。例如通过头部，会破坏脑神经，使人死亡。通过脊髓，会破坏中枢神经，使人瘫痪。通过肺部会使人呼吸困难。通过心脏，会引起心脏颤动或停止跳动而死亡。这几种伤害中，以心脏伤害最为严重。根据事故统计得出：从手到脚，从左手到右手以及从左手到胸部是最危险的路径。

　　④ 电流的种类。电流可分为直流电和交流电。交流电流可分为工频电流和高频电流。这些电流对人体都有伤害，但伤害程度不同。50～60Hz 的工频电流对人体的危害最大。

　　⑤ 触电者的状况。电击的后果与触电者的状况有关，包括健康状况、人体电阻、皮肤是否潮湿、心理状态等。根据资料统计，肌肉发达者、成年人比儿童摆脱电流的能力强，男性比女性摆脱电流的能力强。电击对患有心脏病、肺病、内分泌失调及精神病等患者最危险。

接触 36V 以下的电压时，通过人体（心脏）的电流不会超过 50mA，因此安全电压通常规定为 36V；在潮湿、有导电灰尘、有腐蚀气体的情况下，安全电压则规定为 24V、12V。

（2）常见触电方式

人体常见的触电方式有单相触电、两相触电和跨步电压触电。

① 单相触电　是指人体的某部分在地面或其他接地导体上，另一部分触及电源任一根端线引起的触电。在生活中，单相触电是最常见的。

单相触电的危险程度决定于三相电网的中性点是否接地，一般情况下，接地电网的单相触电比不接地电网的危险性大。如图 4-18 所示。

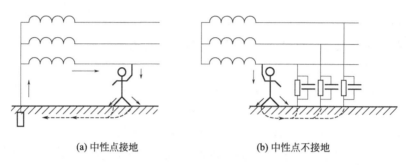

(a) 中性点接地　　　　　　　(b) 中性点不接地

图 4-18　单相触电

图 4-18(a) 为中性点接地电网的单相触电，电流通过人体流经大地回到中性点。图 4-18(b) 为无中线或中性点不接地时的单相触电，此时电流通过人体进入大地，再经过其他两相对地电容或绝缘电阻流回电源，当绝缘不良时，也是有危险的。

② 双相触电　是指人体的不同部分同时接触到两相电源造成的触电，如图 4-19 所示。双相触电时，无论中性点是否接地，电流都会在人体中形成回路。这种触电一般不常见，但危险性却比单相触电大。

③ 跨步电压触电　当带电体接地时有电流流向大地，在以接地点为圆心，半径 20m 的圆面积内形成分布电位。人站在接地点周围，两脚之间（以 0.8m 计算）的电位差称为跨步电压，由此引起的触电事故称为跨步电压触电，如图 4-20 所示。

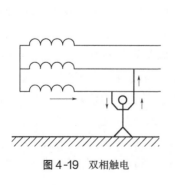

图 4-19　双相触电

图 4-20　跨步电压触电

高压故障接地处，有大电流流过的接地装置附近都可能出现较高的跨步电压。设备或导线的工作电压越高、离接地点越近、两脚距离越大，跨步电压值就越大，一般 10m 以外就没有危险。

人体受到跨步电压作用时，电流沿着人的下身，从一只脚到腿、胯部又到另一只脚与大地形成通路。若跨步电压值较小，危险性就小。若跨步电压值较大，危险性显著增大，甚至在很短时间内就能导致人死亡。此时应尽快将双脚并拢或单脚着地跳出危险区。

(3) 安全措施

为了防止触电事故的发生，工作人员必须严格遵守操作规程，正确安装和使用电气设备或器材。除此之外，还应该采取保护接地、保护接零等安全措施。

① 保护接地　将电气设备的金属外壳与接地体可靠连接，称为保护接地，如图 4-21 所示。

接地装置中，可利用自然接地体，例如铺设于地下的金属水管等。如果自然接地体不符合要求，则采用人工接地体。接地电阻 R_e 不允许超过 4Ω。

保护接地适用于电压小于 1000V、电源中性点不接地的情况。当电气设备绝缘损坏时，由于设备外壳已经接地，接地电阻 R_e 远远小于人体电阻，因此漏电电流主要流入大地，几乎不通过人体，从而避免了人身的触电危险。

② 保护接零　就是将电气设备在正常情况下不带电的金属外壳接到三相四线制电源的中性线（零线）上，如图 4-22 所示。当电气设备某一相的绝缘损坏而与外壳相碰时，就形成单相短路，熔断器熔断而切断电源，从而避免人身触电的危险。

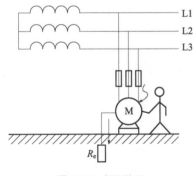

图 4-21　保护接地

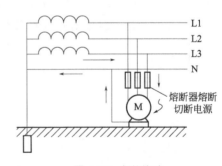

图 4-22　保护接零

需要注意的是，保护接零导线中不允许安装熔断器和开关。为了使保护更为安全可靠，用户端通常将电源中性线重复接地，以防止中性线断开。

在同一电力系统中，不允许一部分设备采用保护接地，一部分设备采用保护接零。因为如果某一保护接地的设备因绝缘损坏发生碰壳短路时，会使采用接零保护的设备外露的可导电部分出现危险的电压，从而导致危险。

习 题

4-1 磁性材料具有哪些磁性能?

4-2 硬磁性材料有哪些特点?

4-3 电机、电器的铁芯为什么用薄硅钢片叠合而不用整块铁芯?

4-4 变压器可以改直流电压吗? 为什么?

4-5 有一交流铁芯线圈接在 $f=50\text{Hz}$ 的正弦电源上, 铁芯中的最大磁通 $\Phi_m=2.75\times10^{-3}\text{Wb}$。在该铁芯上再绕一个 120 匝的线圈, 当此线圈开路时, 试求其两端电压的大小。

4-6 单相变压器的原边接在电压为 3300V 的交流电源上, 空载时, 副边接一只电压表, 其计数为 220V。如果副绕组为 20 匝, 试求: (1) 变压比; (2) 原绕组的匝数。

4-7 一台容量为 10kV·A 的单相变压器, 额定电压为 3300/220V, 试求: (1) 原、副边的额定电流; (2) 若在副边接上 220V、40W 的白炽灯 (纯电阻), 当变压器额定运行时, 可以接多少只?

4-8 一台晶体管收音机的输出端负载阻抗为 200Ω 时, 即可输出最大功率。现负载是一只阻抗为 8Ω 的扬声器, 应该采用变比为多大的输出变压器?

4-9 一台容量为 200 kV·A 的单相变压器, 额定电压为 3300/250V。变压器的铁损为 0.70kW, 额定负载时铜损为 2.20kW。在额定负载时, 向功率因数为 0.85 的负载供电, 副绕组的端电压为 230V。试求: (1) 变压器的效率; (2) 变压器原绕组的功率因数; (3) 该变压器是否可以接入 150kW、功率因数为 0.75 的负载?

4-10 保护接地和保护接零有什么作用? 它们的区别是什么?

第5章
三相异步电动机

电机是利用电磁感应原理实现电能与机械能相互转换的装置。将机械能转换为电能的电机称为发电机，将电能转换为机械能的电机称为电动机。

电动机按使用电源的种类分为交流电动机和直流电动机两大类。由于工农业生产和日常生活中常用的是交流电，因此交流电动机得到了广泛的应用。

交流电动机又分为同步电动机和异步电动机（又称感应电动机）。其中异步电动机结构简单、运行可靠、维护方便、效率较高、价格低廉，是所有电动机中应用最广泛的一种。它通常用来驱动各种金属切削机床、起重机、锻压机、传送带、铸造机械、功率不大的通风机等。

本章主要讨论三相异步电动机的结构、工作原理、特性及使用方法。

5.1　三相异步电动机的结构和工作原理

5.1.1　三相异步电动机的基本构造

三相异步电动机主要由定子和转子两大部分组成。此外，还有端盖、机座、轴承、风扇等部件，如图5-1所示。

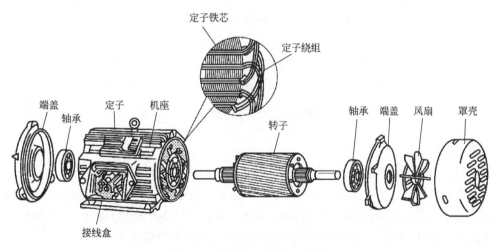

图 5-1　三相异步电动机的主要部件

(1) 定子

定子是电动机的固定部分，主要由定子铁芯、定子绕组和机座等构成。

　　① 定子铁芯　　定子铁芯是电动机的磁路的组成部分。异步电动机的定子铁芯是由 0.5mm 厚的硅钢片叠压制成的，如图 5-2(a) 所示。片间绝缘以减少涡流损耗。定子铁芯内表面均匀分布有与轴平行的槽，如图 5-2(b) 所示。定子铁芯固定在机座上。

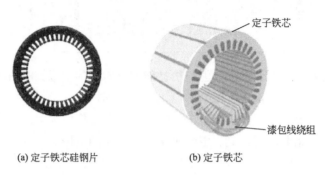

(a) 定子铁芯硅钢片　　　　　　(b) 定子铁芯

图 5-2　定子铁芯

　　② 定子绕组　　定子绕组是电动机的电路部分，由高强度漆包线绕制而成，放置在定子铁芯内表面的槽内。三相异步电动机具有三相对称的定子绕组，称为三相绕组。

　　定子三相绕组的结构完全对称，有 6 个出线端 U_1、U_2，V_1、V_2，W_1、W_2，其中 U_1、V_1、W_1 为首端，U_2、V_2、W_2 为末端，如图 5-3(a) 所示，通过机座外部的接线盒连接到三相电源上。使用时可以根据需要接成星形（Y）或三角形（△），如图 5-3(b) 和图 5-3(c) 所示。

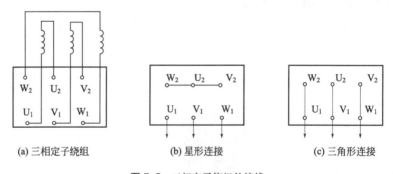

(a) 三相定子绕组　　　　　(b) 星形连接　　　　　(c) 三角形连接

图 5-3　三相定子绕组的接线

(2) 转子

转子是电动机的旋转部分，主要由转子铁芯、转子绕组和转轴等组成。

　　① 转子铁芯　　转子铁芯也是由 0.5mm 厚的涂有绝缘漆的硅钢片叠成圆柱形，并固定在转轴上。转子铁芯的外圆冲有均匀分布的槽，用来放置转子绕组，如图 5-4 所示。

　　② 转子绕组　　根据转子绕组结构的不同分为笼式转子和绕线式转子。

　　图 5-5 所示为笼式转子。笼式转子是在转子铁芯槽内安放铜条，铜条两端分别焊在两个铜环（端环）上，如图 5-5(a) 所示，由于转子绕组的形状像一个笼子，故称其为笼式转子。为了节省铜材料，100kW 以下的中、小型异步电动机一般都将熔化的铝浇铸在转

子铁芯槽中，导条、端环与风扇叶片一次浇铸成形，如图5-5(b)所示。这种转子不仅制造简单，而且坚固耐用。

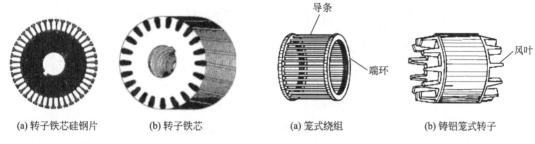

(a) 转子铁芯硅钢片　　(b) 转子铁芯　　　　　　(a) 笼式绕组　　　(b) 铸铝笼式转子

图5-4　转子铁芯　　　　　　　　　　　　图5-5　笼式转子绕组

　　具有笼式转子的异步电动机称为笼式异步电动机。笼式电动机具有结构简单、造价低廉、维护方便的特点，其主要的缺点是调速不方便。随着电子技术的发展，笼式电动机辅助调速的方法也日趋成熟，这使得笼式电动机的应用更为广泛。

　　绕线式转子的绕组和定子绕组相似，但三相绕组连接成星形，三根端线连接到装在转轴上的三个铜滑环上，通过一组电刷与外电路相连接，如图5-6(a)所示。

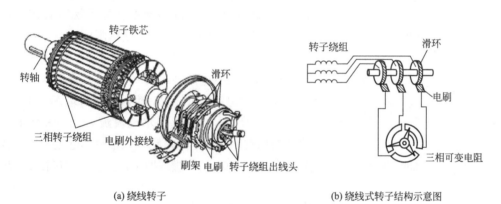

(a) 绕线转子　　　　　　　　　　　(b) 绕线式转子结构示意图

图5-6　绕线式电动机转子

　　具有绕线式转子的异步电动机称为绕线式异步电动机。绕线式异步电动机的特点是：可以通过滑环和电刷，将附加电阻接入转子电路，从而改善启动性能和调节转速，如图5-6(b)所示。由于结构复杂，这种自动机的造价比较贵。在需要大启动转矩时（如起重机械）往往采用绕线式异步电动机。

5.1.2　三相异步电动机的工作原理

(1) 旋转磁场

　　如图5-7(a)所示为三相异步电动机定子绕组的简易模型。定子的对称三相绕组U_1U_2、V_1V_2、W_1W_2放置在定子铁芯的槽内，彼此相隔120°。

　　当三相绕组接成星形时，末端U_2、V_2、W_2连接在一起，首端U_1、V_1、W_1接到三相对称电源上。接通电源后，绕组中便有三相对称电流i_A、i_B、i_C通过，各绕组中电流

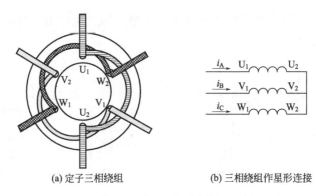

(a) 定子三相绕组　　　　　　　(b) 三相绕组作星形连接

图 5-7　定子三相对称绕组

的正方向是从绕组的首端指向末端，如图 5-7(b) 所示。以 i_A 为参考电流，有

$$i_A = I_m \sin\omega t$$
$$i_B = I_m \sin(\omega t - 120°)$$
$$i_C = I_m \sin(\omega t - 240°) = I_m \sin(\omega t + 120°)$$

三相对称电流的波形如图 5-8 所示，其相序为 A—B—C—A。

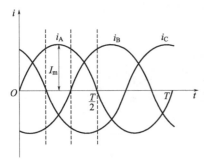

图 5-8　三相电流的波形

当三相对称电流流入定子绕组时，在定子与转子之间的气隙中会产生旋转磁场。为了说明旋转磁场的形成，在图 5-8 中选择几个不同的瞬间进行分析。

① $t=0$（$\omega t=0$）时，$i_A=0$，U_1U_2 绕组中没有电流；$i_B<0$，表示电流由末端 V_2 流入，由首端 V_1 流出；$i_C>0$，表示电流由首端 W_1 流入，由末端 W_2 流出，如图 5-9(a) 所示。图中⊗表示电流流入，⊙表示电流流出。根据右手螺旋定则，此时三相对称电流产生的合磁场方向如图 5-9(a) 中虚线所示，具有一对磁极 N、S。

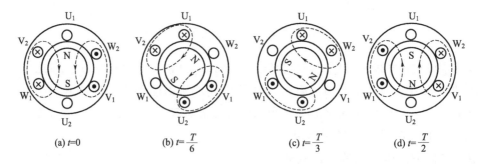

(a) $t=0$　　　(b) $t=\dfrac{T}{6}$　　　(c) $t=\dfrac{T}{3}$　　　(d) $t=\dfrac{T}{2}$

图 5-9　旋转磁场的形成

② $t=T/6$（$\omega t=60°$）时，$i_A>0$，电流由首端 U_1 流入，由末端 U_2 流出；$i_B<0$，表示电流由末端 V_2 流入，由首端 V_1 流出；$i_C=0$，W_1W_2 绕组中没有电流。此时合磁场方向如图 5-9(b) 所示。同 $t=0$ 时刻相比，合磁场沿顺时针方向旋转了 60°，与定子绕组中三相电流电角度的变化相等。

③ $t=T/3(\omega t=120°)$ 时，$i_A>0$，电流由首端 U_1 流入，由末端 U_2 流出；$i_B=0$，V_1V_2 绕组中没有电流；$i_C<0$，表示电流由末端 W_2 流入，由首端 W_1 流出。此时合磁场方向如图 5-9(c) 所示。同 $t=T/6$ 时刻相比，合磁场沿顺时针方向又旋转了 60°。

④ $t=T/2(\omega t=180°)$ 时，$i_A=0$，$i_B>0$，$i_C<0$，合磁场的方向如图 5-9(d) 所示。同 $t=0$ 时刻相比，合磁场沿顺时针方向旋转了 180°。

综上所述，当三相对称的定子绕组通入对称的三相电流时，会在电动机中产生旋转磁场，旋转磁场为一对磁极时，电流变化一个周期，旋转磁场在空间上旋转 360°。

旋转磁场的旋转方向是由流入定子三相绕组中的三相电流的相序决定的。在图 5-10 中，定子三相绕组中通入的是三相正序电流（A—B—C—A），旋转磁场按顺时针方向旋转。因此，在实际应用中，只需把三根电源线中的任意两根对调，改变三相电流的相序，即可使旋转磁场按逆时针方向旋转。

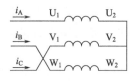

图 5-10　旋转磁场的反转

以上分析的是每相绕组只有一个线圈的情况，产生的旋转磁场具有一对磁极在旋转，用 p 表示磁极对数，则 $p=1$。若把定子铁芯的槽数增加为 12 个，即每相绕组由两个串联的线圈构成，每个线圈空间相隔 60°，如图 5-11(a) 所示，当三相对称电流通过这些线圈时，可形成两对磁极（$p=2$）的旋转磁场，如图 5-11(b) 所示。

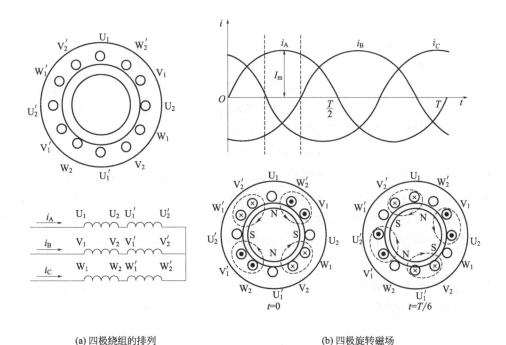

(a) 四极绕组的排列　　　　　　　　(b) 四极旋转磁场

图 5-11　四极电动机的旋转磁场

(2) 旋转磁场的转速

一对磁极的旋转磁场，电流每变化一周，旋转磁场在空间旋转一周，因此旋转磁场每秒的转数等于电流的频率。从图 5-11 可以看，在两对磁极的旋转磁场中，电流每变化一周，旋转磁场在空间旋转半周，即两对磁极的旋转磁场的转速是一对磁极的旋转磁场转速的 1/2。同理可知，对于 p 对磁极的电动机，其旋转磁场的转速是一对磁极的旋转磁场转速的 $1/p$。工频情况下旋转磁场的转速通常指每分钟的转数，则

$$n_0 = \frac{60f_1}{p} \tag{5-1}$$

式中，n_0 为旋转磁场的转速，称为电动机的同步转速，r/min；f_1 为定子电流的频率（交流电源的频率），Hz；p 为电动机（旋转磁场）的磁极对数。

对于一台具体的电动机，磁极对数在制造时已经确定，我国的工频电源频率为 50Hz，因此，同步转速与磁极对数的关系见表 5-1。

表 5-1   同步转速与磁极对数的关系

p	1	2	3	4	5	6
$n_0/(\text{r/min})$	3000	1500	1000	750	600	500

(3) 三相异步电动机的转动原理

当向三相定子绕组中通入对称的三相交流电时，在定子和转子内圆空间就产生了一个同步转速为 n_0、旋转方向与对称三相的相序一致的旋转磁场。由于旋转磁场以 n_0 转速旋转，转子绕组开始时是静止的，故转子绕组将切割定子旋转磁场，从而在转子绕组中产生感应电动势（感应电动势的方向用右手定则判定）。由于转子绕组是闭合的，在感应电动势的作用下，转子绕组中将产生与感应电动势同方向的感应电流而成为载流导体。转子的载流导体在定子磁场中受到电磁力的作用（力的方向用左手定则判定）。电磁力对转子转轴产生电磁转矩，驱动转子以转速 n 沿着旋转磁场方向旋转，如图 5-12 所示。

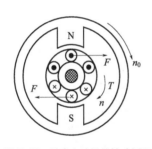

图 5-12   异步电动机的转动原理

异步电动机正常运行时，转子的转速 n 总是小于旋转磁场的转速 n_0，否则的话，定子和转子之间没有相对运动，不能在转子电路中产生感应电动势和感应电流，转子所受的电磁力为零，转子就不能维持正常转动了。可见 $n_0 > n$ 是异步电动机转动的必要条件，也是异步电动机称谓的由来。又因为转子电动势和电流是通过电磁感应产生的，所以异步电动机也叫感应电动机。

异步电动机旋转磁场和转子转速的差值 $(n_0 - n)$ 称为转差。转差与同步转速的比值称这异步电动机的转差率，用 s 表示，即

$$s = \frac{n_0 - n}{n_0} \tag{5-2}$$

转差率是反映电动机运行情况的一个重要物理量，它表示异步电动机的异步程度。转子转速越高，转差率就越小。

当异步电动机接通电源启动的瞬间，$n = 0$，所以 $s = 1$；异步电动机空载运行时，转子转速最大，转差率最小，接近于 0；异步电动机在额定负载运行时，转子转速 n_N 比空

载运行时低，此时的转差率称为额定转差率 s_N，s_N 约 $0.01 \sim 0.07$。

【**例 5-1**】某三相异步电动机，额定转速 $n_N = 720 \text{r/min}$，电源频率 $f = 50 \text{Hz}$，求该电动机的磁极对数 p 及额定转差率 s_N。

【**解**】因为异步电动机的额定转速略低于同步转速，电源频率 $f = 50 \text{Hz}$ 时，由表 5-1 可以得该电动机的同步转速为

$$n_0 = 750 \text{r/min}$$

磁极对数为

$$p = \frac{60f}{n_0} = \frac{60 \times 50}{750} = 4$$

额定转差率为

$$s_N = \frac{n_0 - n_N}{n_0} = \frac{750 - 720}{750} = 0.04$$

5.2　三相异步电动机的电磁转矩和机械特性

电磁转矩是三相异步电动机的重要物理量，机械特性反映了三相异步电动机的运行性能。

5.2.1　三相异步电动机的电路分析

由三相异步电动机的转动原理可知，驱动电动机旋转的电磁转矩是由转子绕组与旋转磁场的磁通相互作用产生的。由异步电动机的结构可知，异步电动机的定子绕组和转子电路之间没有电的联系，是以旋转磁场的磁通为媒介来联系的。这与变压器是相似的，定子绕组相当于变压器的原绕组，转子绕组相当于变压器的副绕组。每相等效电路如图 5-13 所示。

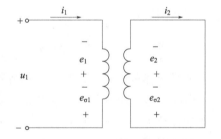

图 5-13　三相异步电动机每相等效电路

（1）定子电路

定子电路每相绕组的电压方程与变压器原绕组一样。若忽略电阻压降和漏磁通，有

$$U_1 \approx E_1 = 4.44 f_1 N_1 \Phi_m \tag{5-3}$$

式中，N_1 为定子每相绕组的匝数；f_1 为电源频率；Φ_m 为通过每相绕组的磁通的最大值。

由式(5-3)可以看出：当三相异步电动机的电源电压 U_1 和频率 f_1 一定时，定子绕组的每极磁通量基本不变。

（2）转子电路

因为转子的转速 n 与旋转磁场的同步转速 n_0 不同，所以转子电路中的感应电动势和感应电流的频率 f_2 与电源频率 f_1 不同，应为

$$f_2 = \frac{p(n_0 - n)}{60} - \frac{n_0 - n}{n_0} \times \frac{pn_0}{60} = sf_1 \tag{5-4}$$

由此可见，转子电路的电流频率 f_2 与定子电路的电流频率 f_1 是不相等的，这是三相异步电动机与变压器的不同之处。转子频率 f_2 与转差率 s 有关，即与转子转速 n 有关。

异步电动机启动瞬间，$n=0$，即 $s=1$，旋转磁场与转子之间的相对转速最大，为同步转速 n_0，旋转磁场的磁通切割转子导体的速度最快，转子电流的频率 $f_2 = f_1$ 最高。异步电动机在额定负载时，s 为 $0.01 \sim 0.07$，这时 f_2 很小，$f_2 = 0.5 \sim 3.5 \text{Hz}$。

转子电路电动势 e_2 的有效值为

$$E_2 = 4.44 f_2 N_2 \Phi_m = 4.44 sf_1 N_2 \Phi_m = sE_{20} \tag{5-5}$$

式中，E_{20} 是 $n=0$，即 $s=1$ 时转子的电动势，$E_{20} = 4.44 f_1 N_2 \Phi_m$。

转子每相绕组是由电阻 R_2 的感抗 X_2（漏磁感抗）组成的，由感抗的定义可知

$$X_2 = 2\pi f_2 L_{\sigma 2}$$

根据式(5-4)，有

$$X_2 = 2\pi sf_1 L_{\sigma 2} = sX_{20} \tag{5-6}$$

式中，$L_{\sigma 2}$ 为转子每相绕组的漏磁电感；X_{20} 是 $n=0$，即 $s=1$ 时转子的漏磁感抗，为 X_2 的最大值，$X_{20} = 2\pi f_1 L_{\sigma 2}$。

由式(5-5) 和式(5-6) 可求得转子电路每相绕组电流的有效值为

$$I_2 = \frac{E_2}{\sqrt{R_2^2 + X_2^2}} = \frac{sE_{20}}{\sqrt{R_2^2 + (sX_{20})^2}} \tag{5-7}$$

由于转子有漏磁通，转子的每相绕组为感性，所以 i_2 比 e_2 滞后 φ_2 的角度，故转子电路的功率因数为

$$\cos\varphi_2 = \frac{R_2}{\sqrt{R_2^2 + X_2^2}} = \frac{R_2}{\sqrt{R_2^2 + (sX_{20})^2}} \tag{5-8}$$

通过上述分析可知，转子电路各物理量的计算与交流电路的计算基本一致，区别在于转子电路的各个物理量都与转差率 s 有关，即与转速 n 有关。只有在 $s=1$ 时，才与交流电路的计算方法相同。而计算异步电动机电路时，多数情况下 $s \neq 1$，这是学习三相异步电动机时需要特别注意的一点。

5.2.2 三相异步电动机的电磁转矩

异步电动机的电磁转矩是由转子电流 I_2 在旋转磁场中受到电磁力作用而产生的。根据安培定律，转子导体在磁场中所受到的电磁力 F，与磁通 Φ 和转子电流 I_2 成正比，即

$$F \propto \Phi I_2$$

电磁转矩是衡量电动机做功能力的物理量，由于转子电流与转子感应电动势之间存在相位差，所以只有转子电流的有功分量 $I_2 \cos\varphi_2$ 才能与旋转磁场相互作用而产生电磁转矩。因此，电动机的电磁转矩为

$$T = K_T \Phi I_2 \cos\varphi_2 \tag{5-9}$$

式中，K_T 为与电动机结构相关的常数，称为转矩常数。将式(5-3)、式(5-5)、式(5-7)及式(5-8) 代入式(5-9) 可得

$$T = KU_1^2 \frac{sR_2}{R_2^2 + (sX_{20})^2} \tag{5-10}$$

式中，K 是与电动机结构和电源频率有关的常数；R_2 和 X_{20} 分别为转子每相绕组的

电阻和转子不动时的感抗，通常也是常数；U_1 为
定子绕组相电压，即外加电源的电压；s 是电动机
的转差率。转矩的单位是牛顿·米（N·m）。

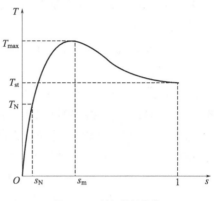

由上式(5-10) 可见，电磁转矩 T 是转差率 s
的函数。在某一 s 值下，又与定子每相电压 U_1 的
平方成正比。

式(5-10) 中，当电源电压 U_1 和频率 f_1 一定
时，K、R_2 和 X_{20} 都为常数，电磁转矩 T 只随转
差率 s 变化。T 随 s 的变化规律可用转矩特性 $T=f(s)$ 来描述，如图 5-14 所示。

图 5-14　转矩特性曲线

5.2.3　三相异步电动机的功率平衡

三相异步电动机由定子绕组输入功率，由转子的转轴输出功率。在机电能量转换过程
中，不可避免地要产生一些损耗。异步电动机的功率传递关系如图 5-15 所示，该图表现
出了电动机把电能转换成机械能的能量转换过程。

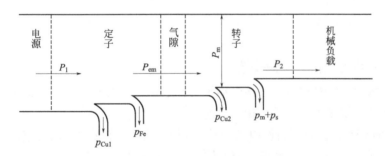

图 5-15　异步电动机的功率传递关系

异步电动机运行时，由电源供给的、从定子绕组输入电动机的功率为 P_1，P_1 的一小
部分消耗在定子绕组的电阻上，为定子的铜耗 p_{Cu1}，又一小部分消耗在定子铁芯中，为铁
耗 p_{Fe}，余下的大部分电功率借助于气隙中的旋转磁场由定子传送至转子，这部分功率就
是异步电动机的电磁功率 P_{em}。故定子侧的功率平衡方程式为

$$P_{em} = P_1 - p_{Cu1} - p_{Fe} \tag{5-11}$$

异步电动机中的电磁功率 P_{em} 传送到转子以后，产生转子电流，在转子绕组的电阻
上又会产生转子铜耗 p_{Cu2}。在气隙旋转磁场传递电磁功率的过程中，与转子铁芯存在着相
对运动，旋转磁场切割着转子铁芯，也应该在转子铁芯中引起铁耗，但实际上由于异步电
动机在正常运行时，转差率很小，转子频率很小，只有 $1 \sim 3$ Hz，转子的铁芯损耗很小，
可忽略不计。因此，电磁功率 P_{em} 去除转子的铜耗 p_{Cu2} 即为转子转轴总的机械功率 P_m，
故转子侧的功率平衡方程式为

$$P_{\mathrm{m}}=P_{\mathrm{em}}-p_{\mathrm{Cu2}} \tag{5-12}$$

由式(5-12)可知，电磁功率也可以表示为

$$P_{\mathrm{em}}=P_{\mathrm{m}}+p_{\mathrm{Cu2}} \tag{5-13}$$

从气隙传递到转子的电磁功率 P_{em} 分为两部分，一小部分为转子铜耗 p_{Cu2}，绝大部分转变为总机械功率 P_{m}。

另外，电动机还有机械损耗 p_{m} 和附加损耗 p_{s}。机械损耗是由于轴承摩擦和通风引起的。附加损耗是由于定子、转子开槽和定子、转子磁动势中的谐波磁动势等产生的损耗，一般不易计算，往往根据经验估算。在小型异步电动机中，满载时 p_{s} 约为输出功率的 $1\%\sim3\%$，而在大型异步电动机中，p_{s} 可取为输出功率的 0.5%。

这样，转子总的机械功率 P_{m} 去除机械损耗 p_{m} 和附加损耗 p_{s}，便是转轴上真正输出的机械功率 P_2，也就是电动机的额定功率。因此，转轴上的功率平衡方程式为

$$P_2=P_{\mathrm{m}}-p_{\mathrm{m}}-p_{\mathrm{s}} \tag{5-14}$$

由式(5-11)、式(5-12)及式(5-13)可得三相异步电动机功率平衡方程式为

$$P_2=P_1-p_{\mathrm{Cu1}}-p_{\mathrm{Fe}}-p_{\mathrm{Cu2}}-p_{\mathrm{m}}-p_{\mathrm{s}} \tag{5-15}$$

可以证明（略），转子铜耗 p_{Cu2} 与电磁功率 P_{em} 的关系为

$$p_{\mathrm{Cu2}}=sP_{\mathrm{em}} \tag{5-16}$$

由上式可知，转子铜耗 p_{Cu2} 与转差率 s 有关，转差率 s 越大，铜耗越大。电动机正常运行时，s 不大，所以铜耗也小。

将式(5-16)代入式(5-13)可得总机械功率与电磁功率的关系

$$P_{\mathrm{m}}=(1-s)P_{\mathrm{em}} \tag{5-17}$$

5.2.4　三相异步电动机的机械特性

三相异步电动机的机械特性是指电动机的转速 n 与电磁转矩 T 之间的关系 $n=f(T)$。机械特性反映了三相异步电动机的运行性能。

机械特性曲线可以由转矩特性曲线得到：根据转速 n 与转差率 s 的对应关系，将图 5-14 所示的转矩特性中的转差率 s 换成相应的转速 n，再将 T 轴平移至 $n=0(s=1)$ 处，然后将坐标轴和曲线顺时针旋转 $90°$，即可得到如图 5-16 所示的三相异步电动机的机械特性曲线。

(1) 三个重要的转矩

如图 5-16 所示的三相异步电动机的机械特性曲线上，有三个重要的转矩 T_{N}、$T_{\max}$ 和 T_{st}。

① 额定转矩 T_{N}　三相异步电动机的额定转矩 T_{N} 是电动机带额定负载运行时输出的电磁转矩，反映了电动机带额定负载时的运行情况。

因为功率等于相应的转矩与机械角速度的乘积，所以由式(5-14)可得

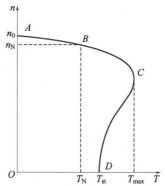

图 5-16　机械特性曲线

$$\frac{P_2}{\Omega}=\frac{P_{\mathrm{m}}}{\Omega}-\frac{p_{\mathrm{m}}+p_{\mathrm{s}}}{\Omega}$$

上式可表示为

$$T = T_2 + T_0 \tag{5-18}$$

式中，$T = P_m / \Omega$ 为电磁转矩；$T_2 = P_2 / \Omega$ 为输出转矩；$T_0 = (p_m + p_s) / \Omega$ 为与负载无关的空载转矩；$\Omega = 2\pi n / 60$ 为转子的机械角速度。

通常空载转矩 T_0 很小，可以略，故有

$$T \approx T_2 = \frac{P_2}{\Omega}$$

式中，P_2 为三相异步电动机转轴输出的机械功率，W；电磁转矩的单位为 N·m；角速度的单位为 rad/s。如果功率以 kW 为单位，可得

$$T = \frac{P_2}{\Omega} = \frac{P_2 \times 1000}{\dfrac{2\pi n}{60}} = 9550 \frac{P_2}{n} \tag{5-19}$$

当三相异步电动机处于额定运行状态时，额定转矩 T_N 为

$$T_N = 9550 \frac{P_{2N}}{n_N} \tag{5-20}$$

式中，P_{2N} 为三相异步电动机的额定输出功率，kW；n_N 为电动机的额定转速，r/min。

② 最大转矩 T_{max}　转矩特性曲线中电磁转矩的最大值 T_{max} 称为最大转矩或临界转矩。电动机运行时，一般允许电动机的负载转矩在短时间内高于其额定转矩，但是不能超过最大转矩。因此，最大转矩反映了三相异步电动机的过载能力，用过载系数 λ_m 表示为

$$\lambda_m = \frac{T_{max}}{T_N} \tag{5-21}$$

通常三相异步电动机的过载系数约为 1.8～2.0。

电动机具有一定的过载能力，目的是给电动机的运行留有余地，使电动机在运行时突然受到冲击性负载的情况下，不会因电动机的转矩低于负载转矩而发生停机事故，保证电动机运行的稳定性。

③ 启动转矩 T_{st}　三相异步电动机开始启动的瞬间（$n = 0$）的电磁转矩称为启动转矩 T_{st}，电动机的启动转矩必须大于负载转矩才能启动，因此，启动转矩反映了电动机的启动能力，用启动系数 λ_{st} 表示为

$$\lambda_{st} = \frac{T_{st}}{T_N} \tag{5-22}$$

通常三相异步电动机的启动系数为 0.8～2.0。

(2) 三相异步电动机的机械特性分析

三相异步电动机的机械特性是一条非线性曲线，一般情况下，以最大转矩（或临界转差率）为分界点，AC 段为稳定运行区，CD 段为不稳定运行区。

设三相异步电动机的负载转矩为 T_L，当电动机接通电源后，只要启动转矩 T_{st} 大于负载转矩 T_L，电动机便由静止开始旋转，并在电磁转矩 T 的作用下加速。由图 5-16 可见，DC 段的电磁转矩随着转速的增加而逐渐增大，直至达到 C 点，此时电磁转矩为最大

转矩 T_{max}。过 C 点后，随着转速 n 的继续增加电磁转矩 T 沿 CA 段逐渐减小，最终，当电磁转矩 T 与负载转矩 T_L 相等时，电动机就以恒定转速稳定运行。

若在电动机稳定运行时由于某些原因负载增加，负载转矩大于此时的电磁转矩，则电动机将会沿 AC 段减速，电磁转矩 T 随着转速 n 的下降而增加，当电磁转矩与负载转矩再次相等达到新的平衡时，电动机就以新的、比原来稍低的转速稳定运行。同理，若负载转矩变小，电动机将会沿 AC 段加速，最终电动机会以比原来稍低的转速稳定运行。

由上述分析可知，在机械特性曲线的 AC 段，当负载发生变化时，电动机可自动调节电磁转矩的大小以适应负载转矩的变化，使电动机能够保持稳定的运行，这就是 AC 段称为稳定运行区的原因。

如果从电磁转矩变化时电动机的转速变化很小，就称该电动机具有硬机械特性，显然三相异步电动机的稳定运行区具有硬机械特性。

若在电动机稳定运行时负载转矩增大过多，导致负载转矩超过了最大转矩 T_{max}，由图 5-16 可见，电动机运行越过 C 点进入 CD 段。在 CD 段，随着电磁转矩 T 随着转速 n 的下降而减小，而 T 的减小进一步促使转速下降，不再有 $T=T_L$ 的稳定运行状态出现，电动机转速很快下降至零，使电动机处于堵转状态。此时由于电源没有切断，导致定子电流急剧增加，可达到额定电流的 5～7 倍，若不及时切断电源，会烧坏电动机。所以在机械特性曲线的 CD 段，电动机不能稳定运行。

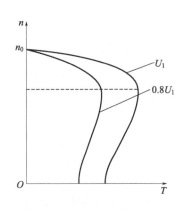

图 5-17 电源电压对机械特性的影响

由三相异步电动机电磁转矩表达式（5-10）可知，当转差率 s 一定时，电磁转矩 T 与电源电压 U_1 的平方成正比，即

$$T \propto U_1^2$$

电源电压有效值的微小变化，会引起电磁转矩的很大变化。当电源电压降低时，电磁转矩会大幅度降低。电压对机械特性曲线的影响如图 5-17 所示。

由图 5-17 可知，当电动机的负载转矩一定时，由于电源电压降低，电磁转矩快速下降，会使电动机带不动原有的负载，导致转速下降，电流增大。如果电源电压下降过多，会使负载转矩高于最大转矩 T_{max}，导致电动机堵转。

【例 5-2】某三相异步电动机，其额定功率 $P_N = 45\text{kW}$，额定转速 $n_N = 1480\text{r/min}$，$\lambda_m = 2.2$，$\lambda_{st} = 1.9$。试求这台电动机的额定转矩 T_N，启动转矩 T_{st} 和最大转矩 T_{max}。

【解】由式（5-20）可得

$$T_N = 9550 \frac{P_N}{n_N} = 9550 \times \frac{45}{1480} = 290.4(\text{N} \cdot \text{m})$$

$$T_{st} = \lambda_{st} T_N = 1.9 \times 290.4 = 551.8(\text{N} \cdot \text{m})$$

$$T_{max} = \lambda_m T_N = 2.2 \times 290.4 = 638.9(\text{N} \cdot \text{m})$$

5.3　三相异步电动机的启动、调速和制动

5.3.1　三相异步电动机的启动方法

三相异步电动机接通电源后，转速从零开始增加至稳定转速的过程称为启动。三相异步电动机的启动性能用启动电流 I_{st} 和启动转矩 T_{st} 来衡量。为了减小启动时供电线路的电压降，缩短启动时间，要求电动机在启动时要有足够大的启动转矩和较小的启动电流，但实际情况正好相反。

在启动开始的瞬间，电动机的转速 n 为零，转子切割定子旋转磁场磁力线的速度最大，转子电路中产生的感应电动势和转子电流很大，因此定子绕组的电流，即启动电流 I_{st} 也很大，一般是电动机额定电流的 4~7 倍。

刚启动时，虽然转子电流较大，但转子的功率因数 $\cos\varphi_2$ 却很低，启动转矩并不大。如果启动转矩过小，就不能在满载下启动。

为了改善三相异步电动机的启动性能，必须采用适当的启动方法，在启动转矩大于负载转矩的同时，尽量减小启动电流。

(1) 笼式三相异步电动机的启动

① 直接启动　也叫全压启动。启动将全部电源电压（即全压）直接加到异步电动机的定子绕组，使电动机在额定电压下进行启动。

直接启动的优点是不需要专门的设备，简单、方便、经济、启动过程快。但直接启动的启动转矩小、启动电流大，可能影响同一电网上其他负载的正常工作。

直接启动适用于中小型笼式三相异步电动机。一般情况下，异步电动机的功率小于 7.5kW 时允许直接启动。如果功率大于 7.5kW，而电源总容量对于电动机的功率足够大时，电动机也可允许直接启动。

② 降压启动　降压启动是在启动时先降低电动机定子绕组上的电压，以减小启动电流。待电动机转速接近稳定转速时，再把电压恢复到额定值。降压启动虽然能够减小启动电流，但是同时启动转矩也会减小。因此，降压启动方法一般只适用于轻载或空载情况。传统降压启动的方法很多，常用的有以下几种方法。

a. 星形-三角形（Y-△）换接启动　Y-△换接启动法是在电动机启动时，定子绕组为星形（Y）接法，当电动机转速上升至接近额定转速时，将定子绕组切换为三角形（△）接法，使电动机进入正常运行的一种启动方式。这种降压启动方法，仅适用于正常运行时定子绕组接法为三角形的电动机。

图 5-18 为 Y-△换接启动法的原理图。启动时，闭合

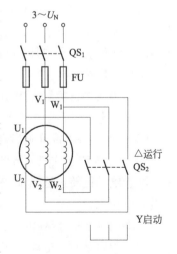

图 5-18　Y-△换接启动

QS_1 接通电源，然后将双向开关 QS_2 投向下方"启动"位置，三相异步电动机的定子绕组接成星形，当电动机的转速接近额定转速时，将 QS_2 迅速投向上方"运行"位置，定子绕组在额定电压下正常运行。

根据三相交流电路的知识可以证明，Y-△换接启动时的启动电流（线电流）和启动转矩为直接启动时的1/3。可见，采用 Y-△换接启动，启动电流减小的同时，启动转矩也减小了。因此，Y-△ 换接启动法适合于电动机空载或轻载启动的场合。

Y-△ 换接启动法的优点是设备简单、成本低、控制方便。目前生产的 Y 系列功率在 4～100kW 的笼式三相异步电动机，其定子绕组的规定接法一般为△形接法，所以均可采用 Y-△降压启动。

b.自耦降压启动　自耦降压启动法就是在电动机启动时，电源通过自耦变压器降压后接到电动机上，待转速上升至接近额定转速时，将自耦变压器从电源切除，而使电动机直接接到电网上，转化为正常运行的一种启动方法。

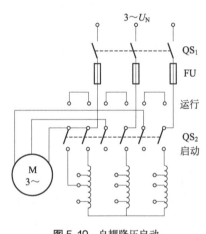

图 5-19 所示为自耦降压启动的原理图。自耦变压器线圈接成星形，启动时，闭合 QS_1 接通电源，然后将 QS_2 投向下方"启动"位置，自耦变压器的低压抽头将降压后的三相电压接入电动机的三相定子绕组。当转速接近额定值时，再将 QS_2 迅速投向上方"运行"位置，切断自耦变压器电源，电动机在额定电压下运行。自耦变压器的副绕组一般有 73%、64%、55%（或 80%、60%、40%）额定电压的三组抽头，可根据对启动电流和启动转矩的需要进行选择。

图 5-19　自耦降压启动

若自耦变压器的变比为 k，与直接启动相比，采用自耦变压器启动时，其定子绕组的启动线电流和启动转矩都为直接启动的 $1/k^2$。

自耦降压启动法不受电动机绕组接线方式（Y 接法或△接法）的限制，适用于容量较大的低压笼式三相电动机作减压启动用，应用非常广泛，有手动及自动控制线路。自耦降压启动方法的优点是电压抽头可供不同负载启动时选择；缺点是质量大、体积大、价格高、维护检修费用高。

（2）绕线式三相异步电动机的启动

绕线式电动机启动可在转子回路中串电阻，这样就减小了启动电流。

① 转子回路串接电阻启动：一般采用启动变阻器启动。

图 5-20 为绕线式三相异步电动机的启动线路示意图。启动时全部电阻串入转子电路中，随着电动机转速逐渐加快，利用控制器逐级切除启动电阻，最后将全部启动电阻从转子电路中切除。

② 转子回路串接频敏变阻器启动：频敏变阻器的电阻随转子绕组中所通过的电流频率而变。刚启动时，电动机转差率最大，转子电流频率最高，等于电源频率。因此，频敏变阻器的电阻最大，这就相当于启动时在转子回路中串接一个较大电阻，从而使启动电流

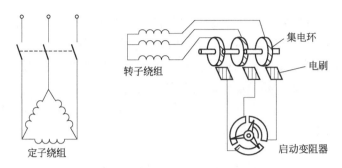

图 5-20　绕线式电动机的启动线路

减小。随着电动机转速的加快，转子电流频率逐渐降低，频敏变阻器电阻也逐渐减小，最后把电动机的转子绕组短接，频敏变阻器从转子电路中切除。

5.3.2　三相异步电动机的调速方法

在三相异步电动机运行时，为了适应生产工艺的要求，往往需要在负载不变的情况下，改变电动机的运行速度，这一过程称为调速。

由式(5-2) 可知

$$n = (1-s)n_0 = (1-s)\frac{60f_1}{p}$$

由上式可知，三相异步电动机的速度由磁极对数 p、转差率 s 和电源频率 f_1 决定，改变三者中的一个，就可以改变电动机的转速。

(1) 变极调速

变极调速是通过改变定子绕组的磁极对数来实现转子转速调节的调速方法。如图 5-21 所示，为变极调速原理示意图。

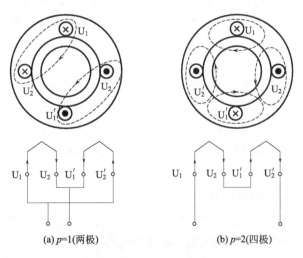

(a) $p=1$(两极)　　　　　　　　(b) $p=2$(四极)

图 5-21　变极调速原理

图 5-21 中，定子绕组由两个相同的线圈（U_1U_2 和 $U_1'U_2'$）构成。图 5-21(a) 为两线圈反并联，旋转磁场为两极（一对磁极），转子的转速为 $n = 60f_1/p = 60f_1$。图 5-21(b) 为两

线圈串联，旋转磁场为四极（两对磁极），转子的转速为 $n=60f_1/2$。由此可见，改变磁极对数的方法就是改变定子绕组的接线方式，使每相定子绕组中的一半绕组的电流方向改变。

变极调速方法只适用于笼式三相异步电动机，对绕线式的不适用。因为绕线式异步电动机在转子嵌线时磁极数已经确定，一般很难改变。

变极调速时，由于磁极对数是成整数倍的变化，转速也是成整数倍的变化，因此变频调速为有级调速。因为变极调速经济、简便，因而在金属切削机床中应用广泛。

（2）变频调速

变频调速是通过改变定子电源的频率来改变同步频率实现电动机调速的。

异步电动机的转速 n 可以表示为

$$n=\frac{60f_1(1-s)}{p}=\frac{60f_1}{p}-\frac{60f_1}{p}s=n_0-\Delta n$$

式中，n_0 为同步转速；Δn 为由于转差而损失的转速；p 为磁极对数；s 为转差率；f_1 为电源的频率。可见，改变电源频率就可以改变同步转速和电动机转速。

由于频率的下降会导致磁通的增加，造成磁路饱和，使励磁电流增加，功率因数下降，铁芯和线圈过热。为此，要在降低频率的同时还要降压，即要求频率与电压协调控制。此外，在许多场合，为了保持在调速时，电动机产生最大转矩不变，就需要维持磁通不变，这也要由频率和电压协调控制来实现。因此，变频调速实际上是可变频率可变电压调速。

图 5-22　变频调速

实现变频调速的装置称为变频器。变频器主要由整流器和逆变器构成。变频调速的原理如图 5-22 所示。频率为 50Hz 的三相交流电源通过整流器，变换成幅值基本固定的直流电压加在逆变器上，经逆变器变换为频率和电压均可调节的三相交流电，供给笼式三相异步电动机。

变频调速属于无级调速，可实现大范围无级平滑调速，调速性能优异，因而得到越来越广泛的应用。

（3）变转差率调速

绕线式电动机在转子绕组中串入调速电阻，改变电阻的大小，可改变转差率 s，实现平滑调速。

变转差率调速是绕线式电动机特有的一种调速方法。其优点是调速平滑、设备简单投资少，缺点是能耗较大，这种调速方式适用于小范围无级调速，广泛应用于各种提升、起重设备中。

5.3.3　三相异步电动机的制动方法

三相异步电动机切除电源后由于惯性不会立即停止转动，需要继续转动一段时间才能慢慢停下来。但有些生产机械要求能迅速而准确地停车，这时就要求对电动机进行制动控制。三相异步电动机的制动方法有两类：机械制动和电气制动。

机械制动是利用机械装置使电动机从电源切断后能迅速停转。电气制动是给电动机加上一个与它自身旋转方向相反的转矩，使电动机停止转动。这个与电动机旋转方向相反的转矩称为制动转矩。三相异步电动机常用的电气制动控制方法有以下几种。

(1) 能耗制动

三相异步电动机能耗制动时，在断开定子绕组三相交流电源的同时，给定子的任意两相绕组通入直流电流，如图 5-23 所示。直流电流形成的固定磁场与旋转着的转子作用，产生与转子旋转方向相反的制动转矩，使转子迅速停止转动。这种制动方法实质上是将电动机转轴上的转动动能转变为电能，被转子回路中的电阻所消耗，所以称为能耗制动。制动结束后要及时切断直流电源。

能耗制动的特点是制动平稳、准确、能量消耗小，但需要提供直流电源。常用于铣床、龙门刨床及组合机床的主轴定位等。

(2) 反转制动

反接制动是在停车时，将接入电动机的三相电源线中的任意两相对调，利用改变电源相序，使电动机定子产生一个与转子转动方向相反的旋转磁场，从而获得所需的制动转矩，使转子迅速停止转动，如图 5-24 所示。当电动机的转速接近零时，必须立即切断电源，以免造成电动机的反转。

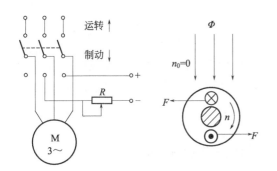

图 5-23 三相异步电动机的能耗制动

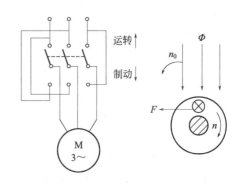

图 5-24 三相异步电动机的反转制动

反接制动的特点是设备简单、停车迅速，但能量损耗大、冲击强烈、准确度不高。常用于各种铣床的主轴制动。

(3) 发电反馈制动

发电反馈制动是指电动机正常运行时，由于某种原因（如起重机械下放重物、电动机车下坡时），使得电动机的转速大于旋转磁场的同步转速，这时重物拖动转子，转速大于同步转速，转子相对于旋转磁场改变运动方向，转子感应电动势、转子电流和转矩的方向都发生了改变，电磁转矩方向与转子转动方向相反，成为制动转矩。转子受到制动转矩的作用，使得重物匀速下降。在上述过程中电动机将势能转换成电能回馈给电网，因此称为发电反馈制动。

5.4 三相异步电动机的铭牌

每一台电动机的机座上都安装有一块铭牌，铭牌上标注有该电动机的主要性能技术数据，为了正确选择、使用和维护电动机，必须熟悉这些铭牌数据的含义。如图 5-25 所示，为 Y160M-6 型三相异步电动机的铭牌数据。

	三相异步电动机	
型号 Y160M-6	功率 7.5kW	频率 50Hz
电压 380V	电流 17A	接法 △
转速 970r/min	绝缘等级 B	工作方式 连续
年　月	编号	××电机厂

图 5-25　Y160M-6 型电动机的铭牌

(1) 型号

型号用来表明电动机的系列、几何尺寸和极数。由汉语拼音字母、国际通用符号和阿拉伯数字组成。例如

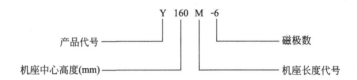

产品代号中，Y 表示笼式三相异步电动机，YR 表示绕线式异步电动机，YB 表示防爆异步电动机，YQ 表示高启动转矩异步电动机；机座长度代号中，S 表示短机座，M 表示中机座，L 表示长机座；磁极数为 6 表示 6 极电动机，即电动机的磁极对数 $p=3$。

(2) 额定电压和接法

额定电压指电动机定子绕组按铭牌上规定的接法连接时应加的线电压值，用 U_N 表示。接法指电动机定子三相绕组的连接方法。

三相异步电动机功率在 4kW 以上均采用三角形连接，以便采用 Y-△换接启动。3kW 以下有 380V 和 220V 两种线电压，写成 380/220V，对应接法有两种，即 Y/△。表示电源线电压为 380V 时，定子绕组接成星形；电源线电压为 220V 时，定子绕组接成三角形。

一般规定，电动机的运行电压不高于或低于额定值的 5%。

(3) 额定电流

额定电流指电动机在额定运行情况下，定子绕组取用的线电流值，用 I_N 表示。

(4) 额定转速

额定转速为电动机在额定运行状态时的转速，用 n_N 表示，单位为 r/min。

(5) 额定功率和效率

额定功率为电动机在额定状态下运行时，转子轴上输出的机械功率，用 P_N 或 P_{2N} 表示，单位为 kW。

额定功率不等于电动机额定运行时从电源吸取的电功率，即电源输入功率 P_{1N}。二者的差值为电动机的损耗。

电动机的输出机械功与输入电功率之比，称为电动机的效率，用 η 表示，即

$$\eta = \frac{P_N}{P_{1N}} \times 100\% \tag{5-23}$$

对三相异步电动机，其输入功率为

$$P_{1N} = \sqrt{3}U_N I_N \cos\varphi_N \tag{5-24}$$

式中，$\cos\varphi_N$ 为额定运行时电动机定子绕组的功率因数。由于存在较大的空气隙，所以三相异步电动机的功率因数较低，空载和轻载时约为 0.2～0.3，额定负载时约为 0.7～0.9。

(6) 额定频率

额定频率是指电动机定子绕组所加交流电源的频率。我国电力网的频率为 50Hz，因此国内使用的三相异步电动机的额定频率为 50Hz。

(7) 绝缘等级和温升

绝缘等级是按电动机绕组所用的绝缘材料在使用时容许的最高温度来分级的。我国规定的标准环境温度为 40℃，电动机运行时因发热而升温，容许的最高温度与标准环境温度之差称为额定温升。电动机绝缘等级的分级和额定温升见表 5-2。

表 5-2　电动机的绝缘等级的分级和额定温升

绝缘等级	A	E	B	F	H	C
最高允许温度/℃	105	120	130	155	180	>180
额定温升/℃	65	80	90	115	140	>140

(8) 运行方式

工作方式即电动机的运行方式。按负载持续时间的不同分成三种工作方式：

连续运行：可在额定功率下持续运行，温升可达稳定值，代号为 S1。

短时运行：可在规定的短时间内额定运行，温升未达稳定值就停止工作，代号为 S2。

断续运行：电动机以周期性工作与停止的方式运行，代号为 S3。吊车和起重机械的拖动多为这种工作方式。

【例 5-3】 一台三相异步电动机，定子绕组△形连接，其额定数据为：$P_N = 11\text{kW}$，$n_N = 1460\text{r/min}$，$U_N = 380\text{V}$，$\eta_N = 88.0\%$，$\cos\varphi_N = 0.84$，$I_{st}/I_N = 7.0$，$\lambda_{st} = 2.0$。

试求：(1) 额定电流 I_N 和启动电流 I_{st}；(2) 额定转矩 T_N 和启动转矩 T_{st}；(3) 用 Y-△换接启动时的启动电流和启动转矩；(4) 分析当负载转矩为额定转矩的 30% 时，电动机能否采用 Y-△换接启动。

【解】 (1) 电动机的输入功率为

$$P_{1N} = \frac{P_N}{\eta_N} = \frac{11}{0.88} = 12.5(\text{kW})$$

则额定电流为

$$I_N = \frac{P_{1N}}{\sqrt{3}U_N\cos\varphi_N} = \frac{12.5\times10^3}{\sqrt{3}\times380\times0.84} = 22.6(\text{A})$$

$$I_{st} = 7I_N = 158.2(\text{A})$$

(2) 由式(5-20) 得额定转矩为

$$T_N = 9550\frac{P_N}{n_N} = 9550\times\frac{11}{1460} = 71.95(\text{N·m})$$

$$T_{st} = \lambda_{st}T_N = 2.0\times71.95 = 143.9(\text{N·m})$$

（3）用 Y-△换接启动时，启动电流和启动转矩均为直接启动的 1/3，则有

$$I_{stY} = \frac{1}{3}I_{st} = \frac{158.2}{3} \approx 52.7(A)$$

$$T_{stY} = \frac{1}{3}T_{st} = \frac{143.9}{3} \approx 47.97(N \cdot m)$$

（4）当负载转矩为额定转矩的 30% 时

$$T_L = 0.3T_N \approx 21.59(N \cdot m)$$

$$T_{stY} = 47.97N \cdot m > T_L$$

因此可以采用 Y-△换接启动。

习　题

5-1　三相异步电动机的同步转速与哪些因素有关？

5-2　如何改变三相异步电动机的转向？

5-3　电磁转矩与电源电压之间的关系如何？电动机在一定负载下运行，电源电压因故降为额定值的 80%，电动机的电磁转矩和转速将有何变化？

5-4　一台三相异步电动机在额定状态下运行，试分析以下两种情况下电动机的转速和电流的变化：（1）电压升高；（2）负载增大。

5-5　三相异步电动机断了一根电源线后，为什么不能启动？而在电动机运行时断了一根电源线为什么能继续转动？上述两种情况对电动机有什么影响？

5-6　一台四极三相异步电动机，电源电压的频率为 50Hz，满载时电动机的转差率为 0.02。试求电动机的同步转速、转子转速和转子电流频率。

5-7　一台三相异步电动机，额定功率为 7.5kW，额定电压为 380V，频率为 50Hz，额定转速为 975r/min，定子绕组为△接法，额定电流为 16A。定子的铜耗为 480W、铁耗为 275W，机械损耗为 145W。试求额定运行时电动机的转差率、效率及定子绕组的功率因数。

5-8　一台三相异步电动机，其铭牌数据如表 5-3 所示。

表 5-3　习题 5-8 表

P_N/kW	$n_N/(r/min)$	U_N/V	$\eta_N/\%$	$\cos\varphi_N$	I_{st}/I_N	T_{st}/T_N	T_{max}/T_N	接法
40	1470	380	90	0.9	6.5	1.2	2.0	△

试求：

（1）磁极对数 p，额定转差率 s_N；

（2）额定转矩 T_N，启动电流 I_{st}；

（3）当负载转矩为 225N·m 时，试问在电源电压为 U_N 和 $0.8U_N$ 两种情况下电动机能否直接启动？

（4）采用 Y-△换接启动时的启动转矩和启动电流；

（5）当负载转矩为额定转矩的 70% 和 30% 两种情况下，电动机能否采用 Y-△换接启动？

5-9　三相异步电动机常用的制动方法有哪几种？共同特点是什么？

CHAPTER6

第6章
常用控制电器与电气控制技术

常用电器泛指所有用电的器具，从专业角度上来讲，主要指用于对电路进行接通、分断，对电路参数进行变换，以实现对电路或用电设备的控制、调节、切换、检测和保护等作用的电气装置、设备和元件。但现在这一名词已经广泛地扩展到民用角度，从普通民众的角度来讲，主要是指家庭常用的一些为生活提供便利的用电设备，如电视机、空调、冰箱、洗衣机、各种小家电等。电器是总称，电是指交流电、直流电、高压电、低压电。

6.1 常用控制电器

常用控制电器主要针对低压电器，通常是指工作在直流电压1500V、交流电压1200V及以下的电路中的电气设备。按照不同分类方法可以对常用控制电器进行分类。

首先，按照不同用途，可以把常用电器分为配电器和控制器两类，配电器主要指刀开关、空气开关、按钮开关、熔断器等，控制器则包括接触器、各种继电器、启动器等。其次，按工作原理可以分为状态电器（双稳态）和暂态电器（单稳态），状态电器主要指闸刀开关、组合开关、空气开关等，暂态电器主要包括熔断器、接触器、各种继电器、按钮开关、行程开关等。最后，按操作方式可分为非自动电器（机械控制）和自动电器（电气控制）两大类，非自动电器包括刀开关、组合开关、按钮开关、行程开关等，自动电器包括熔断器、接触器、各种继电器、空气开关等。下面分别对几种常用的控制电器进行说明。

6.1.1 刀开关

刀开关是一种带刀刃形触点的开关电器。主要作电路中隔离电源用，或作为不频繁地接通和分断额定电流以下的负载用。刀开关处于断开位置时，可明显观察到，能确保电路检修人员的安全。

刀开关通常由绝缘底板、动触刀、静触座、灭弧装置和操作机构组成。只作为电源隔离用的刀开关则不需要灭弧装置。用于电解、电镀等设备中的大电流刀开关的额定电流可高达数万安。这类刀开关一般采用多回路导体并联的结构，并可用水冷却的方式散热来提高刀开关导体所能承载的电流密度。

刀开关在电路中要求能承受短路电流产生的电动力和热的作用。因此，在刀开关的结构设计时，要确保在很大的短路电流作用下，触刀不会弹开、焊牢或烧毁。对要求分断负载电流的刀开关，则装有快速刀刃或灭弧室等灭弧装置。

刀开关有不同的分类方式，按操作方式可分为手柄直接操作式刀开关和杠杆式刀开关。按极数分有单极、双极、三极三种，每种又有单投和双投之分，图 6-1 为单极、双极、三极三种不同类型的刀开关分类示意图。

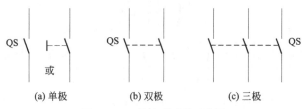

(a) 单极   (b) 双极   (c) 三极

图6-1   刀开关极数分类示意图

刀开关根据闸刀的构造，可分为胶盖开关、铁壳开关和隔离开关三种。

（1）胶盖开关

胶盖开关实物如图 6-2 所示，这种开关的主要特点是容量小，常用的有 15A、30A，最大为 60A；没有灭弧能力，容易损伤刀片，只用于不频繁操作的照明电路前端和容量小于 3kW 的电机控制，还可作电源的隔离开关使用，其构造简单，价格低廉。

图6-2   胶盖开关实物图

胶盖开关主要由操作手柄、刀刃、刀夹和绝缘底座组成，内装有熔丝。它常用于分隔电弧和遮挡由于电弧引起的金属飞溅，保证人的安全。

选用时，用于照明电路时可选用额定电压 220V 或 250V，额定电流大于或等于电路最大工作电流的两极开关。用于电动机的直接启动，可选用 U_N 为 380V 或 500V，额定电流等于或大于电动机额定电流 3 倍的三极开关。

安装与操作时注意胶盖开关必须垂直安装在控制屏或开关板上，不能倒装。即接通状态时手柄朝上，否则有可能在分断状态时闸刀开关松动落下，造成误接通。安装接线时，闸刀上桩头接电源，下桩头接负载，接线时进线和出线不能接反，否则在更换熔断丝时会发生触电事故。

操作时不能带重负载，因为胶盖开关不设专门的灭弧装置，它仅利用胶盖的遮护防止电弧灼伤。如果要带一般性负载操作，动作应迅速使电弧较快熄灭，一方面不易灼伤人手，另一方面也减少电弧对动触点和静夹座的损坏。

（2）铁壳开关

铁壳开关又称为封闭式负荷开关，它由刀开关、熔断器和速断弹簧等组成，装在有钢板防护的外壳内，其实物如图 6-3 所示。

开关采用侧面手柄操作，并设有机械联锁装置，刀开关合闸时，箱盖不能打开保证了用电安全。手柄与底座间的速断弹簧使开关通断动作迅速，灭弧性能好。封闭式负荷开关能工作于粉尘飞扬的场所。铁壳开关常用规格有：10A、15A、20A、30A、60A、100A、200A、300A、400A 等。

（3）隔离开关

隔离开关是由动触点（活动刀刃）、静触点（固定触点或刀嘴）所组成。隔离开关实物如图 6-4 所示。

图 6-3　铁壳开关实物图

图 6-4　隔离开关实物图

隔离开关的主要用途是保证电气设备检修工作的安全。隔离开关没有灭弧装置，不能断开负荷电流和短路电流。只能用来切断电压，不能用来切断电流。注意：在建筑工地的施工临时用电的低压配电箱中，必须安装隔离开关。

6.1.2　按钮

按钮是一种常用的控制电气元件，常用来接通或断开控制电路（其中电流很小），从而达到控制电动机或其他电气设备运行目的的一种开关。按钮开关一般由按钮帽、恢复弹簧、桥式动触点、静触点和外壳等组成，按钮结构示意图如图 6-5 所示。

按钮内部有两组触点，初始状态就接通的触点，称为常闭触点；初始状态就断开的触点，称为常开触点，其图形符号和文字符号见图 6-6。当按下按钮时两组开关改变状态，放手时立即复位。

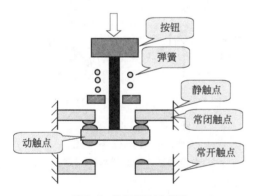

图 6-5　按钮结构示意图

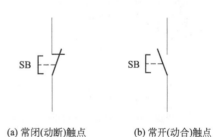

(a) 常闭(动断)触点　　(b) 常开(动合)触点

图 6-6　常开、常闭触点的图形符号和文字符号

按钮开关根据静态时触点的分合状况，分为三种：常开按钮（启动按钮）、常闭按钮（停止按钮）以及复合按钮（常开、常闭组合为一体的按钮）。

① 常开按钮——开关触点断开的按钮；

② 常闭按钮——开关触点接通的按钮；

③ 常开常闭按钮——开关触点既有接通也有断开的按钮。

按钮的用途很广，例如车床的启动与停机、正转与反转等；塔式吊车的启动，停止，上升，下降，前、后、左、右、慢速或快速运行等，都需要按钮控制。

6.1.3 熔断器

熔断器用来防止电路和设备长期通过过载电流和短路电流，是有断路功能的保护元件。熔断器是一种最简单的保护电器，它可以实现短路保护。它由金属熔件（熔体、熔丝）、支持熔件的接触结构组成。熔件由熔点较低的金属如铅、锡、锌、铜、银、铝等制成。其图形符号和文字符号见图6-7。

图6-7　熔断器图形
符号和文字符号

熔断器是根据电流超过规定值一定时间后，以其自身产生的热量使熔体熔化，从而使电路断开的原理制成的一种电流保护器。熔断器广泛应用于低压配电系统和控制系统及用电设备中，作为短路和过电流保护，是应用最普遍的保护器件之一。熔断器结构简单、体积小、重量轻、价格低廉，且其可靠性高，获得了广泛应用，但是保护后需要更换熔体方可重新使用。

熔断器可以分为不同的种类，按结构形式分：螺旋式、瓷插式、密封管式等；按有无填料分：有填料和无填料；按工作特性分：有限流作用和无限流作用；按熔体的更换分：易拆换式和不易拆换式等。图6-8～图6-11为几种不同类型熔断器。

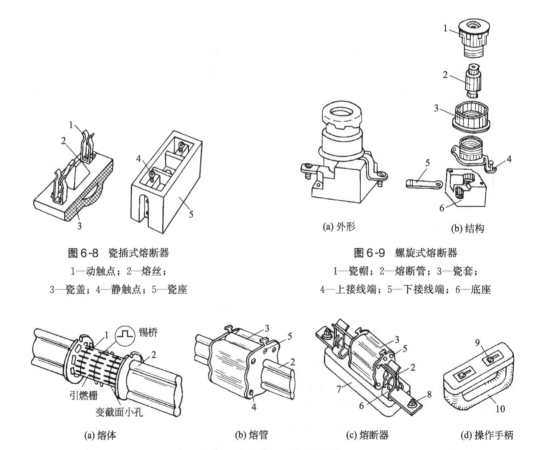

图6-8　瓷插式熔断器
1—动触点；2—熔丝；
3—瓷盖；4—静触点；5—瓷座

图6-9　螺旋式熔断器
1—瓷帽；2—熔断管；3—瓷套；
4—上接线端；5—下接线端；6—底座

图6-10　有填料封闭管式熔断器
1—工作熔体；2—触刀；3—瓷熔管；4—盖板；
5—熔断指示器；6—弹性触点；7—底座；8—接线端；9—扣眼；10—操作手柄

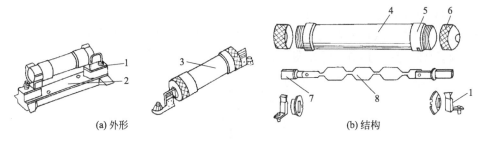

图6-11 无填料密闭式熔断器

1—夹座；2—底座；3—熔管；4—钢纸管；5—黄铜管；6—黄铜帽；7—触刀；8—熔体

实际应用中，RC1A、RL1、RM10和RT0为几种常用的熔断器，下面分别对几种不同类型的熔断器实物进行介绍。

(1) RC1A系列瓷插式熔断器

RC1A系列瓷插式熔断器结构简单，价格低廉，更换方便，使用时将瓷盖插入瓷座，拔下瓷盖便可更换熔丝。但灭弧能力差，极限分断能力较低，且熔丝的熔化特性不稳定。其实物图如图6-12所示。

图6-12 RC1A系列瓷插式熔断器实物图

图6-13 RL1系列螺旋式熔断器实物图

这种熔断器在额定电压380V及以下、额定电流为5~200A的低压线路末端或分支电路中，作线路和用电设备的短路保护用，在照明线路中还可作过载保护用。

(2) RL1系列螺旋式熔断器

RL1系列螺旋式熔断器熔断管内装有石英砂、熔丝和带小红点的熔断指示器，石英砂用以增强灭弧性能，熔丝熔断后有明显指示。其实物图如图6-13所示。

这种熔断器在交流额定电压500V、额定电流200A及以下的电路中，作为短路保护器件，RL1系列螺旋式熔断器上端接线柱只能接进线，下端接线端只能接出线，否则会发生安全事故。

(3) RM10系列封闭式熔断器

RM10系列封闭式熔断器的熔断管为钢纸制成，两端为黄铜制成的可拆式管帽，管内熔体为变截面的熔片，更换熔体较方便，其实物图如图6-14所示。

这种熔断器用在交流额定电压380V及以下、直流400V以下，电流在600A以下的电力线路中。

图6-14 RM10系列封闭式熔断器实物图

（4）RT0 系列填充料式熔断器

RT0 系列填充料式熔断器的熔体是两片网状紫铜片，中间用锡桥连接，熔体周围填满石英砂起灭弧作用。其结构图如图 6-15 所示。

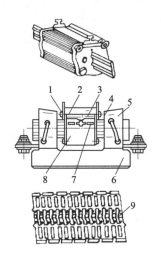

图 6-15　RT0 系列填充料式熔断器实物图

1—熔断指示器；2—石英砂填料；3—指示器熔丝；4—夹头；5—夹座；6—底座；7—熔体；8—熔管；9—锡桥

这种熔断器用在交流 380V 及以下、短路电流较大的电力输配电系统中，作为线路及电气设备的短路保护及过载保护。

熔断器的选用　应根据使用环境、负载性质和短路电流的大小选用适当类型的熔断器。其额定电压必须等于或大于线路的额定电压；额定电流必须等于或大于所装熔体的额定电流；熔体额定电流对照明电路和电热的短路保护，应等于或稍大于负载的额定电流。对电机应是大于等于 $(1.5\sim2.5)I_N$。

熔断器的安装　应注意安装使用的熔断器完整无损；应保证熔体与夹头、夹头与夹座接触良好；熔断器内要安装合格的熔体；更换熔体或熔管时必须切断电源。

6.1.4　交流接触器

交流接触器是一种远距离控制的自动电器，用于接通和断开电动机或其他设备的电源连接。作为主电路通断控制开关，交流接触器用来接通和断开主电路。它具有控制容量大、可频繁操作、工作可靠、寿命长的特点，在控制电路中广泛应用。几种交流接触器的外形如图 6-16 所示。

交流接触器结构如图 6-17 所示，交流接触器由电磁机构、触点系统和灭弧装置三部分构成。电磁机构由励磁线圈、铁芯、衔铁组成。

触点根据通过电流大小的不同分为主触点和辅助触点；主触点接在主电路中，用来通断大电流电路；辅助触点接在控制电路中，用来控制小电流电路。触点根据自身特点的不同还可以分为常开触点和常闭触点。交流接触器的图形符号和文字符号如图 6-18 所示。

选用时，应注意它的触点数量、触点额定电流、线圈电压等参数的选取，根据 $U=4.44fN\Phi_m$，交流接触器不适合控制过于频繁的工作环境。

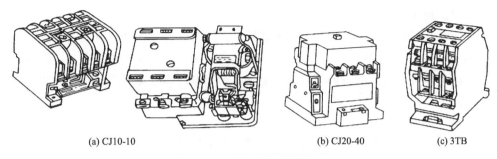

图 6-16 几种交流接触器的外形

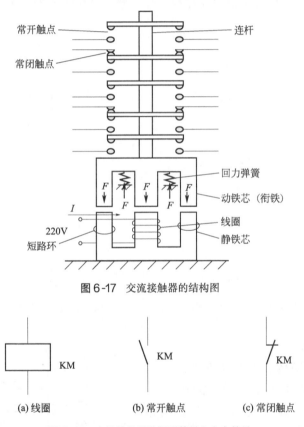

图 6-17 交流接触器的结构图

(a) 线圈   (b) 常开触点   (c) 常闭触点

图 6-18 交流接触器的图形符号和文字符号

6.1.5 继电器

继电器是一种传递信号的电器，用于接通和切断电路。继电器的输入信号可以是电压或电流等电量，也可以是压力、热量、速度等非电量。当继电器的输入信号的变化达到规定要求时，在电气输出电路中使被控量发生预定的阶跃变化。继电器实际上是用小电流去控制大电流运作的一种"自动开关"，故在电路中起着自动调节、安全保护、转换电路等作用。

继电器根据功能可分为：电流继电器、电压继电器、中间继电器、热继电器、时间继电器、速度继电器等。

（1）电流继电器

电流继电器的结构和交流接触器基本相同，开关根据自身线圈中电流大小而动作。使用时线圈串联在被测电路中，为了不影响被测电路的用电，其线圈匝数少、导线粗、阻抗小。电流继电器分为过流继电器与欠流继电器，常用电流继电器的图形符号和文字符号如图 6-19 所示。

（2）电压继电器

电压继电器的结构和交流接触器基本相同，开关根据自身线圈中电压大小而动作。使用时线圈并联在被测电路中，为了不影响被测电路的用电，其线圈匝数多、导线细、阻抗大。电压继电器分为过压继电器与欠压继电器，常用电压继电器的图形符号和文字符号如图 6-20 所示。

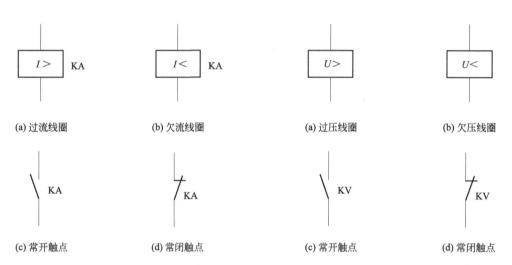

(a) 过流线圈	(b) 欠流线圈	(a) 过压线圈	(b) 欠压线圈
(c) 常开触点	(d) 常闭触点	(c) 常开触点	(d) 常闭触点

图 6-19　常用电流继电器的图形符号和文字符号　　　图 6-20　常用电压继电器的图形符号和文字符号

（3）中间继电器

中间继电器的结构、工作原理和交流接触器相同，只是体积小些，电磁系统小些，触点额定电流小些，其触点一般在控制电路中使用。中间继电器的结构如图 6-21 所示，中间继电器的图形符号和文字符号如图 6-22 所示。

（4）热继电器

热继电器是一种利用电流的热效应工作的过载保护电器，可以用来保护电动机，以免电动机因过载而损坏，其组成原理如图 6-23 所示。

加热元件串接在电动机主电路的电路中，当电动机在额定电流下运行时，加热元件虽

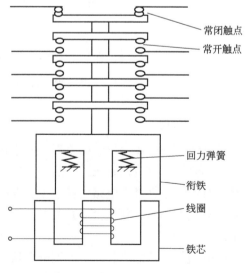

图 6-21　中间继电器组成结构图

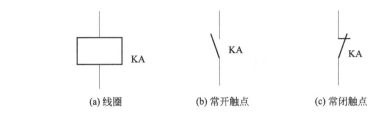

图 6-22 中间继电器的图形符号和文字符号

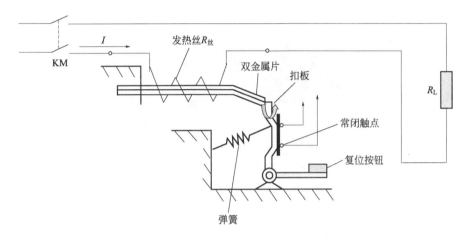

图 6-23 热继电器的组成原理图

有电流通过,但因电流不大,常闭触点仍处于闭合状态。当电动机过载后,热继电器的电流增大,经过一定时间后,发热元件产生的热量使双金属片遇热后膨胀并弯曲,推动导板移动,导板又推动温度补偿双金属片与推杆,使动触点与静触点分开,使电动机的控制回路断电,将电动机的电源切断,起到保护作用。

热继电器的主要技术数据是整定电流。所谓整定电流,就是热元件中通过电流超过此值的 20% 时,热继电器应当在 20min 内动作。热继电器的整定电流可以调节,整定电流应与电动机(负载)的额定电流基本上一致。热继电器的图形符号和文字符号如图 6-24 所示。

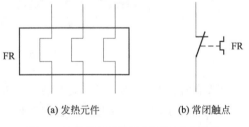

图 6-24 热继电器的图形符号和文字符号

(5) 时间继电器

时间继电器接收到控制信息后,开关会延时执行动作,按结构方式分,大致有空气阻尼式、电磁式、电动式、晶体管式等。目前应用最广的是空气阻尼式和晶体管式两种。按功能分为通电延时继电器与断电延时继电器。

6.1.6 行程开关

行程开关主要用于将机械位移转变成电信号,使电动机的运行状态得以改变,从而控制机械动作或用作程序控制。它是一种常用的小电流主令电器。利用生产机械运动部件的碰撞使其触点动作来实现接通或分断控制电路,达到一定的控制目的。通常,这类开关被用来限制机械运动的位置或行程，使运动机械按一定位置或行程自动停止、反向运动、变速运动或自动往返运动等。行程开关外观如图 6-25 所示，其结构与按钮类似，其结构示意图如图 6-26 所示，但其动作要由机械撞击。

图 6-25　行程开关外观示意图

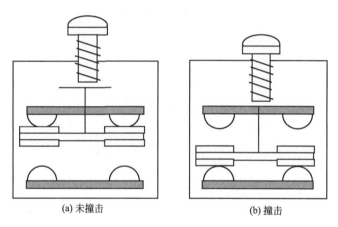

(a) 未撞击　　　　　　　　　　(b) 撞击

图 6-26　行程开关结构示意图

在实际生产中，将行程开关安装在预先安排的位置，当装于生产机械运动部件上的模块撞击行程开关时，行程开关的触点动作，实现电路的切换。因此，行程开关是一种根据运动部件的行程位置而切换电路的电器，它的作用原理与按钮类似。

行程开关可以安装在相对静止的物体（如固定架、门框等，简称静物）上或者运动的物体（如行车、门等，简称动物）上。当动物接近静物时，开关的连杆驱动开关的触点引起闭合的触点分断或者断开的触点闭合。由开关触点开、合状态的改变去控制电路和机构的动作。其图形符号和文字符号如图 6-27 所示。

(a) 常开触点　　　　　　(b) 常闭触点

图 6-27　行程开关图形符号和文字符号

其中，接近开关又称无触点行程开关，它除可以完成行程控制和限位保护外，还是一种非接触型的检测装置，用作检测零件尺寸和测速等，也可用于变频计数器、变频脉冲发生器、液面控制和加工程序的自动衔接等。其特点是工作可靠、寿命长、功耗低、复定位精度高、操作频率高以及适应恶劣的工作环境等。

行程开关按其结构可分为直动式、滚轮式、微动式和组合式。

(1) 直动式行程开关

直动式行程开关组成如图 6-28 所示，其动作原理与按钮开关相同，但其触点的分合速度取决于生产机械的运行速度，不宜用于速度低于 0.4m/min 的场所。

(2) 滚轮式行程开关

滚轮式行程开关组成如图 6-29 所示，当被控机械上的撞块撞击带有滚轮的撞杆时，撞杆转向右边，带动凸轮转动，顶下推杆，使微动开关中的触点迅速动作。当运动机械返回时，在复位弹簧的作用下，各部分动作部件复位。

滚轮式行程开关又分为单滚轮自动复位式和双滚轮（羊角式）非自动复位式，双滚轮行程开关具有两个稳态位置，有"记忆"作用，在某些情况下可以简化线路。

(3) 微动式行程开关

和滚轮式以及直动式行程开关相比，微动式行程开关的动作行程小，定位精度高，通常触点容量也较小，微动式行程开关结构如图 6-30 所示，常用的有 LXW-11 系列产品。

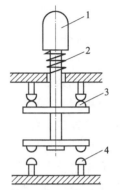

图 6-28 直动式行程开关组成图
1—推杆；2—弹簧；
3—常闭触点；4—常开触点

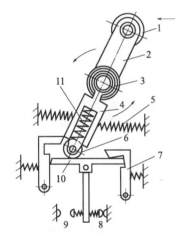

图 6-29 滚轮式行程开关组成图
1—滚轮；2—上转臂；3，5，11—弹簧；
4—套架；6—滑轮；7—压板；
8，9—触点；10—横板

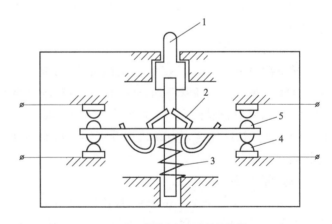

图 6-30 微动式行程开关结构图
1—推杆；2—弹簧；
3—压缩弹簧；4—常闭触点；
5—常开触点

行程开关在工业及生产生活的各个方面应用广泛，尤其在机床上应用最广泛，用它来控制工件运动或自动进刀的行程，避免发生碰撞事故，提高设备的自动化水平。

6.2 电气控制技术

在生产上主要用的是交流电动机，特别是三相异步电动机，因为它具有结构简单、坚固耐用、运行可靠、价格低廉、维护方便等优点，被广泛地用来驱动各种金属切削机床、起重机、锻压机、传送带、铸造机械、功率不大的通风机及水泵等。

电动机或其他电气设备电路的接通或断开，目前普遍采用继电器、接触器、按钮及开关等控制电器来组成控制系统。这种控制系统一般称为继电-接触器控制系统。随着科学技术的不断发展，传统的电气控制技术的内容发生了很大的变化，基于继电-接触器控制系统原理设计的可编程控制器在电气自动化领域中得到越来越广泛的应用，因此，本节通过着重介绍电机电气控制系统的设计思想与方法，将现代电气控制技术所包含的知识运用到现代生产领域中，以适应社会的需求，增强学生面向工程实际的适应能力。

6.2.1 直接启动控制

直接启动又称为全压启动，就是利用闸刀开关或接触器将电动机的定子绕组直接加到额定电压下启动。这种方法只用于小容量的电动机或电动机容量远小于供电变压器容量的场合。

直接启动即把电动机直接接入电网，加上额定电压，一般来说，电动机的容量不大于直接供电变压器容量的 $20\%\sim30\%$ 时，都可以直接启动。直接启动电路如图 6-31 所示。

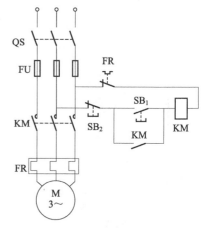

(1) 启动过程

按下启动按钮 SB_1，接触器 KM 线圈通电，与 SB_1 并联的 KM 的辅助常开触点闭合，以保证松开按钮 SB_1 后 KM 线圈持续通电，串联在电动机回路中的 KM 的主触点持续闭合，电动机连续运转，从而实现连续运转控制。

(2) 停止过程

按下停止按钮 SB_2，接触器 KM 线圈断电，与 SB_1 并联的 KM 的辅助常开触点断开，以保证松开按钮 SB_2 后 KM 线圈持续失电，串联在电动机回路中的 KM 的主触点持续断开，电动机停转。

图 6-31　直接启动电路

图 6-31 中与 SB_1 并联的 KM 的辅助常开触点的这种作用称为自锁。该控制电路还可实现短路保护、过载保护和零压保护等功能。

① 起短路保护的是串接在主电路中的熔断器 FU。一旦电路发生短路故障，熔体立即熔断，电动机立即停转。

② 起过载保护的是热继电器 FR。当过载时，热继电器的发热元件发热，将其常闭触

点断开，使接触器 KM 线圈断电，串联在电动机回路中的 KM 的主触点断开，电动机停转。同时 KM 辅助触点也断开，解除自锁。故障排除后若要重新启动，需按下 FR 的复位按钮，使 FR 的常闭触点复位（闭合）即可。

③ 起零压（或欠压）保护的是接触器 KM 本身。当电源暂时断电或电压严重下降时，接触器 KM 线圈的电磁吸力不足，衔铁自行释放，使主、辅触点自行复位，切断电源，电动机停转，同时解除自锁。

6.2.2　点动和长动控制

点动与长动控制是电气控制中的两种基本控制方式。所谓点动控制是指通过一个按钮开关控制接触器的线圈，实现用弱电来控制强电的功能，即点动控制是指按下按钮后接触器线圈得电吸合触点，电动机得电旋转，松开按钮，接触器失电，电动机也停转。长动控制指接触器的自锁控制，长动控制中在按下按钮后，接触器的线圈得电吸合，接触器自身带的辅助触点也同时吸合，从而即使按钮松开后接触器的线圈还因辅助触点接通，始终处于吸合状态而得电，只有按下停止按钮后线圈才会失电断开，使电动机停止转动。

(1) 点动控制

点动控制电路如图 6-32 所示，当合上开关 QS 时，三相电源被引入控制电路，但电动机还不能启动。按下按钮 SB，接触器 KM 线圈通电，衔铁吸合，其常开主触点接通，电动机定子接入三相电源启动运转。松开按钮 SB，接触器 KM 线圈断电，衔铁松开，其常开主触点断开，电动机因断电而停转。

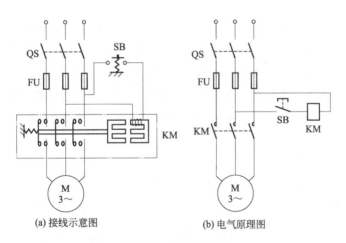

图 6-32　点接控制电路

(2) 长动控制

长动控制电路是指控制电动机长时间连续工作，如图 6-33 所示。当闭合开关 QS 时，电源接通，此时按下按钮 SB_2 后，KM 线圈得电使得 KM 主触点闭合，电动机 M 开始运转，此时 KM 辅助触点闭合，进入自锁状态；当按钮 SB_1 按下时，KM 线圈失电，KM 主触点断开，电动机 M 停转，此时 KM 辅助触点断开，失去自锁。

6.2.3　正反转控制

正反转控制指将接至电动机三相电源进线中的任意两相对调接线，即可达到反转的目

的。下面是分别对简单正反转控制和带电气互
锁的正反转控制进行说明。

（1）**简单的正反转控制**

简易电动机的正反转控制电路如图 6-34 所
示。图中，正向启动过程是指当按下启动按钮
SB_1，接触器 KM_1 线圈通电，与 SB_1 并联的
KM_1 的辅助常开触点闭合，以保证 KM_1 线圈持
续通电，串联在电动机回路中的 KM_1 的主触点
持续闭合，电动机连续正向运转；停止过程是
指按下停止按钮 SB_3，接触器 KM_1 线圈断电，
与 SB_1 并联的 KM_1 的辅助触点断开，以保证
KM_1 线圈持续失电，串联在电动机回路中的

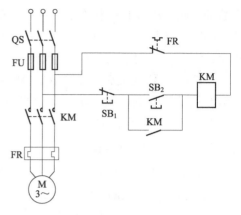

图 6-33　长动控制电路

KM_1 的主触点持续断开，切断电动机定子电源，电动机停转；反向启动过程指按下启动
按钮 SB_2，接触器 KM_2 线圈通电，与 SB_2 并联的 KM_2 的辅助常开触点闭合，以保证线圈
持续通电，串联在电动机回路中的 KM_2 的主触点持续闭合，电动机连续反向运转。

这种启动方式可以实现电动机的正反转控制，但是 KM_1 和 KM_2 线圈不能同时通电，
因此不能同时按下 SB_1 和 SB_2，也不能在电动机正转时按下反转启动按钮，或在电动机反
转时按下正转启动按钮。如果操作错误，将引起主回路电源短路。

（2）**带电气互锁的正反转控制**

将接触器 KM_1 的辅助常闭触点串入 KM_2 的线圈回路中，从而保证在 KM_1 线圈通电
时 KM_2 线圈回路总是断开的；将接触器 KM_2 的辅助常闭触点串入 KM_1 的线圈回路中，
从而保证在 KM_2 线圈通电时 KM_1 线圈回路总是断开的。这样接触器的辅助常闭触点
KM_1 和 KM_2 保证了两个接触器线圈不能同时通电，这种控制方式称为互锁或者联锁，这
两个辅助常开触点称为互锁或者联锁触点，其控制电路如图 6-35 所示。

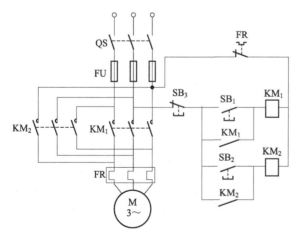

图 6-34　简单的正反转控制电路

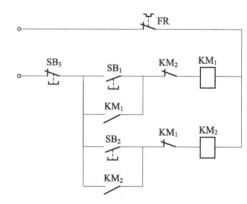

图 6-35　带电气互锁的正反转控制电路

这种电路中若电动机处于正转状态要反转时必须先按停止按钮 SB_3，使互锁触点 KM_1 闭合后按下反转启动按钮 SB_2 才能使电动机反转；若电动机处于反转状态要正转时必须先按停止按钮 SB_3，使互锁触点 KM_2 闭合后按下正转启动按钮 SB_1 才能使电动机正转。

6.2.4　顺序控制和多地点控制

（1）顺序控制

顺序控制指几台电动机的启动或停止必须按一定的先后顺序来完成的控制方式，在装有多台电动机的生产机械上，各电动机所起的作用是不同的，有时需要按一定的顺序启动或停止，才能保证操作过程的合理和工作的安全可靠。下面以两台电动机顺序控制为例进行说明，顺序控制电路如图 6-36 所示。

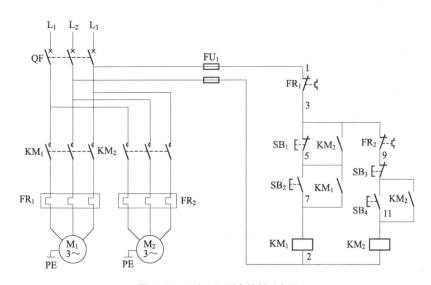

图 6-36　两台电机顺序控制示意图

启动时按下控制按钮 SB_2 或 SB_4，接触器 KM_1 或 KM_2 线圈得电吸合，主触点闭合，M_1 或 M_2 通电工作，接触器 KM_1、KM_2 的辅助常开触点同时闭合，电路自锁；停止时按下控制按钮 SB_3，接触器 KM_2 线圈失电，电动机 M_2 停止运行，若先停电动机 M_1，按下 SB_1，由于 KM_2 没有释放，KM_2 常开辅助触点与 SB_1 的常闭触点并联在一起并呈闭合状态，所以按钮 SB_1 不起作用。只有当接触器 KM_2 释放之后，KM_2 的常开辅助触点断开，按钮 SB_1 才起作用。

此时，电动机的过载保护由 FR_1 和 FR_2 分别完成。FR_2 保护电动机 M_2，但 FR_1 保护动作后，M_2 电动机也必须停止工作。但这种连接方式不能实现顺序停止，因为 SB_1 控制不起作用下，没有形成常闭触点，会出现 KM_1 先停止动作的现象。

（2）多地点控制

多地点控制就是要在两个或者多个的地点根据实际的情况设置控制按钮，在不同的地点进行相同的控制。两地控制电路如图 6-37 所示，从图中可以看出，SB_1 和 SB_3 为安装在地点一的启动和停止按钮，SB_2 和 SB_4 为安装在地点二的启动和停止按钮，此时，两地的启动按钮 SB$_1$、SB$_2$ 并联接在一起；停止按钮 SB$_3$、SB$_4$ 串联在一起，这样就可以分别在甲、乙两地启动和停止同一台电动机，以达到操作方便之目的。对于三地点或者多地点控制，可以将各地的启动按钮并联，停止按钮串联就可以实现。

6.2.5 行程控制

行程控制是指控制对象有关运动部件到达某一位置时，能自动改变运动状态，行程控制需要通过行程开关来实现。行程开关主要用于限位保护和自动往复控制中。

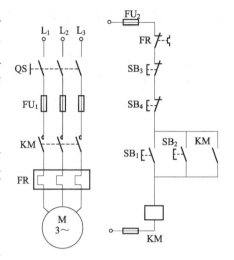

图 6-37　两地控制电路

（1）限位控制

限位控制是行程控制里的一种方式，它指利用行程开关控制电动机的运行状态，其电路原理如图 6-38 所示。当生产机械的运动部件到达预定的位置时压下行程开关的触杆，将常闭触点断开，接触器线圈断电，使电动机断电而停止运行。

（2）行程往返控制

行程往返控制利用三相电动机控制物体在两个位置间往返运动，图 6-39 给出往返控制电路原理图，从图中可以看出，按下正向启动按钮 SB$_1$，电动机正向启动运行，带动工作台向前运动。当运行到 SQ$_2$ 位置时，挡块压下 SQ$_2$，接触器 KM$_1$ 断电释放，KM$_2$ 通电吸合，电动机反向启动运行，使工作台后退。工作台退到 SQ$_1$ 位置时，挡块压下 SQ$_1$，KM$_2$ 断电释放，KM$_1$ 通电吸合，电动机又正向启动运行，工作台又向前进，如此一直循环下去，直到需要停止时按下 SB$_3$，KM$_1$ 和 KM$_2$ 线圈同时断电释放，电动机脱离电源停止转动。

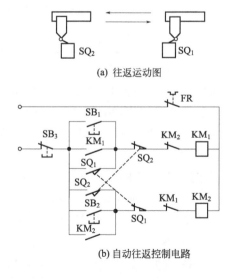

(a) 往返运动图

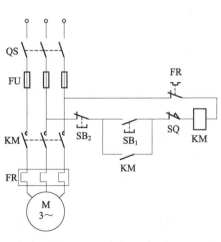

图 6-38　限位控制电路

(b) 自动往返控制电路

图 6-39　行程往返控制电路

6.2.6 时间控制

时间控制指按照预定的时间间隔依次控制电动机启动或制动的方法。如在一定的时间范围内，依次分段切除启动电阻，实现电动机自动启动。通常由时间继电器来实现。每隔一定时间，由时间继电器发出指令，使接触器动作，依次切除加速（或制动）电阻，使电动机加速（或制动）。时间控制广泛用于起重机及船舶机械电力拖动中。实际应用中常采用时间继电器实现延时的控制。常用的时间继电器是空气时间继电器：它利用空气阻尼作用而达到动作延时的目的。利用时间继电器可以构成通断延时和断开延时电路，两种时间继电器结构示意图分别如图 6-40 和图 6-41 所示。

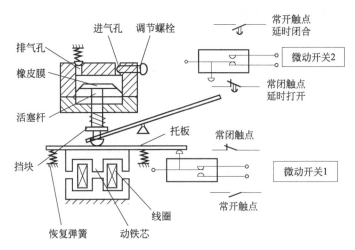

图 6-40 通电延时的空气式时间继电器结构示意图

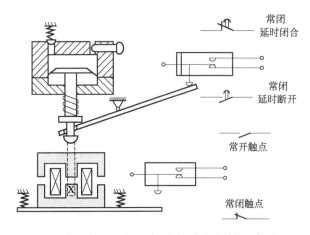

图 6-41 断电延时的空气式时间继电器结构示意图

习　题

6-1　常用控制电器都有哪些？

6-2　熔断器的功能是什么？

6-3　行程开关的功能是什么？

6-4　举例说明点动和长动控制的异同点。

6-5　如何利用三相电动机实现正反转控制？

6-6　何谓行程控制？试设计一个往返于 AB 两点间的控制电路原理图。

6-7　何谓空气继电器？都有哪几种形式？

CHAPTER7

第7章
半导体基础知识

半导体知识是现代电子技术的基础，半导体器件是组成各种电路的重要部件，在现代各类电子仪器设备中，都离不开半导体器件。它具有体积小、耗电省、寿命长和耐振动等特点，广泛应用于医药电子设备领域。本章将主要介绍半导体的导电特性以及常用半导体器件的基本结构、工作原理、运行特性和主要参数等基础知识，为今后进一步研究各种电子仪器设备打好基础。

7.1 概述

7.1.1 本征半导体

按照导电能力的不同，一般将自然界的物质分为导体、半导体和绝缘体三大类。半导体的导电能力（电阻率）介于导体和绝缘体之间，由于多数半导体是呈晶体结构，因此通常把半导体称为半导体晶体，半导体管称为晶体管。目前应用最多的半导体材料是硅（Si）和锗（Ge），相对应的半导体分别称作硅半导体和锗半导体。

(1) 本征半导体

不含杂质的纯净且原子排列整齐的半导体称为本征半导体。如硅和锗的单晶体。

以硅和锗半导体为例来说明半导体的导电机理。硅和锗都是四价元素，它们有四个价电子，为了形成稳定状态这些价电子要分别与相邻的四个硅或锗原子的价电子组成共用电子对以形成共价键结构，共用电子对中的电子称作束缚电子。图 7-1 所示为硅和锗的原子结构和共价键结构。

在绝对零度时，这些价电子都处于稳定状态，此时纯净的硅或锗半导体中没有自由电子，可看成一个绝缘体。在常温下，由于物质的热运动，少数价电子将挣脱共价键的束缚，成为自由电子，那么在电子原来的位置处就留下一个空位，称为空穴，形成电

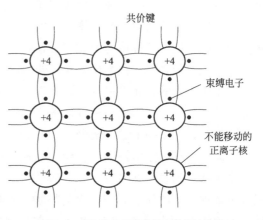

图 7-1 硅和锗的原子结构和共价键结构

子-空穴对，自由电子和空穴都可以在半导体中自由移动。温度越高，产生的电子-空穴对就越多。这种本征半导体在热和光的作用下产生电子-空穴对的过程称为本征激发。图 7-2

所示为本征激发所产生的电子空穴对。

如图 7-3 所示，空穴（如图中位置 1）出现以后，邻近的束缚电子（如图中位置 2）可能获取足够的能量来填补这个空穴，而在这个束缚电子的位置又出现一个新的空位，另一个束缚电子（如图中位置 3）又会填补这个新的空位，这样就形成束缚电子填补空穴的运动。为了区别自由电子的运动，称此束缚电子填补空穴的运动为空穴运动。由于空穴所在处缺少一个价电子，因此空穴带有正电荷，所以空穴的移动就像一个正电荷在移动。如果在外电场的作用下，自由电子和空穴就能做定向运动，形成电流。空穴和自由电子统称为载流子。自由电子在运动中填补空穴的过程称为复合。

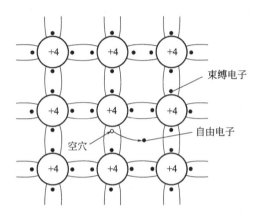 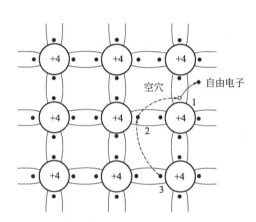

图 7-2　本征激发产生的电子空穴对　　　　　　图 7-3　束缚电子填补空穴的运动

（2）杂质半导体

在一定温度下，本征半导体的电子-空穴对数量较小，导电能力也较弱，使用价值不是很大。但电子-空穴对的产生对温度十分敏感，它随环境温度的升高而显著增加，其导电能力也显著增强。在本征半导体中掺入其他微量元素，掺入的这些元素对半导体基体而言称为杂质，掺有杂质的半导体，就称为杂质半导体。根据所掺入杂质的不同，杂质半导体分为两种类型，一种称为 P 型半导体，另一种称为 N 型半导体。

① P 型半导体　如在本征半导体硅中，掺入少量的三价元素硼（或铝、铟），如图 7-4 所示。由于掺入的硼元素很少，因此整个晶体的结构基本不变，只是某些位置上的硅原子被硼原子所代替。因为硼是三价元素，其外层只有三个价电子，当它与相邻硅原子组成共价键结构时，其中一个键上缺少一个电子，形成一个空穴，这样邻近的束缚电子如果获取足够的能量，有可能填补这个空位，从而产生新的空穴，因此 P 型半导体主要靠空穴导电。由于掺入的杂质硼的每个原子都可提供一个空穴，从而使掺硼的硅晶体中，空穴的数目大为增加，因此导电能力也大为增加。这种主要靠空穴导电的半导体称为空穴型半导体，简称为 P 型半导体。应该指出，在 P 型半导体中参与导电的，除数目很多的空穴外，还有少量由于本征激发而产生的自由电子，为了便于区别，在 P 型半导体中前者称为多数载流子，后者称为少数载流子。

② N 型半导体　如在本征半导体硅中掺入微量的五价元素磷（或砷、锑），如图 7-5 所示。一个磷原子与相邻四个硅原子组成共价键以后，还多余一个价电子，这个价电子受

原子核的束缚很弱，很容易成为自由电子。相对而言，这种半导体中自由电子数目较多，它主要靠自由电子导电，称为电子型半导体，简称为 N 型半导体。在 N 型半导体中空穴是少数载流子，而自由电子是多数载流子。

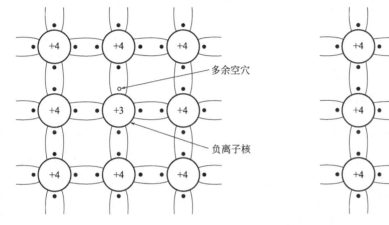

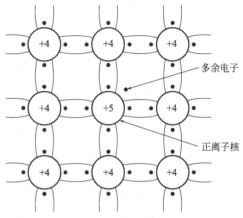

图 7-4 P 型半导体   图 7-5 N 型半导体

必须指出，无论是 P 型半导体还是 N 型半导体，对整块半导体来讲都是呈电中性的。例如，在 N 型半导体中，磷原子的一个多余的价电子成为自由电子后，使磷原子本身成为正离子，但就总体而言，还是电中性的。

7.1.2 PN 结的形成及其特性

(1) PN 结的形成

当用一定的工艺方法把 P 型和 N 型半导体紧密地结合在一起的时候，就会在它们的结合处形成一层带电的空间电荷区，称为 PN 结。PN 结是晶体管的最基本的结构。

由于 P 型半导体中空穴浓度高，N 型半导体中电子浓度高，因此当把 P 型半导体和 N 型半导体结合在一起时，自由电子就会从高浓度的 N 区向低浓度的 P 区扩散，并与 P 区空穴复合，如图 7-6 所示；同样 P 型半导体中的空穴也会向 N 型半导体中扩散，其结果在两类半导体的交界面附近就形成了一个空间电荷区，这一区域称为 PN 结，如图 7-7 所示。在空间电荷区形成一个电场，称为内电场，用 E_i 表示，其方向由 N 区指向 P 区。显然内电场将阻挡多数载流子的继续扩散。但 P 区的少数载流子（电子）和 N 区的少数载流子（空穴）却在内电场的作用下产生漂移运动，当扩散运动与漂移运动达到动态平衡时，空间电荷区即 PN 结的厚度也就固定下来了，这个厚度很薄，一般为 $0.5\mu m$。由于 PN 结的内电场 E_i 有阻挡多数载流子扩散运动的作用，所以 PN 结又称为阻挡层。PN 结的电位差一般随半导体材料的不同而不同，对于锗半导体大约为 $0.2\sim0.3V$，硅半导体大约为 $0.5\sim0.7V$。

PN 结的两个离子层，分别带有正、负电荷，与平行板电容器带电时的作用相类似。通常将这种电容称为结电容，结电容的数值随外电压而变化，一般很小只有几个皮法。

(2) PN 结的单向导电性

① 当在 PN 结两端加上正向电压时，PN 结处于导通状态。如图 7-8 所示，当外电源

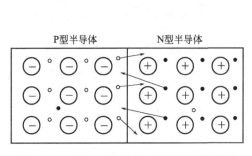

图7-6 P型和N型半导体交界处载流子的扩散

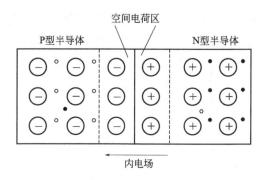

图7-7 PN结的形成

的正极接P区，负极接N区时，称为PN结加正向电压，也称为正向偏置。如果用E_0来表示外电场，显然正向偏置时E_0与PN结的内电场E_i的方向相反，因而削弱了内电场，使空间电荷区变窄，有利于扩散运动的进一步进行，而不利于漂移运动，因此多数载流子可顺利地通过PN结，形成较大的电流，这个电流称为正向电流。在正向导电时，PN结呈现的电阻，称为正向电阻，其值一般很小。

　② 当PN结两端加上反向电压时，PN结处于截止状态，如图7-9所示。当外电源的正极接N区，负极接P区时，称为PN结外加反向电压，也称为反向偏置。此时外电场E_0与内电场E_i方向一致，使内电场进一步加强，导致空间电荷区进一步变宽，其内电场力远大于扩散力，扩散无法进行，没有正向电流。这时只有少数载流子受外电场的作用而越过PN结，电路中将出现微小的漂移电流，称为反向电流。当外加电压足够大时，全部少数载流子都参与了导电，这时即使再增加反向电压，反向电流也不再增大，达到了饱和状态，这个电流称为反向饱和电流。对于硅管，反向饱和电流一般约为$0.1\mu A$。因为少数载流子是由热运动产生的，所以温度越高，反向饱和电流亦越大。

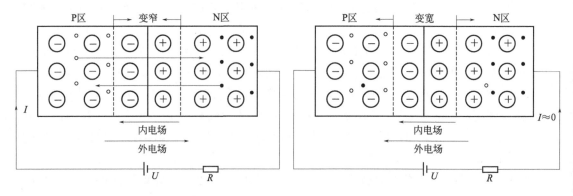

图7-8 PN结外加正向电压　　　　　　　　　图7-9 PN结外加反向电压

7.1.3 PN结特性的理论解释

　由于PN结是所有半导体器件的基础，所以它的伏安特性就具有普遍的意义，可以据此来描述二极管伏安特性的表达式（方程）。根据固体物理学中有关PN结的研究，它的伏安特性的关系可由下式表示

$$I = I_\mathrm{S}(\mathrm{e}^{qU/kT} - 1) \tag{7-1}$$

式中，q 是电子的电量，等于 $1.6 \times 10^{-19}\mathrm{C}$；$T$ 是绝对温度，K；k 是玻尔兹曼常数，等于 $1.38 \times 10^{-23}\mathrm{J/K}$；$I_\mathrm{S}$ 为反向饱和电流，是一个与外加电压无关的量。在常温 25℃（$T = 298\mathrm{K}$）时，$q/kT = \dfrac{1.6 \times 10^{-19}}{1.38 \times 10^{-23} \times 298} = 39\mathrm{V}^{-1}$，因此常温下的电压当量，$U_T = kT/q \approx \dfrac{1}{39}\mathrm{V} \approx 26\mathrm{mV}$。所以式(7-1) 也可以写成：

$$I = I_\mathrm{S}(\mathrm{e}^{U/U_T} - 1) \tag{7-2}$$

如果式(7-2)中的 U 为正，即代表正向偏置时，若 U 比 $26\mathrm{mV}$ 大很多，则 $\mathrm{e}^{U/U_T} \gg 1$，$I = I_\mathrm{S}\mathrm{e}^{U/U_T}$，说明电流与电压成指数关系，此时只要端电压稍微增大一点，电流就会增大很多；若式(7-2)中的 U 为负，即反向偏置时，且它的绝对值也比 $26\mathrm{mV}$ 大很多，则 $\mathrm{e}^{U/U_T} \ll 1$，则 $I = -I_\mathrm{S}$，基本上是一个常数，即前面所说的反向饱和电流与所加电压无关。

由此可见，当 PN 结处于正向偏置时，电阻值很小，有较大的正向电流，呈导通状态。反向偏置时电阻值很高，只有微小的反向电流（一般可略去），呈截止状态，这种正向导通、反向截止的特性，称为 PN 结的单向导电性，它是 PN 结的最重要特性。

7.2　普通晶体二极管

7.2.1　二极管的结构和符号

半导体二极管也叫做晶体二极管，简称二极管。晶体二极管是由一个 PN 结加上相应的电极引线和管壳做成的。二极管同 PN 结一样具有单向导电性。按照半导体二极管的结构，可以把它分为点接触型、面接触型和平面型三种。其中点接触式结构，是由一根金属触丝与半导体晶片形成点接触，PN 结的面积很小，结电容很小，不能承受较大的正向电流和较高的反向电压，只能通过较小电流，一般适用于高频检波和脉冲电路。图 7-10 为点接触型、面接触型和平面型二极管的结构示意图。

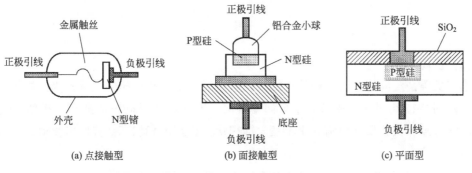

图 7-10　不同结构的各类二极管

通常用三角形箭头加一个竖线来表示二极管在电路中的符号，如图 7-11 所示为二极

图 7-11 二极管的符号

管的符号。从 P 型半导体上引出的电极，称为正极或阳极，由 N 型半导体上引出的电极称为负极或阴极。三角形箭头的方向表示正向导通方向，即为电流方向，VD 是二极管的文字符号。

7.2.2 二极管的伏安特性曲线和方程

(1) 正向特性

二极管的性能是用加到二极管两端的电压与流过二极管的电流之间关系的曲线来表示，称为二极管的伏安特性曲线，如图 7-12 所示，它反映了二极管的单向导电性。其中第一象限是正向特性，当二极管处于正向偏置时，外加电压很小（小于 0.5V）时，外电场还不足以克服内部电场对多数载流子扩散运动所造成的阻力，这时正向电流很小（OA 段），二极管呈现较大的电阻。这段虽有正向电压加入，但正向电流几乎为 0，该区域称为死区，相应的电压称为死区电压。对于硅管死区电压为 0.5V 左右，对于锗管，死区电压一般略低于 0.2V。当外加电压大于死区电压，内电场大大被削弱，二极管内阻变小，电流随着电压的增长而迅速上升，形成二极管的正常工作区（AB 段），在正常工作区的管压降，硅管通常为 0.7V 左右，锗管为 0.2～0.3V。同一种材料和同一种型号的各个二极管的管压降并不完全一致，这种情况反映了半导体器件参数的分散性。

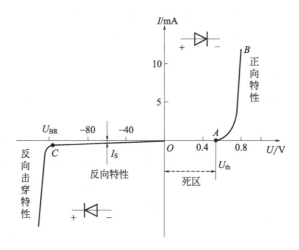

图 7-12 二极管的伏安特性曲线

(2) 反向特性

第三象限是反向特性，二极管外加反向电压时，电流和电压的关系称为二极管的反向特性。由图 7-12 可见，二极管处于反向偏置时，有极小的反向电流通过二极管，随着反向电压的逐渐加大，反向电流几乎不变，即很快就达到饱和状态，称此电流值为二极管的反向饱和电流。

硅管的反向饱和电流一般在几十微安以下，锗管约为几百微安。

(3) 反向击穿特性

从图 7-12 可见，当反向电压的值增大到 U_{BR}（C 点）时，反向电压值稍有增大，反向电流会急剧增大，称此现象为反向击穿，U_{BR} 为反向击穿电压。其原因是当反向电压达到 U_{BR} 时，过强的外加电场把 PN 结中的束缚电子强行拉出，使得反向电流突然增大，从而出现反向击穿现象。必须指出二极管正常工作时，所加的反向电压不能超过击穿电压，否则将导致二极管永久性的损坏，因此一般的二极管不允许工作在反向击穿区。不过从另一角度讲，利用二极管的反向击穿特性，可以做成稳压二极管。

7.2.3　二极管的温度特性

二极管是对温度非常敏感的器件。实验表明，随温度升高，二极管的正向压降会减小，正向伏安特性左移，即二极管的正向压降具有负的温度系数（约为 $-2\text{mV}/℃$）；温度升高，反向饱和电流会增大，反向伏安特性下移，温度每升高 $10℃$，反向电流大约增加一倍。图 7-13 所示为温度对二极管伏安特性的影响。

由于晶体二极管的主要结构就是一个 PN 结，因此它的电流与端电压的关系，与 PN 结一样可由式(7-1) 和式(7-2) 来表示

$$I = I_S(e^{qU/kT} - 1) \tag{7-3}$$

$$I = I_S(e^{U/U_T} - 1) \tag{7-4}$$

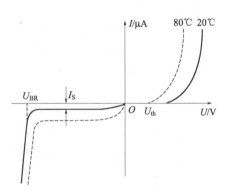

图 7-13　温度对二极管伏安特性的影响

如果式(7-4) 中的 U 是正数，即正向偏置时，若 U 比 26mV 大很多，则 $e^{U/U_T} \gg 1$，$I = I_S e^{U/U_T}$，说明管子的电流与电压成指数关系（见图 7-12 正向特性 AB 段），此时只要二极管的端电压稍微增大一点，电流就会增大很多；若式(7-4) 中 U 为负数，即反向偏置时，且它的绝对值也比 26mV 大很多，则 $e^{U/U_T} \ll 1$，则 $I = -I_S$，基本上是一个常数，即前面所说的反向饱和电流与所加电压无关。应当指出的是，式(7-4) 不能描述二极管反向击穿的情况。

7.2.4　二极管的主要参数

(1) 最大平均整流电流 I_F

最大平均整流电流是指二极管长期安全运行允许通过的最大正向平均电流。它由 PN 结的面积和散热条件所决定，使用时应注意通过二极管的平均电流不能大于这个数值，并满足散热条件，否则会导致二极管的损坏。

(2) 最高反向工作电压 U_R

二极管反向电压若达到反向击穿电压时，反向电流剧增，二极管单向导电性被破坏。一般使用时最高反向工作电压约为击穿电压值的一半。

(3) 反向饱和电流 I_S

这个电流越小，说明管子的单向导电性能越好，它对温度很敏感，温度升高，反向电流显著增大。例如硅二极管的环境温度从 $25℃$ 上升到 $140℃$ 时，它的反向饱和电流将增加 1000 倍。

(4) 最高工作频率 F_M

最高工作频率取决于二极管的结电容。当频率较高时，PN 结电容的容抗变得很小，

此时反向电流就不能忽略了。结电容的存在造成高频电流容易通过，失去了单向导电性，因此，每一种二极管都规定了最高的工作频率。

7.3　特殊用途二极管

7.3.1　发光二极管

发光二极管是一种光发射器件，英文缩写是 LED。此类管子通常由镓（Ga）、砷（As）、磷（P）等元素的化合物制成，管子正向导通，当导通电流足够大时，能把电能直接转换为光能，发出光来。目前发光二极管的颜色有红、黄、橙、绿、白和蓝 6 种，所发光的颜色主要取决于制作管子的材料，例如用砷化镓发出红光，而用磷化镓则发出绿光。其中白色发光二极管是新型产品，主要应用在手机背光灯、液晶显示器背光灯、照明等领域。

发光二极管工作时导通电压比普通二极管大，其工作电压随材料的不同而不同，一般为 1.7～2.4V。普通绿、黄、红、橙色发光二极管工作电压约为 2V；白色发光二极管的工作电压通常高于 2.4V；蓝色发光二极管的工作电压一般高于 3.3V。发光二极管的工作电流一般在 2～25mA 的范围。

发光二极管应用非常广泛，常用作各种电子设备如仪器仪表、计算机、电视机等的电源指示灯和信号指示等，还可以做成七段数码显示器等。发光二极管的另一个重要用途是将电信号转为光信号。普通发光二极管的外形和符号如图 7-14 所示。

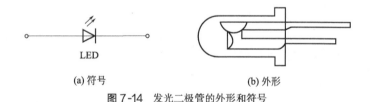

(a) 符号　　　　　　　　　　　　(b) 外形

图 7-14　发光二极管的外形和符号

7.3.2　光电二极管

光电二极管又称为光敏二极管，它是一种光接收器件，其 PN 结工作在反偏状态，可以将光能转换为电能，实现光电转换。图 7-15 所示为光电二极管的基本电路和符号。

7.3.3　激光二极管

激光二极管是在发光二极管的 PN 结间安置一层具有光活性的半导体，构成一个光谐振腔。工作时接正向电压，可发射出激光。

激光二极管的应用非常广泛，在计算机的光盘驱动器、激光打印机中的打印头、激光唱机、激光影碟机中都有激光二极管。

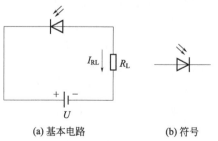

(a) 基本电路　　　　　　(b) 符号

图 7-15　光电二极管的基本电路和符号

7.3.4 稳压二极管

(1) 稳压二极管的伏安特性和符号

稳压二极管又名齐纳二极管，简称稳压管，是一种用特殊工艺制作的面接触型硅半导体二极管，这种管子的杂质浓度比较大，容易发生击穿，其击穿时的电压基本上不随电流的变化而变化，从而达到稳压的目的。图 7-16 所示为稳压管的伏安特性和符号。

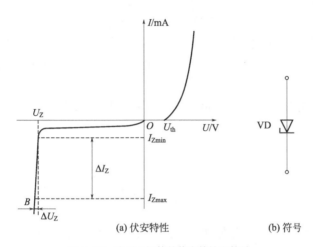

(a) 伏安特性   (b) 符号

图 7-16　稳压二极管的伏安特性和符号

稳压管与普通二极管的区别在于工作在反向击穿区，因此在外电路中要设有限流措施，以保证 PN 结的击穿是可逆的，即当外加电压切断后，PN 结的阻挡层仍可恢复，只要反向电流小于它的最大工作电流 I_{Zmax}，管子就不会被烧坏。从图 7-16 稳压二极管的伏安特性曲线中可以看出，稳压二极管的正向特性与普通二极管完全一样，其反向特性则不同。当稳压二极管所加的反向电压小于反向击穿电压 U_Z 时，它的反向特性和通常的二极管一样，稳压二极管的反向电流也很小，以 I_{Zmin} 表示，当反向电压大于 U_Z 后，反向电流随反向电压的增大而急剧增加。从反向伏安特性曲线来看，此时稳压二极管的电压在反向区域内基本是一条与纵轴平行的直线。表明尽管反向电流在很大范围内变化，但管子两端的电压基本上保持不变，此时稳压二极管始终工作在固定的电压区域内，这就是稳压二极管的稳压作用。当然管子由击穿转化为稳压必须有一定的保障条件和措施，一是制作工艺上应加以保证，二是外部电路中应有限制电流的措施，当流过稳压管的反向电流超过 B 点的最大工作电流 I_{Zmax} 后，稳压管因过热而损坏。同样，与最大工作电流 I_{Zmax} 相对应的电压 U_Z 是它最高的工作电压。

(2) 稳压管的主要参数

① 稳定电压　是指稳压管正常工作情况下的电压。因为制作工艺及环境温度的差异，会引起同一型号稳压管工作电压的分散性，例如 2CW18 型稳压管，其稳定电压范围为 10～12V。

② 稳定电流　是指稳压效果较好的一段工作电流，其变动范围在 I_{Zmin} 和 I_{Zmax} 之间，晶体管手册中给出的稳定电流多为推荐的使用值。

③ 电压温度系数　是指温度每增加1℃时，稳压值所升高的百分数，表明稳压值受温度变化的影响。例如2CW18的电压温度系数是＋0.095％/℃，这就是说，温度每增加1℃，它的稳压值将升高0.095％，如果在20℃时的稳压值是11V，那么在50℃时的稳压值将是

$$11＋0.095/100×(50－20)×11≈11.3(V)$$

一般情况下，低于6V的稳压管，其电压的温度系数是负的（即当温度升高时，稳压值降低），高于6V的稳压管，电压温度系数是正的。而在6V左右的管子，稳压值受温度的影响就比较小。因此，在电压稳定度要求较高的情况下，一般常选用6V左右的稳压管。在要求更高的情况下，还用两个温度系数相反（一正一负）的管子串联作为温度补偿。

④ 动态电阻　动态电阻r是衡量稳压管性能好坏的基本指标，其值为正常工作区的电压变化量ΔU与电流变化量ΔI的比值。即

$$r=\frac{\Delta U}{\Delta I} \tag{7-5}$$

如图7-16所示，动态电阻r愈小，稳压管伏安特性曲线中的直线段部分愈直，其稳压性能就愈好。

⑤ 最大耗散功率　稳压管反向电流通过PN结产生功率损耗的允许值，一般约为几百毫瓦到几瓦。

(3) 简单的稳压电路

如图7-17所示，是一个最简单的稳压电路。由于该电路所用的元件少，又能取得一定程度的稳压效果，所以应用比较广泛。图中R为限流电阻，R_L为负载电阻，DW为稳压管。由于稳压管是用来稳定负载电压，所以将稳压管与负载R_L并联，并且使稳压管处于反向偏置，使其工作在击穿区。稳压电路的输入电压U_i等于限流电阻R两端电压U_R与输出电压U_o之和，稳压电路的输入电流I等于稳压管的工作电流I_Z与负载电流I_L之和。

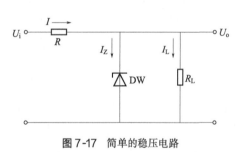

图7-17　简单的稳压电路

一般情况下引起输出直流电压波动的原因主要有两个：一是电网电压的波动；二是负载电流的变化。

当电网电压的波动使输入电压U_i升高，造成输出电压U_o上升时，稳压管电压的微小上升导致电流I_Z的较大增加，总电流I随之有较大增加，电阻R两端电压降U_R也随之增加，几乎足以克服U_i的升高，从而保持U_o基本不变。

当负载电流I_L在一定范围内变化时，也可由稳压管的电流来补偿。若负载电流I_L增加导致U_o下降时，I_Z会相应减小来补偿I_L的增加，使$I=I_Z+I_L$基本不变，从而保持U_o基本不变。反之，I_L减小时I_Z相应增加，使I基本不变，从而保持U_o基本不变。

【例7-1】电路如图7-18所示，假设图中的二极管是理想的，试判断图7-18(a)和

（b）中的二极管是否导通，并求出相应的输出电压。

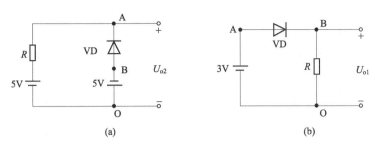

图 7-18 例 7-1 的电路

【解】 图（a）中，二极管 VD 导通，输出电压

$$U_{o1}=2.3V$$

图（b）中，二极管 VD 截止，输出电压

$$U_{o2}=5V$$

7.4 晶体三极管

7.4.1 晶体三极管的结构和符号

晶体三极管简称为三极管，它是通过一定的制作工艺将两个 PN 结紧密结合在一块半导体上的半导体器件，再引出三个电极，然后封装加固而成。根据 PN 结的组合方式不同，晶体三极管可分为 NPN 和 PNP 两种类型。根据使用的材料不同，有锗管与硅管之分，锗管多是 PNP 型，硅管多是 NPN 型。如图 7-19 所示，图的上部表示三极管的结构示意图，下部表示两种类型的三极管的符号。从图 7-19 中可看出，无论是 PNP 型或是 NPN 型三极管，均分为三个区，即发射区、基区和集电区，从三个区分别引出三个电极，即发射极 e、基极 b 和集电极 c。

发射区和集电区都是同类型的半导体，均为 N 型或 P 型。发射区杂质的浓度要比集电区大，以便发射更多的载流子，集电区的面积较发射区大，以便收集载流子。基区总是做得很薄，约为几微米至几十微米，而且杂质浓度很低，这样就形成了两个靠得很近的 PN 结，基区和发射区之间的 PN 结，称为发射结，用 Je 表示，基区和集电区之间的 PN 结，称为集电结，用 Jc 表示，这种结构使基极起着控制多数载流子流动的作用。图 7-19 的三极管符号中，箭头方向均表示发射结处于正向偏置时电流的方向。必须指出，PNP 型和 NPN 型三极管的工作原理是相同的，只是使用时所加的电源极性相反。在线路图中通常用符号 VT 来表示三极管。

三极管从应用的角度讲，种类很多。根据工作频率分为高频管、低频管和开关管；根据工作功率分为大功率管、中功率管和小功率管。

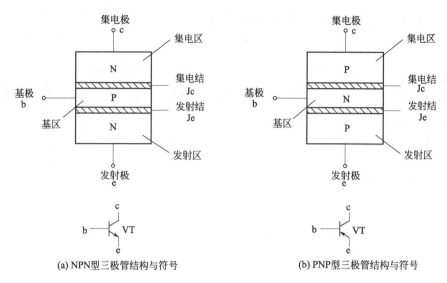

(a) NPN型三极管结构与符号   (b) PNP型三极管结构与符号

图 7-19 三极管的结构示意图和符号

7.4.2 晶体三极管的放大作用

晶体三极管具有放大作用和开关作用，下面主要讨论它的放大作用。开关作用在后面的章节中讨论。

（1）工作电压和电流分配

要实现三极管的电流放大作用，必须要给三极管各电极加上正确的电压，下面以 NPN 型三极管为例进行重点分析。将三极管按图 7-20 进行连接，连接这种放大电路的原则是发射结必须处于正向偏置，而集电结必须处于反向偏置，这是三极管的放大前提。当这样连接时发射结处于正向导通，发射区的多数载流子，即电子能够大量涌入基区。同时基区的多数载流子，即空穴流入发射区，两者之和构成发射极电流 I_e，由于基区空穴浓度很低，可以认为发射极电流 I_e 主要是电子电流。电子进入基区以后，在基区中发射结附近的电子很多，在集电结附近的电子较少，这样就形成了电子浓度梯度，使电子继续向集电结扩散，因为基区很薄，电子的扩散很容易到达集电结。由于集电结上加上较大的反向电压（$E_c > E_b$），使扩散到集电结的电子受反向电压的吸引，大部分漂移到集电区，形成集电极电流 I_c。此外，还有少数进入基区的电子（大约 1%～10%）与基区的空穴相遇而复合，被复合掉的这部分电子无法再继续扩散。由于基区的一部分空穴与电子复合，这样就需要电源 E_b 不断地向基极补充空穴，形成基极电流 I_b。显然发射极电流 I_e、基极电流 I_b、集电极电流 I_c 三者之间符合基尔霍夫第一定律，即

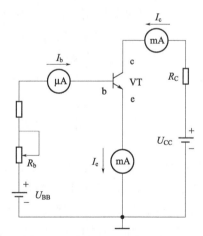

图 7-20 三极管电流放大的实验测试电路

$$I_e = I_b + I_c \tag{7-6}$$

（2）三极管的放大作用

为了进一步了解三极管的各极电流 I_e、I_b、I_c 之间的关系和它的放大作用，在偏置电路中，电阻 R_b 有调节电流的作用，称为偏流电阻，我们可以通过调节偏流电阻 R_b 的大小来改变偏置电路中的偏流，即 I_b 的数值。对于不同的 I_b 值，可测出对应的 I_c 和 I_e 的数值，如表 7-1 所列。再将表 7-1 中相邻二项相减，即得表 7-2 所列的基极电流变化量 ΔI_b 和集电极电流变化量 ΔI_c 的数值。

从表 7-1 和表 7-2 可以得出如下结论：

① 由表 7-1 可得 $I_e = I_b + I_c$，即发射极电流等于基极电流与集电极电流之和。其中 $I_b \ll I_c$，故 $I_e \approx I_c$。因为基区的厚度和它的掺杂浓度在管子制作时就已确定，故扩散和复合的载流子数的比例关系也随之固定，因而集电极电流 I_c 和基极电流 I_b 总保持一定的比例关系，即对于一个特定的三极管来说，I_c 与 I_b 的比值几乎是固定的。如果用 $\bar{\beta}$ 来表示 I_c 与 I_b 的比值，$\bar{\beta}$ 称为晶体管的直流电流放大系数。从表 7-1 可见，直流电流放大系数 $\bar{\beta}$ 的数值几乎是恒定不变的。

表 7-1　三极管各极电流的测量值及电流放大系数

I_b/mA	−0.001	0	0.01	0.02	0.03	0.04	0.05
I_c/mA	0.001	0.01	0.56	1.14	1.74	2.33	2.91
I_e/mA	0	0.01	0.57	1.16	1.77	2.37	2.96
$\bar{\beta} = I_c/I_b$			56	57	58	58	58

② 当 $I_b = 0$ 或 $I_e = 0$ 时，集电极电流 I_c 并不等于零，$I_e = 0$ 时，$I_c = -I_b$（负值表示与图中 I_b 方向相反），此时的集电极电流称为集电极反向饱和电流，用 I_{cbo} 表示。当 $I_b = 0$ 时，$I_c = I_e$，此时的集电极电流称为穿透电流，用 I_{ceo} 表示，当温度升高时，它的数值随之增大，因此一般可用穿透电流 I_{ceo} 来衡量三极管受温度影响的程度和大小。

表 7-2　三极管各极电流的变化量

ΔI_b	0.01	0.01	0.01	0.01
ΔI_c	0.58	0.60	0.59	0.58
$\beta = \dfrac{\Delta I_c}{\Delta I_b}$	58	60	59	58

③ 因为集电极电流 I_c 和基极电流 I_b 之间总保持有一定的比例关系，这样就可以通过改变基极电流 I_b 的大小来控制集电极电流 I_c 的变化。实验发现，基极电流 I_b 的微小变化（ΔI_b）就能够引起集电极电流 I_c 较大的变化（ΔI_c），这种现象称为晶体管的电流放大作用。将 ΔI_c 与 ΔI_b 之比值用 β 表示，称为晶体管的交流（或动态）电流放大系数，因此交流电流放大系数 β 是标志着晶体管放大能力的一个基本参数，即

$$\beta = \frac{\Delta I_c}{\Delta I_b} \tag{7-7}$$

比较表 7-1 和表 7-2 可见，直流电流放大系数 $\bar{\beta}$ 的数值与交流电流放大系数 β 的数值

较为接近，故在实际应用中，通常 $\overline{\beta}$ 与 β 两者之间不必严格区分。

以上是从电流的角度分析了三极管的放大作用，下面从电压的角度来分析三极管的放大作用。调节偏流电阻 R 的阻值，使基极电流产生 ΔI_b 的变化，实际上就是使晶体管基极和发射极之间的电压产生 ΔU_{bc} 的变化。从前面叙述的晶体管的电流放大作用得知，基极电流变化了，ΔI_b 就会引起集电极电流 ΔI_c 很大的变化，它在集电极负载电阻 R_c 上产生的电压变化为 $\Delta U_{Rc}=R_c\Delta I_c$。因此只要选用适当的 R_c，就能使 ΔU_{Rc} 比 ΔU_{bc} 大很多倍，这样就实现了电压放大。

7.4.3 晶体三极管的特性曲线

晶体三极管的特性曲线就是描述晶体三极管各极电流和电压之间相互关系的曲线。在任意一个三极管的放大电路中，都有输入端和输出端，共四个端点，而三极管只有三个极，因此必须将其中的一个电极作为公共端。依据公共端的不同，三极管有三种不同的接法，即三极管放大电路的三种组态：共发射极、共集电极和共基极组态放大电路。图 7-21 所示为三极管在放大电路中的三种连接方式：图（a）从基极输入信号，从集电极输出信号，发射极作为输入信号和输出信号的公共端，即共发射极（简称共射极）放大电路；图（b）从基极输入信号，从发射极输出信号，集电极作为输入信号和输出信号的公共端，即共集电极放大电路；图（c）从发射极输入信号，从集电极输出信号，基极作为输入信号和输出信号的公共端，即共基极放大电路。

图 7-21 所示的电路是 NPN 型三极管的三种不同的接法。对于 PNP 型三极管，只需把电源的正、负极与 NPN 型三极管接法相反就可以了。在实际设备中，常将输入、输出和电源的公共端与机壳相连，作为零电位的参考点，称为接地。需要指出的是，当晶体三极管的公共端接法不同时，其特性曲线是不同的。这些特性曲线可以用专门的仪器（如晶体管特性图示仪）加以显示，也可以通过具体的实验电路进行测试。

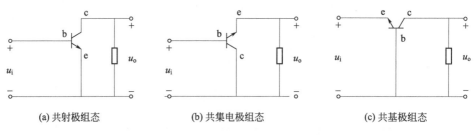

(a) 共射极组态   (b) 共集电极组态   (c) 共基极组态

图 7-21   NPN 型三极管的三种连接方式

由于共发射极接法的放大电路最为常见，下面就以共发射极接法为例，讨论晶体三极管的特性曲线。

如图 7-22 所示的共发射极晶体管特性曲线测试电路，通过调节电位器 R_{W1}，可以改变晶体三极管的输入电压 U_b 和输入电流 I_b；通过调节 R_{W2} 可以改变输出电压 U_{ce} 和输出电流 I_c，这样就可以得出它们之间的关系，将测量的对应各点描绘成曲线，即为该晶体管电路的输入与输出特性曲线。

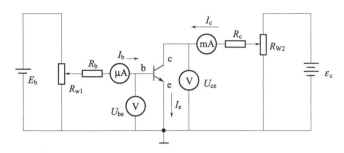

图 7-22　测量晶体三极管特性曲线的电路

（1）输入特性曲线

输入特性曲线是指当输出电压 U_{ce} 保持一定值（即 U_{ce} ＝常数）时，晶体三极管的基极电流 I_b 与发射结电压 U_{be} 间的函数关系，即

$$I_b = f(U_{be})$$

如图 7-23 所示，是测得的输入特性曲线图，可分为以下两种情况加以分析：

① U_{ce} ＝0 时，即集电极与发射极短路，三极管相当于两个正向偏置的并联二极管。此时 I_b 与 U_{be} 的关系曲线 1 与二极管的正向特性曲线的形状相似。

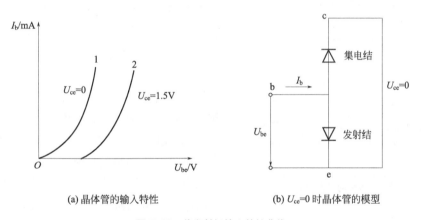

(a) 晶体管的输入特性　　　　　　　(b) U_{ce}＝0 时晶体管的模型

图 7-23　共发射极输入特性曲线

② U_{be} ＞0 时，将 U_{ce} ＝1.5V 的曲线 2 和曲线 1 进行比较发现，曲线 2 较曲线 1 向右移，说明在相同 U_{be} 的条件下，曲线 2 的 I_b 值减小；当 U_{ce} ＞1.5V 时，所得曲线基本上与曲线 2 重合。这是因为只要 U_{be} 保持不变，则由发射区注入基区的自由电子数目就是一定的，同时集电结上的反向电压已经把基区中自由电子的绝大部分都吸引到集电极，此时即使再增加 U_{be} 的数值，I_b 值也不会有明显的变化，输入特性曲线的位置和形状基本不变，因此在晶体管手册中给出的输入特性曲线，往往只有一、二条就可以代表 U_{ce} 为更高值时的基本情况，如图 7-24 所示。

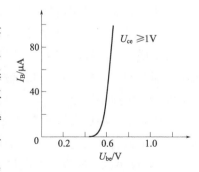

图 7-24　三极管的输入特性曲线

三极管的输入特性曲线是一指数曲线，但在正常工作范围内，即曲线的上面部分，可以将此部分近似看作是线性的。我们把这段直线的斜率 $\tan\alpha = \dfrac{\Delta I_b}{\Delta U_{be}}$ 的倒数，称为三极管基极与发射极之间的交流输入电阻，用 r_{be} 表示，即

$$r_{be} = \frac{1}{\tan\alpha} = \frac{\Delta U_{be}}{\Delta I_b} \tag{7-8}$$

在三极管正常工作时，一般基极电压都很小，对于硅管基极电压为 0.7V 左右，对于锗管约为 0.3V。如果 U_{be} 过大，基极电流 I_b 将急剧增加，并导致 I_c 变得很大，会使三极管过热而烧毁，因此在实际电路中，基极回路总要串联一个较大的偏流电阻 R_b 以限制基极电流。

（2）输出特性曲线

输出特性曲线是指在基极电流 I_b 一定（当 $I_b=$ 常数）的情况下，晶体三极管的集电极电流 I_c 与集电结电压 U_{ce} 之间的函数关系，即

$$I_c = f(U_{ce})$$

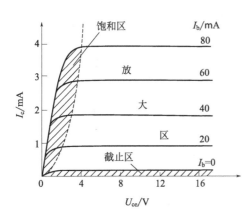

图 7-25 三极管的输出特性曲线

图 7-25 是在不同的基极电流 I_b 的情况下，共发射极晶体管的一簇典型的输出特性曲线。图中每条特性曲线反映出在某一基极电流 I_b 的数值下，集电极电流 I_c 与集电结电压 U_{ce} 的关系。每条特性曲线形状基本相似，只是 I_b 越大，对应的 I_c 就越大。在图 7-25 所示的晶体管三极管输出特性曲线中通常将晶体管的工作状态分为三个区域。下面分别加以介绍。

① 截止区　如图 7-25 所示，当 $I_b=0$（相当于基极开路的情况）时，对应的那条特性曲线以下的阴影区称为截止区。截止区的特点是发射结和集电结都处于反向偏置，晶体管失去了放大的能力。此时 $I_c = I_{ceo} \approx 0$，就是穿透电流为 0，相当于集电极 c 与发射极 e 之间存在着极大的阻抗，即使集电极电压 U_{ce} 再增加，集电极电流 I_c 也基本不变，这种状态称为截止。当温度升高时，I_{ceo} 也增加，使整个特性曲线向上移动，晶体管特性受到影响。截止状态下，晶体管相当于一个断开的开关。

② 放大区　在基极电流 I_b 为正的不同数值时，各条输出特性曲线彼此平行，而且几乎平行于横轴。基极电流 I_b 有微小的变化，就会引起 I_c 较大的变化。即 I_c 主要受 I_b 的控制，而与 U_{ce} 基本无关。这种输出特性曲线具有近似平坦特性的区域，称为放大区，如图 7-25 所示的无阴影区。

晶体管工作在放大区才有放大作用。要使晶体管工作在放大区，必须使晶体管的发射结处于正向偏置，集电结处于反向偏置。该区域中满足电流关系式：$I_c = \beta I_b$。

对 NPN 型的三极管，有电位关系 $U_c > U_b > U_e$；对 NPN 型硅三极管，有发射结电压 $U_{be} \approx 0.7V$；对 NPN 型锗三极管，有 $U_{be} \approx 0.2V$。

③ 饱和区　如图 7-25 所示，随着 U_{ce} 的减小，特性曲线族中每条曲线都向左下弯曲，当 U_{ce} 减小到一定程度时，不同 I_b 的输出特性曲线重合。I_b 不同，而 I_c 基本不变，说明 I_c 不受 I_b 的控制，晶体三极管失去放大作用，这种状态称为饱和。晶体管处于饱和状态时，U_{ce} 降到 0.5V 以下，$U_{be} > U_{ce}$，发射结和集电结都处于正向偏置，这时晶体管相当于一个开关处于接通的状态，输出特性曲线中 I_c 近于直线上升的左侧，称为饱和区。

在该区域三极管的电流放大能力下降，通常有 $I_c < \beta I_b$；U_{ce} 的数值很小，称此时的电压 U_{ce} 为三极管的饱和压降，用 U_{ces} 表示。一般硅三极管的 U_{ces} 约为 0.3V，锗三极管的 U_{ces} 约为 0.1V。

综上所述，三极管作为开关使用时，通常工作在截止和饱和导通状态；作为放大元件使用时，一般要工作在放大状态。

7.4.4　晶体三极管的主要参数及应用

晶体管的参数是晶体管特性的简单描述，它是用来描述晶体管各方面的性能和其所适用范围的参数，在设计和调试电路时这些参数是正确选定三极管的重要依据。由于晶体三极管的参数有很多，如电流放大系数、反向电流、耗散功率、集电极最大电流、最大反向电压等，通常这些参数可以通过查半导体手册来得到。下面介绍几个主要的晶体管参数。

(1) 电流放大系数

① 直流电流放大系数 $\bar{\beta}$　当 U_{ce} 固定在某一数值时，I_c 与其对应的 I_b 的比值，用 $\bar{\beta}$ 表示，即

$$\bar{\beta} = \frac{I_c}{I_b} \qquad (U_{ce} = \text{常数}) \tag{7-9}$$

② 交流电流放大系数 β　晶体管集电极电流的变化量 ΔI_c 与基极电流变化量 ΔI_b 的比值，称为交流电流放大系数，用 β 表示，即

$$\beta = \frac{\Delta I_c}{\Delta I_b} \qquad (U_{ce} = \text{常数}) \tag{7-10}$$

如果基极电流的变化量是正弦交流电流，则

$$\beta = \frac{I_c}{I_b} \tag{7-11}$$

式(7-9) 中，I_c 与 I_b 分别表示集电极电流和基极电流中的交流成分的有效值。

由于 $\bar{\beta}$ 和 β 的值很接近，因此在对电路参数做近似估算时，常用直流电流放大系数 $\bar{\beta}$ 来代替交流电流放大系数 β，一般晶体管的电流放大系数在十几至 200 之间。

(2) 极间反向电流 I_{cbo} 和 I_{ceo}

① 集电极-基极反向饱和电流 I_{cbo}　它是发射极开路时，集电结在反向电压作用下的集电极反向电流。它与单个 PN 结的反向电流一样，数值一般很小。小功率锗管的 I_{cbo} 为 10μA 左右，而硅管的 I_{cbo} 则小于 1μA。

温度的变化对 I_{cbo} 的影响极大。温度一定时，它基本上是一个常量；当温度升高时，少数载流子随之增加，反向饱和电流 I_{cbo} 也随之增大。所以 I_{cbo} 是衡量晶体管温度稳定性

的参数，通常它标志着晶体管集电结质量的好坏。

② 集电极-发射极反向电流 I_{ceo}　它是基极开路时，集电极与发射极之间的电流。由于该电流从集电区穿过基区，到达发射区，故又称为穿透电流。I_{ceo} 与 I_{cbo} 有如下关系

$$I_{ceo}=(1+\beta)I_{cbo} \tag{7-12}$$

由于 I_{cbo} 与温度的关系极大，加之 β 的放大作用，所以 I_{ceo} 对温度就更为敏感，它将直接影响晶体管电路的温度稳定性。因此穿透电流 I_{ceo} 也是衡量晶体管质量的一个重要指标，一般穿透电流 I_{ceo} 越小越好。在室温下，小功率锗管的穿透电流 I_{ceo} 约为几十微安至几百微安，硅管在几微安以下。

(3) 共发射极晶体管的截止频率 f_β 和特征频率 f_T

晶体管的电流放大系数 β 在频率较低时是不变的，但在频率较高时，却随着频率 f 的增加而显著地下降，如图 7-26 所示，在低频时的 β 值，用 β_0 表示。当频率 f 增高，β

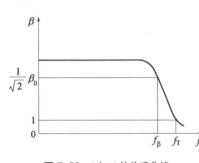

图 7-26 β 与 f 的关系曲线

下降到 β_0 的 $\dfrac{1}{\sqrt{2}}$ 时，对应的这一频率称为这个管子的共发射极截止频率，用 f_β 表示。当频率 f 进一步增高，β 下降为 1 时的频率，称为这个管子的特征频率，用 f_T 表示。晶体管 β 随频率变化的关系，可用下式近似地表示

$$\beta=\frac{\beta_0}{\sqrt{1+(f/f_\beta)^2}} \tag{7-13}$$

显然，当 $f\ll f_\beta$ 时，$\beta=f_\beta$；当 $f\gg f_\beta$ 时，则

$$\beta=\frac{\beta_0 f_\beta}{f} \tag{7-14}$$

或

$$\beta f=\beta_0 f_\beta$$

即 β 与频率 f 的乘积不变。当 $f=f_T$ 时，$\beta=1$，由此得到

$$f_T=\beta_0 f_\beta \tag{7-15}$$

(4) 极限参数

极限参数规定了晶体管要在一定的极限范围内使用，否则将影响晶体管的正常工作，甚至导致管子的损坏。这些极限参数主要有以下几个参数。

① 集电极最大允许电流 I_{CM}　当集电极电流 I_c 超过一定值时，晶体管的电流放大系数 β 就要下降。通常把 β 值下降到原来的 2/3 时的集电极电流，称为最大允许集电极电流，用 I_{CM} 表示。

② 集电极-发射极击穿电压 BU_{ceo}　当基极开路时，加在集电极和发射极之间的最大允许电压，称为集电极-发射极击穿电压，用 BU_{ceo} 表示。集电极和发射极之间加上电压 U_{ce}，使集电结处于反向偏置，发射结处于正向偏置。若 $U_{ce}>BU_{ceo}$，则会导致集电结反向击穿，使晶体管损坏。

③ 发射极-基极反向击穿电压 BU_{ebo}　当集电极开路时，发射结所允许的最大反向电压，称为发射极-基极反向击穿电压，用 BU_{ebo} 表示。当超过这个极限值时，发射结将被

击穿。BU_{ebo} 一般为几伏，有些高频管甚至不到 1V。晶体管在使用时如果处于截止状态，反向电压一般不应达到这个数值，更不能超过这个数值。

④ 集电极最大耗散功率 P_{CM}　由于集电结处于反向偏置，阻挡层的电压降很大。所以电流通过晶体管产生的热量主要是在集电结，它使晶体管的温度升高。当温度升高到晶体管的最高允许温度时，在集电极上耗散的功率值，就被规定为集电极最大耗散功率 P_{CM}，如图 7-27 所示。显然最大耗散功率 P_{CM} 与集电极电流 I_c 和集电结电压 U_{ce} 的关系是

$$P_{CM} = I_c U_{ce} \tag{7-16}$$

通常，对于锗管其最高允许温度为 70℃，硅管可达到 150℃。晶体管工作时的温度与散热情况有关，环境温度较高时应减少耗散功率，P_{CM} 大于 1W

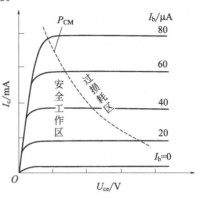

图 7-27　三极管的安全工作区

的管子，使用时通常应加散热片以提高最大耗散功率 P_{CM} 的数值。

(5) 温度对三极管特性的影响

同二极管一样，三极管也是一种对温度十分敏感的器件，随温度的变化，三极管的性能参数也会改变。图 7-28 和图 7-29 所示为三极管的特性曲线受温度的影响情况。

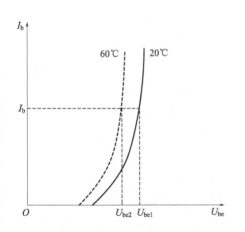

图 7-28　温度对三极管输入特性的影响

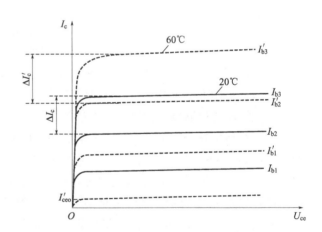

图 7-29　温度对三极管输出特性的影响

7.5　场效应晶体管

场效应晶体管是一种新型的半导体器件，它是一种电压控制器件，是利用电场效应来控制电流的大小从而实现放大的半导体器件。它于 1957 年问世，60 年代初开始使用，通常用符号 FET 来表示场效应管。场效应管既有一般半导体器件的重量轻、体积小、耗电省和寿命长等优点，又有输入阻抗高、噪声小、工作稳定和抗辐射能力强等特点，因此对

于放大微弱的生物电信号极其有利，在生物电放大器中得到广泛应用。根据结构的不同，场效应管可分为两大类：一类是结型场效应管，简称 JFET，另一类是金属-氧化物-半导体场效应管，称为绝缘栅场效应管，简称 MOS 场效应管。

7.5.1 结型场效应管的基本结构与原理

结型场效应管的结构和原理如图 7-30 所示。在一块 N 型半导体材料的两侧，分别扩散有高浓度的 P 型区，从而形成两个 PN 结。从 P 区引出两个电极并连接在一起，称为栅极，用 G 表示。在 N 型材料的两端，各引出一个电极，分别称为源极（用 S 表示）和漏极（用 D 表示）。

如果在源极与漏极之间接有电源 E_D（源极接负极，漏极经负载 R_D 接正极），N 型半导体中的自由电子，将通过两个 PN 结之间的通道（也称为沟道）由源极向漏极运动，形成恒定的漏极电流 I_D。

由于 PN 结间阻挡层的宽度，是随 PN 结所加反向电压大小的不同而变化的，如果在栅极和源极之间再接上电源 E_G，源极接正极，栅极接负极，如图 7-30 所示，这样，两个 PN 结就都处于反向偏置状态。栅极和源极之间的电压一般简称为栅源电压，此时如果调节电源 E_D 使栅极和源极之间的反向电压增大，则阻挡层即随之加宽，载流子能通过的沟道就变窄，使得沟道电阻增大。在 E_D 电压不变的情况下，漏极电流

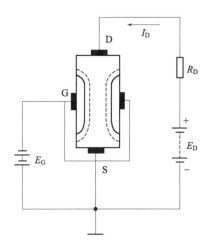

图 7-30　结型场效应管的结构和原理

I_D 就减小；反之，当栅极和源极之间的反向电压减小时，阻挡层随之变窄，载流子通过的沟道增宽，沟道电阻减小，漏极电流 I_D 增大。可见，只要调节栅极和源极之间电压的大小，就能够通过栅极和源极之间电场的强弱变化来控制漏极电流的大小。

由于结型场效应管工作时，输入端加的是反向电压，故栅流极小，输入电阻很高，一般可以达到 $10^6 \sim 10^8 \, \Omega$。因所用的沟道半导体材料不同，结型场效应管分有 N 沟道和 P 沟道两种，以 N 型半导体为沟道材料的场效应管，称为 N 沟道结型场效应管，其结构和电路符号如图 7-31 所示，N 沟道结型场效应管符号中的箭头，表示由 P 区指向 N 区。

反之，以 P 型半导体为沟道材料的场效应管，称为 P 沟道结型场效应管。P 沟道结型场效应管，所加的工作电压与 N 沟道结型场效应管的电压极性相反。P 沟道结型场效应管的构成与 N 沟道类似，只是所用杂质半导体的类型要反过来。图 7-32 所示为 P 沟道结型场效应管的结构与符号。

N 沟道结型场效应管的工作原理

① 当栅源电压 $U_{GS}=0$ 时，两个 PN 结的耗尽层比较窄，中间的 N 型导电沟道比较宽，沟道电阻小，如图 7-33 所示。

② 当 $U_{GS}<0$ 时，两个 PN 结反向偏置，PN 结的耗尽层变宽，中间的 N 型导电沟道相应变窄，沟道导通电阻增大，如图 7-34 所示。

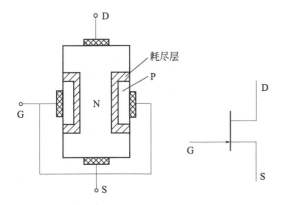

图 7-31　N 沟道结型管的结构与符号

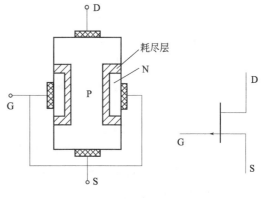

图 7-32　P 沟道结型管的结构与符号

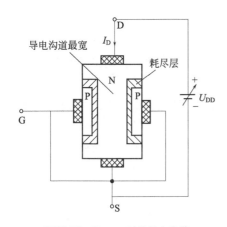

图 7-33　$U_{GS}=0$ 时的导电沟道

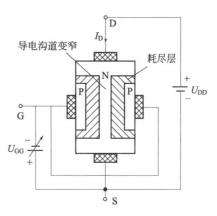

图 7-34　$U_{GS}<0$ 时的导电沟道

③ 当 $U_P<U_{GS}\leq0$ 且 $U_{DS}>0$ 时，可产生漏极电流 I_D。I_D 的大小将随栅源电压 U_{GS} 的变化而变化，从而实现电压对漏极电流的控制作用。U_{DS} 的存在，使得漏极附近的电位高，而源极附近的电位低，即沿 N 型导电沟道从漏极到源极形成一定的电位梯度，这样靠近漏极附近的 PN 结所加的反向偏置电压大，耗尽层宽；靠近源极附近的 PN 结反偏电压小，耗尽层窄，导电沟道成为一个楔形，如图 7-35 所示。

为实现场效应管栅源电压对漏极电流的控制作用，结型场效应管在工作时，栅极和源极之间的 PN 结必须反向偏置。

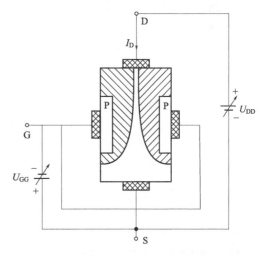

图 7-35　U_{GS} 和 U_{DS} 共同作用的情况

综上所述，结型场效应管分为 N 沟道结型管和 P 沟道结型管两种，它们都具有 3 个电极：栅极、源极和漏极，分别与三极管的基极、发射极和集电极相对应。

7.5.2　结型场效应管的特性曲线

（1）转移特性曲线

场效应管工作时，栅极的反向电流 $I_G \approx 0$，所以 I_G 与 U_{GS} 曲线没有意义。场效应管是依靠改变栅源电压 U_{GS} 来控制漏极电流 I_D 变化的电压控制器件，在场效应管的 U_{DS} 一定时，漏极电流 I_D 与栅源电压 U_{GS} 的关系曲线，称为场效应管的转移特性曲线，如图 7-36 所示。它反映了场效应管栅源电压对漏极电流的控制作用。

图 7-36 是 $U_{DS}=10V$ 时的转移特性曲线。图中当 $U_{GS}=0$ 时，导电沟道电阻最小，漏极电流 I_D 最大，即 I_{DSS} 是栅源电压 $U_{GS}=0$ 时漏极电流 I_D 的饱和值，称为饱和漏极电流。当栅源电压向负方向不断增大时，漏极电流 I_D 随之不断减小，最后减小至零。$I_D=0$ 时的栅源电压，称为夹断电压，用 U_P 表示。

（2）漏极特性曲线

场效应管的输出特性曲线，称为漏极特性曲线，它是当 U_{GS} 为一定值时，漏极电流 I_D 与漏源电压 U_{DS} 之间的关系曲线，如图 7-37 所示。场效应管的漏极特性曲线，可分为四个区域。

① 可变电阻区　当 U_{DS} 比较小时，漏极电流 I_D 随漏源电压 U_{DS} 非线性地增长，称为可变电阻区。

② 线性放大区（恒流区）　当 U_{DS} 继续增大时，漏极电流 I_D 随栅源电压 U_{GS} 近似线性地增长，而与 U_{DS} 几乎无关，称为线性放大区。场效应管在起放大作用时，必须工作在这一区域。

③ 击穿区　当 U_{DS} 增大到某一数值时，漏极电流 I_D 突然增大，管子发生击穿。使用时应防止场效应管进入击穿区。

④ 截止区（夹断区）　图 7-37 最下面的区域。

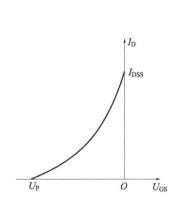

图 7-36　N 沟道结型场效应管的转移特性曲线

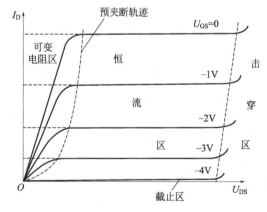

图 7-37　N 沟道结型场效应管的输出特性曲线

7.5.3　场效应管的主要参数

（1）夹断电压 U_p

当漏源电压 U_{DS} 一定时，漏极电流 $I_D \approx 0$ 时的栅源电压值，称为夹断电压，用 U_P 表示。

（2）漏极饱和电流 I_{DSS}

在栅源短路的条件下，即 $U_{GS}＝0$ 时，漏极与源极之间加上规定电压时的漏极电流，称漏极饱和电流，用 I_{DSS} 表示。通常取 $U_{DS}＝10V$，测出的漏极电流就是 I_{DSS}。

（3）直流输入电阻 R_{GS}

当漏源电压一定时，栅极与源极之间的直流电阻，称为直流输入电阻，用 R_{GS} 表示。结型场效应管的 R_{GS} 一般在 $10^8\,\Omega$ 以上。

（4）跨导 g_m

当漏源电压 U_{DS} 一定（即 $U_{DS}＝$ 常数）时，漏极电流的微小变化 ΔI_D 与引起这个变化的栅源电压的微小变化 ΔU_{GS} 之比，称为跨导，用 g_m 表示，即

$$g_m＝\frac{\Delta I_D}{\Delta U_{GS}} \tag{7-17}$$

跨导反映栅极与源极之间的电压对漏极电流的控制能力，是衡量场效应管放大作用的重要参数。跨导的单位是西门子（S），$1S＝1A/1V$。$1mS＝10^{-3}S$。

7.5.4 绝缘栅场效应管

绝缘栅场效应管是由金属、氧化物和半导体材料构成的，因此又叫 MOS 场效应管。绝缘栅场效应管也分为 N 沟道和 P 沟道两类。根据管子制成时是否已具有沟道，每类又分成耗尽型和增强型两种。制成时已具有原始沟道的，称为耗尽型 MOS 场效应管，不具有原始沟道的，称为增强型 MOS 场效应管。

N 沟道增强型 MOS 场效应管的结构，如图 7-38 所示。在一块掺杂较少的 P 型硅片上，制作两个高浓度的 N^+ 型区，分别作为源极 S 和漏极 D。隔离两个 N^+ 区的 P 型硅表面覆盖一层二氧化硅薄层，再在其上覆盖一层金属铝作为栅极。栅极与其他电极绝缘，故称为绝缘栅场效应管，其电路符号如图 7-38 所示。

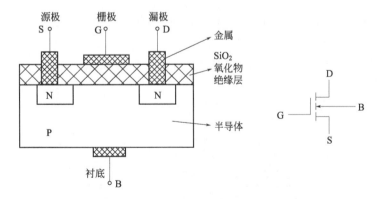

图 7-38 N 沟道增强型 MOS 管的结构与符号

符号中的箭头表示从 P 区（衬底）指向 N 区（N 沟道），虚线表示增强型。

制造绝缘栅场效应管时，在二氧化硅绝缘层中形成相当数量的正离子。这些正离子所形成的内电场将吸引 P 型硅中的自由电子，在靠近绝缘层处感应出一个自由电子薄层。这个负电荷层与 P 型区的性质相反，称为反型层。反型层能够导电，它在两个 N^+ 区间构

成一条 N 型导电通道。有了这一原始通道，只要漏极与源极之间加上正向电压 U_{DS}，即使栅源电压 $U_{GS}=0$，也能形成漏极电流 I_D。

如果在栅极与源极之间再加上负电压，衬底与栅极之间的外电场与内电场的方向相反，使沟道变薄，漏极电流 I_D 减小。反之，若在栅源间加上正电压，则沟道增厚，I_D 增大，这样，通过改变栅极与源极之间的电压 U_{GS}，以控制沟道的厚薄，就能控制漏极电流的大小。而且无论栅极电压是正或是负，栅极电压都能发挥控制漏极电流的作用，动态范围也较大。绝缘栅场效应管的栅极与其他电极绝缘，工作时几乎没有栅极电流，输入直流电阻极高，可达 $10^9\,\Omega$ 以上。

(1) N 沟道增强型 MOS 管的工作原理

如图 7-39 所示，在栅极 G 和源极 S 之间加电压 U_{GS}，漏极 D 和源极 S 之间加电压 U_{DS}，衬底 B 与源极 S 相连。

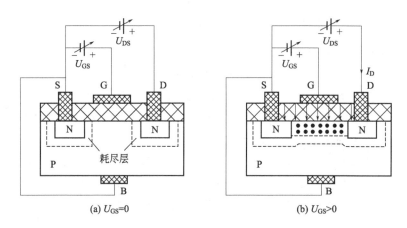

图 7-39 N 沟道增强型 MOS管加栅源电压 U_{GS}

形成导电沟道所需要的最小栅源电压 U_{GS}，称为开启电压 U_T。

(2) N 沟道耗尽型绝缘栅场效应管

N 沟道耗尽型绝缘栅场效应管的结构和符号如图 7-40 所示。

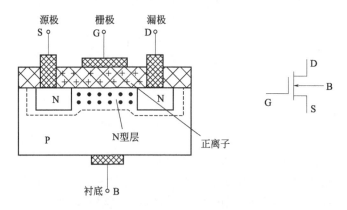

图 7-40 N 沟道耗尽型 MOS管的结构与符号

耗尽型 MOS 管工作时，其栅源电压 U_{GS} 可以为 0，也可以取正值或负值，这个特点使其在应用中具有更大的灵活性。

习　题

7-1　什么是半导体？半导体有哪些独特的导电特性？

7-2　什么是本征半导体？一般将半导体分为几种类型？每一种类型要靠哪一种载流子导电？

7-3　什么是内电场？内电场的形成原因是什么？内电场对载流子的运动有什么作用？

7-4　试简述 PN 结的形成过程及 PN 结的单向导电特性。

7-5　晶体二极管的伏安特性曲线有何特点？温度升高对二极管的伏安特性曲线有何影响？二极管的主要参数有哪些？晶体三极管是由几个 PN 结组成的？有几种类型？晶体三极管三个极的名称分别是什么？

7-6　晶体三极管的输入和输出特性曲线各具有哪些特点？晶体三极管的参数有哪些？

7-7　晶体三极管在截止、放大和饱和状态下的偏置条件有何不同？

7-8　若使晶体三极管电路具有放大作用，对发射结和集电结的电压有何要求？

7-9　用什么方法可以判别一个三极管是 PNP 型还是 NPN 型？是硅管还是锗管？

7-10　如果二极管的反向饱和电流为 $1\mu A$，求 20℃时二极管的电流与电压的关系？若设计要求电流为 1A，则二极管的两端应加多大的电压？

7-11　什么是稳压二极管？稳压二极管在电路中用什么符号表示？

7-12　二极管的应用有哪些？试简述之。

7-13　用欧姆表测量二极管的正向电阻时，发现每次测量结果都有些不同，你认为原因是什么？

7-14　在室温条件下将一个 1.5V 的干电池正向接到二极管的两端，试估算一下通过二极管的电流是多少？若将同样的干电池反向接到二极管的两端，那么通过二极管的电流又是多少？

7-15　有一个看不出型号的三极管接在电路中，也没有其他标志，但可测出它的三个电极的对地电位。设电极 A 的 $U_A = -9V$，电极 B 的 $U_B = -6V$，电极 C 的 $U_C = -6.2V$，试分析哪一个是基极 b、发射极 e 和集电极 c？

7-16　如图 7-41 所示的各晶体管电路中，哪些电路具有放大作用？哪些电路没有放大作用？为什么？

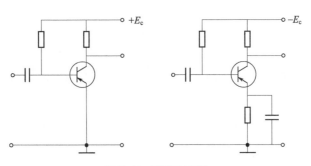

图 7-41　习题 7-16 图

7-17　实验测得晶体三极管电路的基极电流和集电极电流分别是 $100\mu A$ 和 2mA，求：（1）发射极电流及该电路的电流放大系数；（2）若测得反向饱和电流是 $2\mu A$，求穿透电流。

7-18　有一继电器接于晶体管集电极回路中，已知该晶体管的电流放大系数 $\beta=50$，设继电器的吸动电流为 6mA，问需要多大的基极电流 I_b 继电器才会吸合？

7-19　场效应管和晶体三极管都有放大作用，它们的工作原理有何不同？

CHAPTER 8

第8章
基本放大电路

晶体管在电路中具有放大和开关的作用，放大电路作为电子设备广泛使用的基本单元，正是利用晶体管元件的放大作用实现电信号的放大。本章主要介绍由分立元件所组成的基本放大电路，讨论它们的电路结构、工作原理、分析方法及特点和应用。

8.1 放大的基本概念

8.1.1 放大的概念

放大在各种场景中经常会被提到，如利用显微镜将微小物体的形貌放大至肉眼观察范围；利用变压器将低电压升转变为高电压。这些放大的共同点，都是将原物体的形状或大小按照一定比例变大了。以晶体管为核心组成的电子放大电路，放大的物体就是微弱的电信号。在现代生产测量过程中，常常需要将一些与设备运行相关的非电信号，如温度、压力、流量、光照等通过传感器转换为微弱的电信号，经过放大电路后，去驱动各种执行器件，如显示模块、继电器、电机等，来实现检测和控制。例如，利用扩音机放大声音就是一种典型应用，其原理框图如图 8-1 所示。话筒（传感器）将微弱的声音转换成电信号，经过放大电路放大成为足够强的电流信号后，驱动后端扬声器（执行器件），使其发出较原来强得多的声音。

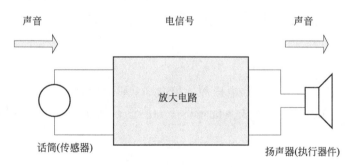

图 8-1 扩音机工作原理框图

从上面例子来看，放大表面上是将电信号由小变大，实际上，放大的过程是实现能量转换的过程，即输入的小信号通过晶体管的控制作用，把电源供给的能量转换为了较大信号输出。可见，放大电路放大的本质是能量的控制和转换，是在输入信号的作用下，放大电路将直流电源能量转换成了执行机构所需的能量，使电路负载获得的能量大于信号源所提供的能量。在放大电路中，晶体管和场效应管作为有源元件，起着控制能量的作用。

放大的前提是保证信号不失真，即只有不失真的放大才有意义。所以，作为核心元件的晶体管和场效应管，需要它们工作在合适的特性区域，才能使输出量与输入量始终保持线性关系，即电路不产生失真。

8.1.2 放大电路主要指标

图 8-2 所示为放大电路的示意图。放大电路可以看作一个二端口网络，左端为输入端，右端为输出端。

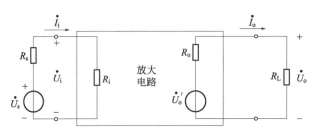

图 8-2　放大电路示意图

在放大电路输入端连接内阻为 R_s 的正弦信号源 $\dot{U}_s$ 后，放大电路得到输入电压 $\dot{U}_i$，同时产生输入电流 $\dot{I}_i$；右端输出电压为 $\dot{U}_o$，输出电流为 $\dot{I}_o$，R_L 为负载电阻。在相同的 $\dot{U}_s$ 和 R_L 条件下，输入电流 $\dot{I}_i$ 和输出电流 $\dot{I}_o$ 将不同，说明不同的放大电路从信号源索取的电流不同，且对相同的信号放大能力也存在差别。此外，信号源的频率同样也会对放大电路的放大能力产生影响。为了反映放大电路各方面的性能，主要涉及以下指标。

(1) 放大倍数

放大倍数是直接衡量放大电路放大能力的重要指标。该值采用输出量 $\dot{X}_o$ 与输入量 $\dot{X}_i$ 比值来表示。对于小功率晶体管放大电路，人们通常关心电路中电压放大倍数。根据定义，电压放大倍数是输出电压 $\dot{U}_o$ 与输入电压 $\dot{U}_i$ 之比，即

$$A_u = \frac{\dot{U}_o}{\dot{U}_i} \tag{8-1}$$

本章重点研究晶体管放大电路电压放大倍数 A_u 理论计算。在实际测量放大倍数时，应观察示波器输出端波形，在不失真的情况下，测量数据才有意义。其他电路指标也是如此。

(2) 输入电阻

放大电路与信号源连接时，从信号源获取电流，放大电路相当于是信号源的负载。电流的大小反映了放大电路对信号源产生影响的程度。放大电路的输入电阻是从放大电路输入端看进去得到的等效电阻，定义为输入电压 $\dot{U}_i$ 与输入电流 $\dot{I}_i$ 的比值，用符号 r_i 表示，即

$$r_i = \frac{\dot{U}_i}{\dot{I}_i} \tag{8-2}$$

r_i 越大，放大电路从信号源索取电流越小，对信号源影响也越小，放大电路所得到的输入电压越接近信号源电压。对一般放大电路而言，希望输入电阻大一些较好。r_i 是针对交流信号而言，所以是一个动态电阻。如果输入电压和输出电压分别采用有效值计算，输入电阻可用 R_i 来表示。后续内容均按照动态分析计算输入电阻，无特别要求的结果均用小写字母 r_i 表示。

（3）输出电阻

放大电路的输出可以等效成一个有内阻的电压源，从放大电路的输出端看进去的等效内阻就是输出电阻。输出电阻同样也是动态电阻，用 r_o 来表示。输出电阻可以通过信号源短路（$\dot{U}_s = 0$）及输出端开路（$R_L = \infty$）条件下求得。

另外可以采用测量空载输出电压及外接负载输出电压来求解，如图 8-2 所示。U_o' 为空载时输出电压有效值，U_o 为带负载后的输出电压有效值，已知 R_L 大小的情况下，输出电阻可表示为

$$R_o = \left(\frac{U_o'}{U_o} - 1 \right) R_L \tag{8-3}$$

输出电阻越小，负载 R_L 变化时，引起的输出电压 U_o 变化越小，这种情况称放大电路带负载能力较强。因此对于放大电路的输出级，为使输出电压平稳，应使输出电阻低一些。

输入电阻 r_i 和输出电阻 r_o 对于交流信号而言都是动态（交流）电阻，它们的大小是衡量放大电路性能的重要指标。

（4）通频带

通常情况下，放大电路对不同频率信号的放大能力也存在差异，通频带用于衡量放大电路对不同频率信号的放大能力。某一个放大电路一般只适用于放大某一个特定频率范围内的信号。图 8-3 所示为某放大电路放大倍数数值与信号频率的关系曲线，称为频率特性曲线。

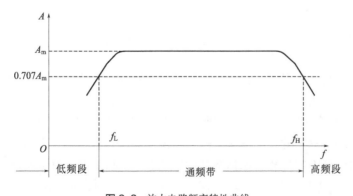

图 8-3 放大电路频率特性曲线

在信号频率下降或上升到一定程度时都会使放大倍数明显地下降。在低频一侧，使放大倍数的数值等于 $0.707 A_m$ 的频率称为下限截止频率 f_L；在高频一侧，信号频率上升到一定程度使放大倍数降低到 $0.707 A_m$ 的频率称为上限截止频率 f_H。f_L 与 f_H 之间的频带

称为放大电路的通频带 f_{bw}。

$$f_{bw} = f_H - f_L \qquad (8\text{-}4)$$

通频带越宽，表明该放大电路的频率适应性较强。对于音响扩音设备，通频带宽需要宽于音频范围才能不失真地放大声音信号。某些实际应用中，也会通过选频放大电路使频带变为较窄的特定频率，避免信号干扰及噪声的影响。

8.2　基本放大电路

8.2.1　共发射极放大电路结构

组成晶体管放大电路的基本要求是电路中的晶体管应处于放大工作状态，即其发射结应正向偏置，集电结处于反向偏置状态。同时，电路需要在放大输入信号的同时，又使输出信号不产生失真。

图 8-4 是以 NPN 晶体管为核心组成的基本共发射极交流放大电路。其输入端接交流信号源，输入电压为 u_i；输出端接负载 R_L，输出电压为 u_o。

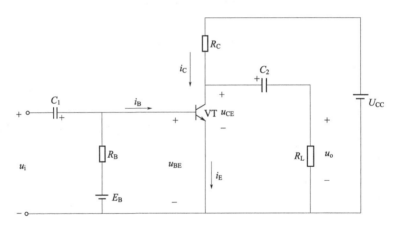

图 8-4　基本共发射极交流放大电路

从图中可以看到，发射极是输入回路和输出回路的公共端，所以称为共发射极放大电路。图中各元件的作用如下：

① 双极型晶体管 VT　电路中的放大元件，起放大作用。利用晶体管电流放大作用，可在集电极获得较大的变化电流，这个电流受控于基极的微弱信号变化。放大的能量是守恒的，输出的较大能量来自晶体管外部电源 U_{CC}，晶体管在电路里实际起着能量控制作用。

② 基极电源 E_B　保证晶体管发射结处于正向偏置，使晶体管无论是否存在输入信号，都能使基极和发射极具有合适的电位差。

③ 基极电阻 R_B　需要和基极电源 E_B 配合，使发射结能够正向偏置并提供合适的静态基极电流 I_B。输入信号 u_i 会引起基极电流 i_B 大小变化，通过 R_B 使晶体管放大电路获

得适当的工作点。R_B 的阻值为几十千欧到几百千欧。

④ 集电极电源 U_{CC}　它有两个作用，首先保证晶体管集电结处于反向偏置状态，使晶体管工作在放大区域；第二是为放大电路提供能量。U_{CC} 大小一般为几伏到几十伏。

⑤ 集电极电阻 R_C　它能将集电极电流 i_C 的变化转换为集-射极间电压 U_{CE} 的变化（$u_{CE}=U_{CC}-i_C R_C$），以实现电压放大。R_C 的阻值一般为几千欧到几十千欧。

⑥ 耦合电容 C_1、C_2　用来隔断直流、传输交流信号。C_1 隔断放大电路与输入信号之间的直流通路，C_2 隔断负载 R_L 与放大电路之间的直流通路，使三者无直流联系，互不影响；另一方面，又起到耦合交流的作用，使信号源、放大电路、负载三者之间的交流信号畅通。电容越大，交流信号衰减越小，电容近似短路。实际应用时 C_1、C_2 选择容量大、体积小的电解电容器，一般为几微法到几十微法。连接时需要注意极性，不能反接。

图 8-4 连接的放大电路采用两个直流电源工作，使用时很不方便。实际上通过合理选择 R_B 和 R_C 的大小，采用单个直流电源 U_{CC} 就可实现晶体管发射结正偏、集电结反偏的工作条件。在放大电路中，信号源、放大电路、负载和直流电源的公共点接"地"，"地"点作为电路零电位参考点。习惯上不画出直流电源符号，而只在其正极的一端标示出它对"地"的电压值 U_{CC} 和极性，简化后的放大电路如图 8-5 所示。

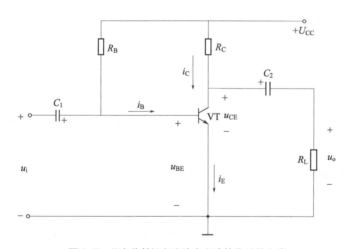

图 8-5　基本共射极交流放大电路简化后的电路

8.2.2　放大电路的静态分析

通过上面的叙述可以看出，晶体管交流放大电路是交、直流共存的电路，在直流电源 U_{CC} 及交流输入信号 u_i 的作用下，电路中既有直流，也有交流。为了更明确地了解放大电路的工作原理，分两种情形来进行分析：一是交流输入信号 $u_i=0$ 时的情况，这时电路中只有直流没有交流；二是加入交流输入信号，即 $u_i \neq 0$ 时的情况，这时候电路中既有直流也有交流，处于放大工作状态。第一种情况称为静态分析，第二种情况称为动态分析。静态分析常用来确定放大电路的静态值，而动态分析是为了确定放大电路的几个重要参数，如电压放大倍数 A_u、输入电阻 r_i、输出电阻 r_o。

为了便于分析与表达，对放大电路各级电压、电流的符号做如表 8-1 中的规定。

表 8-1　电压和电流的符号

名称	直流量	交流量		总电量 （瞬时）	关系式
		瞬时值	有效值		
基极电流	I_B	i_b	I_b	i_B	$i_B = I_B + i_b$
集电极电流	I_C	i_c	I_c	i_C	$i_C = I_C + i_c$
射极电流	I_E	i_e	I_e	i_E	$i_E = I_E + i_e$
集-射极电压	U_{CE}	u_{ce}	U_{ce}	u_{CE}	$u_{CE} = U_{CE} + u_{ce}$
基-射极电压	U_{BE}	u_{be}	U_{be}	u_{BE}	$u_{BE} = U_{BE} + u_{be}$

当放大电路无输入信号时，$U_i = 0$，相当于信号源被短接，电路中只有直流电压和电流，如图 8-6 所示。电路在该种状态下称为静态。电路中的电容 C_1 和 C_2 均被充电，两端形成电压分别为 $U_{C1} = U_{BE}$，$U_{C2} = U_{CE}$（接入 R_L 后），对直流而言，电容 C_1、C_2 被视为开路。图中虚线矩形框内部的部分称为交流放大电路的直流通路。

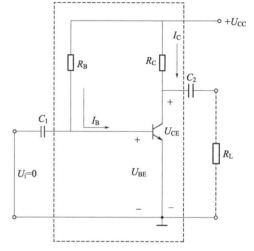

图 8-6　静态时放大电路的直流通路

（1）利用直流通路确定静态值

根据图 8-6 可估算出静态时电路中的电流与电压。由图可知

$$U_{CC} = I_B R_B + U_{BE}$$

故　　$$I_B = \frac{U_{CC} - U_{BE}}{R_B} \approx \frac{U_{CC}}{R_B} \qquad (8\text{-}5)$$

式中，U_{BE} 是晶体管发射结的直流导通压降，硅管约为 0.6～0.7V，锗管约为 0.2～0.3V，因此同 U_{CC} 比起来可以忽略不计。

由 I_B 可求得集电极静态时的电流

$$I_C = \bar{\beta} I_B + I_{CEO} \approx \beta I_B \qquad (8\text{-}6)$$

集-射之间的电压为

$$U_{CE} = U_{CC} - I_C R_C \qquad (8\text{-}7)$$

根据上述 I_B、I_C、U_{CE} 这三个静态值，可在晶体管的特性曲线上找到一个对应点，这个点称为晶体管的静态工作点，用字母 Q 表示。

如图 8-7 所示，通过晶体管输入和输出特性曲线上 Q 点所处位置，反映了放大电路无信号输入时的工作状态。

【例 8-1】 电路图如图 8-6 所示，设 $U_{CC} = 12V$，$R_C = 3k\Omega$，$R_B = 300k\Omega$，$\beta = 40$，试计算电路图中的 I_B、I_C 和 U_{CE}。

【解】 由式(8-5) ～式(8-7)，可得

$$I_B \approx \frac{U_{CC}}{R_B} = \frac{12}{300} = 40(\mu A)$$

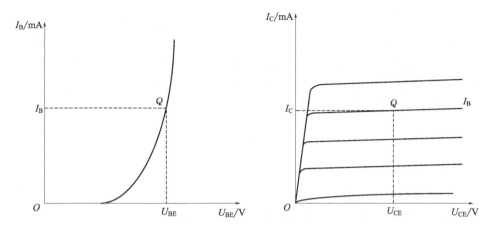

图 8-7　交流放大电路静态工作点

$$I_C \approx \beta I_B = 40 \times 40 = 1600(\mu A) = 1.6(mA)$$
$$U_{CE} = U_{CC} - I_C R_C = 12 - 1.6 \times 3 = 7.2(V)$$

(2) 利用图解法确定静态值

放大电路的静态工作点也可以用图解法来确定。图解法是分析非线性电路的一种分析方法，利用晶体管的特性曲线，通过作图来分析放大电路的工作性能。

根据式(8-7)，可列出 I_C 的表达式

$$I_C = -\frac{1}{R_C} U_{CE} + \frac{U_{CC}}{R_C} \tag{8-8}$$

这是一个直线方程，在纵轴的截距为 $\dfrac{U_{CC}}{R_C}$，在横轴的截距为 U_{CC}，斜率为 $-\dfrac{1}{R_C}$。这条直线表示了放大电路输出回路直流电压 U_{CE} 和直流电流 I_C 之间的关系，故称之为直流负载线。直流负载线与晶体管某条输出特性曲线的交点 Q，即为放大电路的静态工作点，通过 Q 点确定放大电路的电压和电流的静态值。

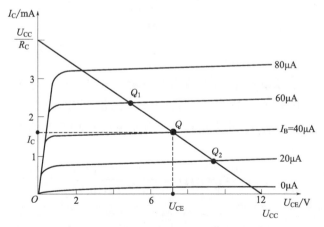

图 8-8　图解法求静态工作点

由例 8-1，$R_B = 300k\Omega$，$I_B = 40\mu A$，故直流负载线与 $I_B = 40\mu A$ 的那条输出特性曲线

的交点就是放大电路的静态工作点 Q，由图求得对应 I_C、U_{CE} 与计算结果一致。

由图 8-8 可见，基极电流 I_B 的大小不同，静态工作点在负载线上的位置也相应变化。Q 点的位置可以通过改变 I_B 的数值来调整，例如 I_B 增大时，静态工作点 Q 沿负载线向左上移动，如 Q_1 点；I_B 减小，Q 点沿负载线向右下移动，如 Q_2 点。由此可见，I_B 有重要作用，它决定了晶体管的工作状态。I_B 也被称为放大电路的偏置电流，R_B 称为偏置电阻。图 8-6 中，$I_B \approx \dfrac{U_{CC}}{R_B}$，$U_{CC}$ 和 R_B 固定时，I_B 也保持不变，所以这个电路称为固定偏置放大电路。

8.2.3　放大电路的动态分析

在直流状态的基础上，放大电路的输入端加上交流信号 u_i。这时电路中除了有直流电压和电流外，还有交流分量在电路当中。这种状态称为动态。动态分析就是分析交流信号在电路中的传输、放大情况，分析电路中电流、电压随输入信号的变化情况。放大电路的动态分析采用微变等效电路法和图解法这两种方式，后面将依次对两种方法的使用进行介绍。

(1) 微变等效电路法

晶体管是非线性元件，其输入、输出的特性曲线均是非线性的，对非线性电路进行计算和分析均不方便。

在小信号条件下，在给定的工作范围内，晶体管特性曲线基本上是线性的，故可有条件地将晶体管看成一个线性元件，把晶体管放大电路等效为一个线性电路来进行分析、计算。这个条件就是输入信号的幅值必须较小。这种方法就是放大电路的微变等效电路法。

需要注意的是，微变等效电路是在交流通路的基础上建立的，只能进行交流分量的分析和计算，不能用来计算分析直流分量（静态值）。

首先分析晶体管的微变等效变换。先看晶体管的输入端，晶体管的输入特性曲线是非线性的，但在输入信号很小的情况下，静态工作点 Q 附近的工作段可认为是一直线，如图 8-9 所示。我们定义

$$r_{be} = \frac{\Delta U_{BE}}{\Delta I_B}$$

$$= \frac{u_{be}}{i_b}$$

式中，u_{be}、i_b 是交流量；r_{be} 称为晶体管的输入电阻，它是对交流而言的动态电阻，在小信号情况下是一个常数，用来代替晶体管输入电路，使之线性化，如图 8-10 所示。

r_{be} 的阻值与静态工作点 Q 的位置有关。对于低频小功率晶体管，r_{be} 常用下面的公式来估算

$$r_{be} = 200(\Omega) + (\beta+1)\frac{26(mV)}{I_E(mA)} \tag{8-9}$$

式中，I_E 是发射极电流的静态值。r_{be} 阻值一般为几百欧到几千欧。

接下来看晶体管输出端的微变等效。从图 8-11 所示的输出曲线可以看出：在晶体管的放大区，输出特性是一组近似水平平行和等间隔的直线。忽略 U_{CE} 对 I_C 的影响（U_{CE} 为常数时），则 ΔI_C 与 ΔI_B 之比为

$$\beta = \frac{\Delta I_{\mathrm{C}}}{\Delta I_{\mathrm{B}}} = \frac{i_{\mathrm{c}}}{i_{\mathrm{b}}}$$

　　式中，β 是晶体管的电流放大系数，在小信号条件下是常数。因此，晶体管的电流放大作用可以用一个等效电流源来代替，即 $i_{\mathrm{c}} = \beta i_{\mathrm{b}}$。因为 i_{c} 是受 i_{b} 控制的，电流源是一个受控电流源，如图 8-12 所示。

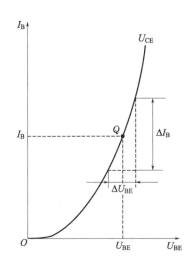

图 8-9　晶体管输入特性曲线的线性近似

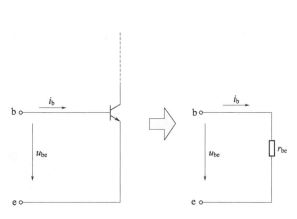

图 8-10　晶体管输入回路的等效电路

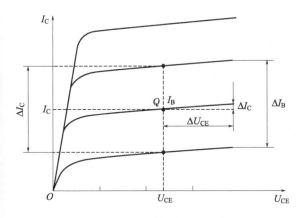

图 8-11　晶体管输出曲线的线性近似

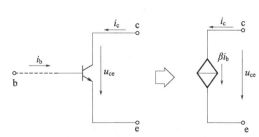

图 8-12　晶体管输出回路的等效电路

　　综上，可以得到晶体管的微变等效电路，如图 8-13 所示。

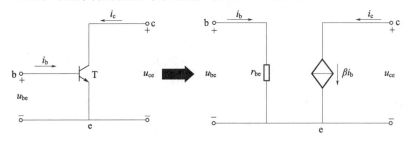

图 8-13　晶体管的微变等效电路

放大电路工作时，其交流信号电流经过的路径称为放大电路的交流通路。由晶体管的微变等效电路和放大电路的交流通路可以得到放大电路的微变等效电路。动态分析由相应的交流通路分析计算得到最终结果。得到交流通路的基本方法遵循下面步骤：①对于交流分量，直流电源的电动势按照短路处理，电源内阻保留。但是直流电源内阻一般忽略，所以整个直流电源视为短路；②电路中的耦合电容 C_1、C_2，在输入交流信号的频率范围内，其容抗 X_C 很小，故视为短路。放大电路的交流通路绘制过程如图 8-14 所示。

根据交流通路可以看出，信号电流 i_i 在基极 B 点处分为两路，一路是基极信号电流 i_b；另一路流过电阻 R_B。在输出端 R_C 与 R_L 并联。在交流通路的基础上，将晶体管元件用微变等效电路表示，就得到了固定偏置共发射极放大电路的微变等效电路，如图 8-15 所示。

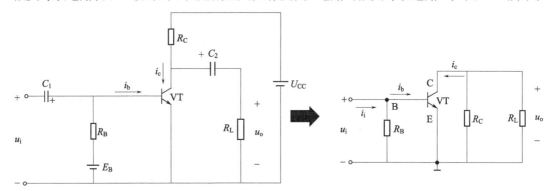

图 8-14 共发射极放大电路的交流通路

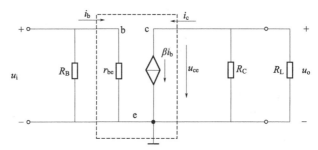

图 8-15 共发射极放大电路的微变等效电路

(2) 利用微变等效电路计算电压放大倍数

根据式(8-1)，求出输入电压 $\dot{U}_i$ 和输出电压 $\dot{U}_o$，即可得到电压放大系数 A_u。由图 8-15，设输入端为正弦交流信号，故电压、电流均可采用相量表示

$$\dot{U}_i = \dot{I}_b r_{be}$$

$$\dot{U}_o = -\dot{I}_c R'_L = -\beta \dot{I}_b R'_L$$

式中

$$R'_L = R_C // R_L = \frac{R_C R_L}{R_C + R_L}$$

所以电压放大倍数

$$A_u = \frac{\dot{U}_o}{\dot{U}_i} = \frac{-\beta \dot{I}_b R'_L}{\dot{I}_b r_{be}} = -\beta \frac{R'_L}{r_{be}} \tag{8-10}$$

如果在共射放大电路输出端未接负载，即 $R_L = \infty$，则

$$A_u = -\beta \frac{R_C}{r_{be}} \tag{8-11}$$

式中负号表示输出电压 $\dot{U}_o$ 与输入电压 $\dot{U}_i$ 反相。因并联后电阻会减小，从式(8-10)、式(8-11)可以看出，放大器接负载 R_L 后，其电压放大倍数下降。

通过分析电压放大倍数的公式可知，A_u 与 R_C、R_L 有关，放大电路的负载电阻 R_L 往往是确定的，不能随意调整。适当增加 R_C 可以提高放大倍数，但过大的 R_C 容易使放大电路产生饱和失真。A_u 还与 β、r_{be} 有关。选择 β 较大的晶体管似乎可以提升 A_u 值，但根据式(8-9)，保持 I_E 为一定值的条件下，r_{be} 会随着 β 的增加而增加，所以选用大 β 的晶体管并不能有效提高本级放大电路的电压放大倍数。但是，r_{be} 增加可以增加共射极放大电路输入电阻（见后文输入电阻），可以改善信号源或前一级放大电路的工作性能。一般选用的晶体管 β 不超过 100 为适宜。

【例 8-2】 图 8-5 所示的放大电路中，设 $U_{CC} = 12V$，$R_C = 3k\Omega$，$R_B = 300k\Omega$，$\beta = 40$，$R_L = 4k\Omega$，试求电压放大倍数 A_u。

【解】 根据例 8-1，$I_C = 1.6mA \approx I_E$

由式(8-9) $r_{be} = 200(\Omega) + (40+1)\dfrac{26(mV)}{1.6(mA)} = 866.25(\Omega) = 0.866(k\Omega)$

故 $A_u = -\beta \dfrac{R_L'}{r_{be}} = -40 \times \dfrac{1.714}{0.866} = -79.2$

式中 $R_L' = R_C // R_L = \dfrac{3 \times 4}{3 + 4} = 1.714 k\Omega$

(3) 输入电阻和输出电阻计算

一个放大电路的输入端总是与信号源（或前级放大电路）相连，其输出端总是与负载（或后级放大电路）相连的。放大电路与信号源和负载之间（或与前级放大电路和后级放大电路之间）相互联系、相互影响。

由输入电阻的定义式(8-2)，通过图 8-15 可得：$r_i = R_B // r_{be}$，通常 $R_B \gg r_{be}$，因此有

$$r_i \approx r_{be} \tag{8-12}$$

对于共发射极低频电压放大电路，r_{be} 约为 $1k\Omega$，放大电路的输入电阻是不高的。一般而言希望输入电阻大一些较好。需要注意，r_{be} 和 r_i 的意义不同，概念不能混淆。

放大电路的输出电阻可以在信号源短路（$u_i = 0$）的条件下求得。根据图 8-15 的微变等效电路，当 $u_i = 0$ 时，$\dot{I}_b$ 和 $\beta \dot{I}_b$ 也都为零，相当于受控电流源支路开路。故从放大电路的输出端向内看，得到放大电路的输出电阻为

$$r_o = R_C \tag{8-13}$$

R_C 一般为几千欧，因此共发射极放大电路的输出电阻较高。对于放大电路的输出级，为使输出电压平稳，有较强的带负载能力，应使其输出电阻低一些。

根据例 8-2，可得该放大电路的输入电阻 $r_i \approx r_{be} = 0.866k\Omega$，输出电阻 $r_o = R_C = 3k\Omega$。

(4) 图解法进行动态分析

图 8-16 呈现了放大电路有输入交流信号时的电压、电流状态。为了简化分析，放大

电路先不接入负载 R_L。

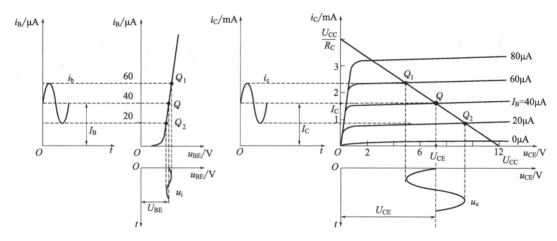

图 8-16 交流放大电路动态时的图解分析

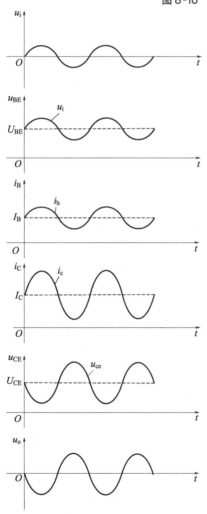

图 8-17 放大电路动态时电压、电流波形

从图中可以分析出交流信号的传输情况：

① 交流信号 u_i 经过电容 C_1，发射结的电压为 $u_{BE}=U_{BE}+u_i$；

② 在 u_{BE} 的作用下，晶体管基极的电流将包括直流电流和交流电流两部分，即 $i_B=I_B+i_b$；

③ 根据晶体管电流放大的原理，集电极的电流为 $i_C=I_C+i_c=\beta I_B+\beta i_b$；

④ 电流 i_C 流过集电极电阻 R_C，将产生电压。晶体管集-射极间的电压为

$$
\begin{aligned}
u_{CE} &=U_{CC}-i_cR_C \\
&=U_{CC}-(I_C+i_c)R_C \\
&=U_{CC}-I_CR_C-i_cR_C \\
&=U_{CE}-i_cR_C \\
&=U_{CE}+u_{ce}
\end{aligned}
$$

式中，$-i_cR_C$ 是 u_{CE} 的交流分量，记作 u_{ce}，负号表示其相位与 i_c 相反。

⑤ 由于输出耦合电容 C_2 的隔直作用，输出电压 u_o 不包含直流分量，即 $u_o=u_{ce}$。

上述交流信号的波形图如图 8-17 所示。

如果接入负载 R_L，工作情况基本相同。这时输出交流信号电流 i_c 部分经 R_L、C_2 组成回路，而 R_C 上的交流信号电流会减少，从而 $u_{ce}(u_o)$ 的幅值相应减小。

通过上述分析，可以发现放大电路在动态时，

电流电压包含直流交流两种成分，直流分量是保证电路正常工作的基础；交流分量是放大的对象。在放大交流信号的过程中，电压 u_{BE}、u_{CE} 的极性始终不变，保证发射结处于正向偏置和集电结处于反向偏置。共发射极放大电路最重要的特点还在于输出电压 u_o 与输入电压 u_i 相位相反，微变等效电路法和图解法都能反映出这一特点。

用图解法进行动态分析，还可以更好地理解放大电路静态工作点的作用，并能直观反映出信号的失真情况及原因。

放大电路的基本要求是保证输出信号无失真。所谓失真就是输出的信号波形不能复现输入信号波形的现象。失真的原因有很多，最常见的情况是由于晶体管的静态工作点不合适或输入信号幅值过大，使得放大电路的工作范围已经超出晶体管的特性曲线线性区域。我们将这种失真称为非线性失真。下面用图解法来直观地对失真现象进行分析。

图 8-18 中，当 I_{B1} 值较大，静态工作点 Q_1 位置选取过高，虽然基极电流波形完整，但在信号电压 u_i 为正半周期时段内，i_C 值增加会使 $u_{CE} \approx 0$，使晶体管进入饱和区。这时即使 u_i 再增大，i_C 已不能增加，u_o 产生失真，这称为饱和失真；当 I_{B2} 值较小，静态工作点 Q_2 位置过低。输入信号 u_i 的负半周期使晶体管进入截止区，u_o 的波形产生了失真，这种失真称为截止失真。根据失真产生的原因，采用不同的办法来消除和克服放大电路的失真现象。为了消除饱和失真，可减小 I_B（即增加偏置电阻 R_B 阻值）；或者适当减小集电极电阻 R_C，以增加 U_{CE}；或者换一只 β 较小的管子来减小集电极静态电流。如果为了消除截止失真，应增加 I_B 的大小（减小 R_B 的阻值），使 I_B 大于交流信号的幅值 I_{bm}。

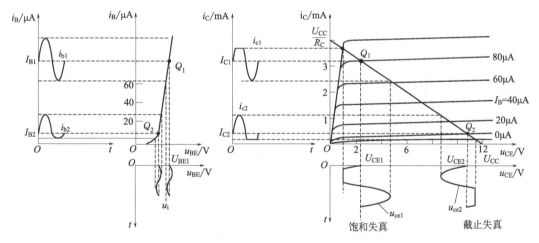

图 8-18 静态工作点选取不当导致的失真

综上，静态工作点不但决定了电路是否会产生失真，而且还影响着电路的电压放大倍数、输入电阻等动态参数，一个稳定合理的静态工作点对放大电路非常重要。

8.3 静态工作点的设置与稳定

前面已经说明，合理设置静态工作点是保证交流放大电路正常工作的先决条件，Q

点位置过高过低都可能使信号产生失真。但是前面叙述的固定偏置共射放大电路存在一定的缺点，即使静态工作点的位置选取合适，在外界条件发生改变时，Q 点将产生移动。因此，设法稳定静态工作点是一个需要注意的问题。实际上影响静态工作点的因素有很多，如温度变化、电源电压波动、器件老化等，其中最重要的因素就是温度的影响。

(1) 温度对静态工作点的影响

我们首先来分析一下温度是如何对放大电路静态工作点产生影响的，再针对这一问题找到改进办法。

通过第 7 章的学习我们已经知道，温度升高会使晶体管的反向电流 I_{CEO} 显著增加，晶体管的输出特性曲线会整体向上移动。输出特性曲线与直流负载线的交点会向左上方移动，静态工作点的位置发生了改变。温度同样会影响晶体管发射结的导通电压，U_{BE} 会因为温度升高而降低。在 U_{CC} 不变的情况下，U_{BE} 降低将使 I_B 和 I_C 增加，工作点仍然上移。当环境温度升高，晶体管的电流放大系数 β 将增大，I_C 也会相应地增加。

综上所述，当温度增加时，晶体管的参数改变结果使 I_C 增加，工作点 Q 上移。如果在电路上采取一些措施，能够在温度升高时适当地减小基极电流 I_B 来限制 I_C 增大，即可稳定静态工作点。由于固定偏置放大电路 I_B 是固定的，所以常采用分压式偏置共射极放大电路作为静态工作点稳定电路，如图 8-19 所示。

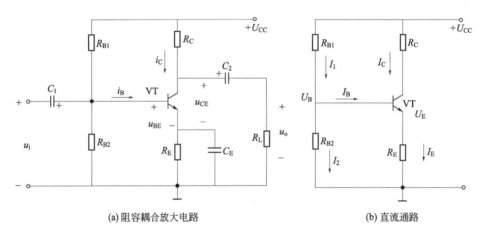

(a) 阻容耦合放大电路　　　　　(b) 直流通路

图 8-19　分压式偏置共射极放大电路

图 8-19(a) 中，采用 R_{B1}、R_{B2} 两个分压电阻，起到固定基极电位 U_B 的作用，该电路的直流通路如图 (b) 所示。根据直流通路可列出如下关系式

$$I_1 = I_2 + I_B$$

通过参数选取，使得 $I_2 \gg I_B$，一般取 $I_2 = (5 \sim 10) I_B$ 则有

$$I_1 \approx I_2 \approx \frac{U_{CC}}{R_{B1} + R_{B2}} \tag{8-14}$$

基极电位为

$$U_B = I_2 R_2 \approx \frac{R_{B2}}{R_{B2} + R_{B1}} U_{CC} \tag{8-15}$$

从式(8-15)看出，U_B 与晶体管的参数无关，当 U_{CC}、R_{B1}、R_{B2} 均固定不变时，基极电位 U_B 保持稳定。

再来看新引入发射极电阻 R_E 的作用。当温度升高时，集电极电流 I_C 增大，发射极电流 I_E 必然相应增大，因而发射极电阻 R_E 上的电压 U_E（等于发射极的电位）随之增加；因为 U_B 保持不变，所以发射结电压 U_{BE}（$U_{BE}=U_B-U_E$）减小，导致基极电流 I_B 减小，I_C 随之相应减小。最终的结果，I_C 随温度升高而增加的部分几乎被 I_B 减小而减小的部分相抵消，I_C 基本保持不变，U_{CE} 也将基本不变，从而 Q 点在晶体管输出特性坐标平面上的位置基本不变。上述过程如图 8-20 所示。

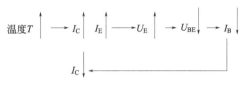

图 8-20　静态工作点稳定过程

（2）电路的静态分析

可以通过带有 R_E 的直流通路，计算得到如下关系式

$$U_B=I_2R_2\approx\frac{R_{B2}}{R_{B2}+R_{B1}}U_{CC}$$

$$U_{BE}=U_B-U_E=U_B-I_ER_E$$

若满足 $U_B\gg U_{BE}$，则

$$I_C\approx I_E=\frac{U_B-U_{BE}}{R_E}\approx\frac{U_B}{R_E} \tag{8-16}$$

$$U_{CE}=U_{CC}-I_CR_C-I_ER_E$$
$$\approx U_{CC}-I_C(R_C+R_E) \tag{8-17}$$

这样，集电极电流 I_C 和集射电压 U_{CE} 主要由电路参数决定，几乎与晶体管参数无关，不受温度影响。根据上面分析求解静态工作点也非常容易，即

$$U_B=I_2R_2\approx\frac{R_{B2}}{R_{B2}+R_{B1}}U_{CC}$$

$$I_C\approx I_E=\frac{U_B-U_{BE}}{R_E}\approx\frac{U_B}{R_E}, \qquad I_B=\frac{I_C}{\beta}$$

$$U_{CE}\approx U_{CC}-I_C(R_C+R_E)$$

估算时，一般取 $U_B=(5\sim10)U_{BE}$。

（3）电路的动态分析

画出图 8-19(a) 所示的交流等效电路如图 8-21 所示，电容 C_E 为旁路电容，容量很大，对交流信号视为短路。

由微变等效电路可得到动态参数为

$$A_u=\frac{\dot{U}_o}{\dot{U}_i}=-\frac{\beta R_L'}{r_{be}} \quad (R_L'=R_L//R_c) \tag{8-18}$$

$$r_i=R_{B1}//R_{B2}//r_{be}\approx r_{be} \tag{8-19}$$

$$r_o=R_C \tag{8-20}$$

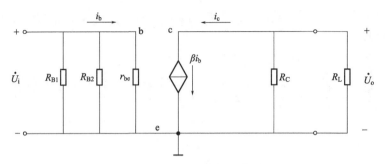

图 8-21 分压偏置共射放大电路微变等效电路（有旁路电容）

如果放大电路中没有旁路电容 C_E，则图 8-19(a) 的交流等效电路如图 8-22 所示。

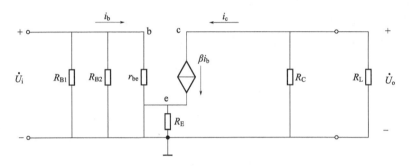

图 8-22 未接旁路电容对应放大电路的微变等效电路

根据微变等效电路，可得到

$$\dot{U}_i = \dot{I}_b r_{be} + \dot{I}_e R_E = [r_{be} + (1+\beta)R_E]\dot{I}_b$$

$$\dot{U}_o = -R'_L \dot{I}_c \quad (R'_L = R_L // R_C)$$

所以

$$A_u = \frac{\dot{U}_o}{\dot{U}_i} = -\frac{\beta R'_L}{r_{be} + (1+\beta)R_E} \tag{8-21}$$

可以看到，去掉旁路电容对放大倍数影响较大，A_u 急剧下降。

输入电阻为

$$r_i = R_{B1} // R_{B2} // [r_{be} + (1+\beta)R_E] \tag{8-22}$$

输出电阻为

$$r_o = R_C$$

【**例 8-3**】电路图如图 8-19(a) 所示，$U_{CC} = 12V$，$\beta = 60$，$R_{B1} = 75k\Omega$，$R_{B2} = 25k\Omega$，$R_C = R_L = 2k\Omega$，$R_E = 1k\Omega$，试计算：(1) 静态工作点；(2) 画出电路微变等效电路；(3) 该电路的 A_u、r_i、r_o。

【**解**】(1) 静态工作点

$$U_B = \frac{R_{B2}}{R_{B1} + R_{B2}} U_{CC} = \frac{25}{75+25} \times 12 = 3(V)$$

$$I_C \approx I_E = \frac{U_B - U_{BE}}{R_E} = \frac{3 - 0.7}{1} = 2.3(\text{mA})$$

$$U_{CE} \approx U_{CC} - I_C(R_C + R_E) = 12 - 2.3 \times (2 + 1) = 5.1(\text{V})$$

$$I_B = \frac{I_C}{\beta} = 0.038(\text{mA}) = 38(\mu\text{A})$$

（2）微变等效电路如图 8-21 所示。

（3）放大倍数 A_u、输入电阻 r_i、输出电阻 r_o。

$$R'_L = R_C // R_L = 1(\text{k}\Omega)$$

$$r_{be} = 200 + (1 + \beta)\frac{26}{I_E} = 200 + 61 \times \frac{26}{2.3} = 889.6(\Omega) \approx 0.9(\text{k}\Omega)$$

$$A_u = -\beta\frac{R'_L}{r_{be}} = -60 \times \frac{1}{0.9} = -66.7$$

$$r_i = R_{B1} // R_{B2} // r_{be} \approx r_{be} = 0.9\text{k}\Omega$$

$$r_o = R_C = 2\text{k}\Omega$$

8.4　射极输出器

8.4.1　电路结构

前面介绍的基本放大电路是以集电极端作为输出，形成共发射极接法。这种电路的电压放大倍数比较大，但缺点是输入电阻较小，输出电压较大。本节将介绍的共集电极放大电路，也称为射极输出器，是以发射极作为输出端。下面将介绍该电路的特点及用途。

射极输出器（共集电极放大电路）如图 8-23 所示。发射极接电阻 R_E，集电极直接接到电源 U_{CC} 上，输出电压从发射极取出。对交流信号而言，U_{CC} 相当于同地短路，输入信号 u_i 从基极与地（集电极之间）接入；而输出信号 u_o 从发射极与地（集电极）之间取出，集电极成为输入端和输出端的公共端，所以这种电路也成为共集电极放大电路。

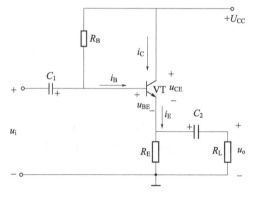

图 8-23　射极输出器

8.4.2　静态分析及动态分析

(1) 静态分析

从图 8-23 的直流通路，可以得到

$$U_{CC} = I_B R_B + U_{BE} + I_E R_E$$
$$= I_B R_B + U_{BE} + (1 + \beta)I_B R_E$$
$$I_B = \frac{U_{CC} - U_{BE}}{R_B + (1 + \beta)R_E} \approx \frac{U_{CC}}{R_B + (1 + \beta)R_E} \qquad (8\text{-}23)$$

$$I_C = \beta I_B \approx I_E \tag{8-24}$$

$$U_{CE} = U_{CC} - I_E R_E \approx U_{CC} - I_C R_C \tag{8-25}$$

(2) 动态分析

由图 8-24 所示的射极输出器的微变等效电路可得出

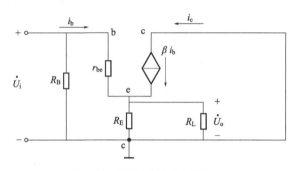

图 8-24 射极输出器微变等效电路

$$\dot{U}_i = \dot{I}_b r_{be} + \dot{I}_e R_L' = [r_{be} + (1+\beta)R_L']\dot{I}_b$$

$$\dot{U}_o = R_L' \dot{I}_e = (1+\beta)\dot{I}_b R_L' \quad (R_L' = R_L // R_E)$$

所以

$$A_u = \frac{\dot{U}_o}{\dot{U}_i} = \frac{(1+\beta)\dot{I}_b R_L'}{\dot{I}_b [r_{be} + (1+\beta)R_L']}$$

$$= \frac{(1+\beta)R_L'}{r_{be} + (1+\beta)R_L'} \approx \frac{\beta R_L'}{r_{be} + \beta R_L'} < 1 \tag{8-26}$$

如果不接负载 R_L，则

$$A_u = \frac{(1+\beta)R_E}{r_{be} + (1+\beta)R_E} \approx \frac{\beta R_E}{r_{be} + \beta R_E} \tag{8-27}$$

通常，$\beta R_L'$ 和 βR_E 远大于 r_{be}，故 A_u 小于 1 但近似等于 1，即输出电压略小于输入电压，电路没有放大作用。因 $\dot{U}_o$ 跟随 $\dot{U}_i$ 变化，$\dot{U}_o \approx \dot{U}_i$，故这个电路又称为射极跟随器。但是因为 $I_e = (1+\beta)I_b$，所以电路有电流放大和功率放大的作用。

根据微变等效电路及输入电阻的定义，能够得到

$$r_i = R_B // r_i' \tag{8-28}$$

式中

$$r_i' = \frac{\dot{U}_i}{\dot{I}_b}$$

因

$$\dot{U}_i = \dot{I}_b r_{be} + \dot{I}_e R_L' = [r_{be} + (1+\beta)R_L']\dot{I}_b \quad (R_L' = R_L // R_E)$$

所以

$$r_i' = \frac{\dot{U}_i}{\dot{I}_b} = r_{be} + (1+\beta)R_L'$$

代入式(8-28)

$$r_i = R_B // r_i' = R_B // [r_{be} + (1+\beta)R_L'] \tag{8-29}$$

可见，与共射极放大电路相比，射极输出器的输入电阻要大得多，一般为几十千欧到几百千欧。

为了求解射极输出器输出电阻 r_{o}，可以令输入信号源为零并保留信号源内阻，在输出端加载电压 $\dot{U}_{\text{o}}$，求出交流电流 $\dot{I}_{\text{o}}$，则输出电阻 $r_{\text{o}} = \dfrac{\dot{U}_{\text{o}}}{\dot{I}_{\text{o}}}$。当信号源内阻很小时，可求得其输出电阻约为

$$r_{\text{o}} \approx \frac{r_{\text{be}}}{\beta} \tag{8-30}$$

根据式（8-30）可以看出，r_{be} 一般在几百欧到几千欧，晶体管电流放大倍数至少几十倍，因此输出电阻 r_{o} 可小到几十欧。和共射极放大电路相比，射极输出器输出电阻要小得多。

8.4.3　射极输出器的应用

通过以上分析可知，射极输出器具有电压放大倍数小于 1 但近似等于 1，输出电压与输入电压同相位，输入电阻高，输出电阻低等特点，因而在放大电路的很多地方获得了广泛的应用。

① 在放大电路或检测仪表中，用射极输出器作为它的输入级，可利用其输入电阻高的特点。它可以降低输入电流，减轻信号源负担；提高输入电压，减小信号损失；作为测量仪器输入级时，对被测电路影响小，可以提高测量精度。

② 作放大电路的输出级，可利用其输出电阻低的特点。它可以提高放大器的带负载能力，有一定的功率放大作用，所以也是基本的功率输出电路。

③ 如果将射极输出器接在两级共发射极电路之间，可利用其输入电阻高的特点提高前级的电压放大倍数，减少前级信号损失；其低输出电阻特点可提高后级输入电压，这对输入电阻小的共射极放大电路十分有益。所以它又称为中间隔离级或缓冲级，来实现阻抗变换作用。

8.5　多级放大电路

前面介绍的单管放大电路的电压放大倍数通常只有几十倍，然而。在实际应用中，被放大的输入信号都是很微弱的，一般是毫伏或微伏数量级，输入功率常在 1mW 以下。一般需要将这一微弱信号放大成千上万倍，才能推动负载工作。为此，需要将两个以上的单级放大电路连接起来，组成多级放大电路对输入信号进行多次、连续放大，方能在输出端获得必要的电压幅值和足够大的功率。组成多级放大电路的每一个基本放大电路称为一级，级与级之间的连接称为级间耦合。

图 8-25 是多级放大电路的组成框图。第一级是输入级，用来接收输入信号并初步加以放大。输入级应有较高的输入电阻，以减小从信号源吸取的电流，因此，常用高电阻的放大电路，如射极输出器。在输入级，由于输入信号小，失真问题不显著，静态工作电流

可以选小一些，一般 I_C＝0.1～1mA，以减小静态功率损耗。中间几级的任务是放大信号电压的幅值，以推动功率放大级。中间级要求电路有较高的电压放大倍数，因此常采用共发射极放大电路，一般由 1～3 级组成。此时的信号幅值较大，静态电流 I_C 也应选大一些，以免发生失真。推动级可输出足够的功率去推动输出级。

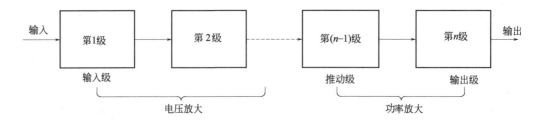

图 8-25　多级放大电路组成框图

8.5.1　多级放大电路耦合方式

多级放大电路有四种常见的耦合方式：直接耦合、阻容耦合、变压器耦合和光电耦合。

（1）直接耦合

将前一级的输出端直接接到后一级的输入端，称为直接耦合，如图 8-26 所示。放大直流信号需采用直接耦合放大电路，该种方式既能放大直流信号，也能放大交流信号。

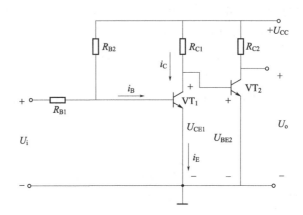

图 8-26　直接耦合放大电路

直接耦合的特点如下：

① 直接耦合的优点是频率特性好，既可以放大交流信号，也可以放大直流信号和变化非常缓慢的信号；电路中无大的电容元件，可实现将全部电路集成在一片硅片上，构成集成放大电路。

② 直接耦合的方式也存在一些缺点。首先是前后级静态工作点会相互影响，电路的设计、分析和调试会带来一定的困难。如图 8-26，VT_2（硅管）的发射结电压 U_{BE2} 约为 0.7V，而 U_{CE1}＝U_{BE2}，所以 VT_1 的 U_{CE1} 也被限制在 0.7V 左右，VT_1 静态工作点非常靠近饱和区域，在动态信号作用时容易引起饱和失真。直接耦合方式往往使用时需要抬高

VT_2 的基极电位。VT_2 的基极电流是通过 U_{CC} 经 R_{C1} 提供，静态工作点也受到前级影响。此外，直接耦合方式还存在零点漂移的问题，这一问题将在下一节差分放大电路中讲述。

（2）阻容耦合

图 8-27 所示是两级阻容耦合放大电路。耦合电容 C_1、C_2、C_3 把两级放大电路及信号源与负载连接在一起，它们隔直流通交流，既能顺利传递交流信号，又能使各级直流工作状态互不影响。

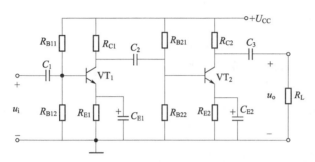

图 8-27　两级阻容耦合放大电路

在低频小信号放大电路中，C_1、C_2、C_3 常采用几微法到几十微法的电解电容。由于集成电路很难制造大容量的电容，而且电容具有隔直作用，阻容耦合放大电路无法放大直流信号。因此，在分立元件电路中阻容耦合方式的放大电路得到非常广泛的应用，各级静态工作点相互独立，电路的分析、设计和调试相对要简单。

（3）变压器耦合

将放大电路前级的输出端通过变压器接到后级的输入端或负载电阻上，称为变压器耦合。图 8-28 所示为两级变压器耦合共射放大电路，R_L 既可以代表实际负载电阻，也可以代表后级放大电路。

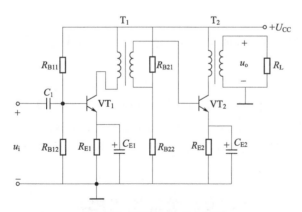

图 8-28　变压器耦合放大电路

由于变压器耦合放大电路前后级依靠磁路耦合，所以它和阻容耦合一样，各级的静态工作点是相互独立的，便于电路的设计、分析和调试。而变压器耦合低频特性差，不能放大直流和变化缓慢的信号，且体积太笨重，无法进行集成化。但该耦合方式可以实现阻抗变换，使后级电路获得最大功率，因此在分立元件电路中也较多使用。

（4）光电耦合

光电耦合是以光信号为媒介来实现电信号的耦合和传递的，因其抗干扰能力强而得到越来越多广泛的应用。

光电耦合器是实现光电耦合的基本器件，它将发光二极管与光敏元件相互绝缘地组合在一起，如图 8-29 所示。发光元件为输入回路，它将电能转换成光能；光敏元件为输出回路，它将光能再转换为电能，

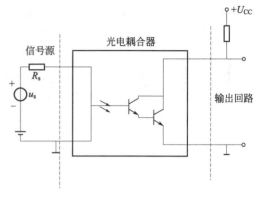

图 8-29　光电耦合放大电路

实现了两部分电路的电气隔离，从而有效地抑制电干扰。在输出回路常采用复合管形式以增大放大倍数。

8.5.2　多级放大电路的动态分析

在多级放大电路中，前级的输出电压就是后级的输入电压，即 $\dot{U}_{o1}=\dot{U}_{i2}$、$\dot{U}_{o2}=\dot{U}_{i3}$、$\cdots$、$\dot{U}_{o(n-1)}=\dot{U}_{in}$，所以，多级放大电路的电压放大倍数等于各单级放大电路电压放大倍数的乘积，即

$$A_u=\frac{\dot{U}_o}{\dot{U}_i}=\frac{\dot{U}_{o1}}{\dot{U}_i}\times\frac{\dot{U}_{o2}}{\dot{U}_{i2}}\times\cdots\times\frac{\dot{U}_o}{\dot{U}_{in}}=A_{u1}A_{u2}\cdots A_{un} \tag{8-31}$$

对于第一级到第（$n-1$）级，计算每一级单级放大倍数时，必须考虑后一级输入电阻对它的影响，因后一级的输入电阻即为前一级的负载电阻。

根据放大电路输入电阻的定义，多级放大电路的输入电阻就是其第一级的输入电阻，即

$$r_i=r_{i1} \tag{8-32}$$

根据放大电路输出电阻的定义，多级放大电路的输出电阻等于最后一级的输出电阻，即

$$r_o=r_{on} \tag{8-33}$$

需要注意的是，当共集电极放大电路作为输入级（即第一级）时，它的输入电阻与其负载有关，即需要考虑第二级输入电阻对前级的输入电阻影响；当共集电极放大电路作为输出端（即最后一级）时，它的输出电阻与信号源内阻，即倒数第二级输入电阻有关。

8.6　差分放大电路

在直接耦合多级放大电路中，由于各级之间的静态工作点相互联系、相互影响，会产生零点漂移现象。所谓零点漂移，是指直接耦合放大电路在没有输入信号时，即将输入端短路，用灵敏直流表测量输出端，会有缓慢变化的电压输出，如图 8-30 所示。

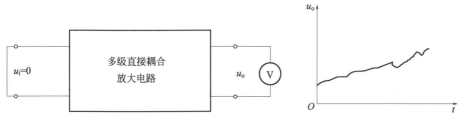

图 8-30 零点漂移现象

在放大电路中由于温度变化、电源电压波动、元器件老化等原因，都将使放大电路的输出电压发生漂移。在阻容耦合放大电路中，这种变化缓慢的漂移电压会降落在耦合电容上，而不会传递到下一级电路进一步放大，但是对于直接耦合放大电路这个变化量会被逐级加以放大并传送到输出端，使输出电压偏离原来的起始点而上下漂动。当输入信号较小时，零漂电压可能把有用的信号完全掩盖，造成有用信号与零漂电压难以区分的情况。由温度引起的半导体器件参数变化是产生零点漂移现象的主要原因，因而零点漂移也称为温度漂移，简称温漂。抑制温度漂移的办法有很多，如引入直流负反馈、采用温度补偿等，最常用有效的办法是采用差分放大电路。

差分放大电路也常称为差动放大电路，它是一种具有两个输入端且电路结构对称的放大电路，采用特性相同的管子，使它们的温漂相互抵消。

8.6.1　基本原理

图 8-31 是用两个完全对称的共射单管放大电路所组成。VT_1 和 VT_2 是两只特性相同的晶体管，R_{B1} 是输入回路电阻，R_{B2} 是基极偏流电阻，R_C 是集电极负载电阻。电路中两个晶体管所连接的各个对应电阻的阻值必须严格相等。图中电路有两个输入端和两个输出端。

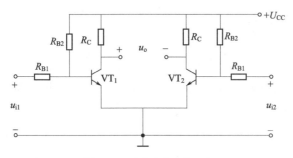

图 8-31　基本差分放大电路

以图 8-31 所示的双端输入、双端输出电路为例来说明其工作原理。静态时，$u_{i1}=u_{i2}=0$，即将图中电路两端输入端短路，因电路的对称性，两边的集电极电流相等，集电极电位也相等，即 $I_{C1}=I_{C2}$，$U_{C1}=U_{C2}$，输出电压 $U_o=U_{C1}-U_{C2}=0$。

如果电路环境温度升高，两管的集电极电流都同时增加，集电极电位下降，并且幅度相同，即

$$\Delta I_{C1} = \Delta I_{C2}, \quad \Delta U_{C1} = \Delta U_{C2}$$

虽然每个晶体管都产生了零点漂移，但是，由于两集电极电位的变化是相同的，所以输出电压依旧为零，零漂现象得到抑制。

当有输入信号存在的时候，需要根据信号不同性质来分别讨论。

(1) 抑制共模型号

所谓共模信号是指两个输入端的输入信号电压大小相等、极性相同，具有相同模式，即 $u_{i1} = u_{i2}$。这种输入方式称为共模输入，电路对共模信号电压的放大倍数称为共模增益，记为 A_c。对于完全对称的差分电路，两边管子集电极电位的变化相等，$\Delta I_{C1} = \Delta I_{C2}$，$\Delta U_{C1} = \Delta U_{C2}$，因而输出电压等于零，所以它对共模信号没有放大能力，$A_c = 0$。

实际上，电路电源电压波动，环境温度变化，以及外界电磁干扰对晶体管 VT_1、VT_2 的作用基本相同，会使集电极电位产生相同变化，可以看作两管输入端有共模信号的作用。所以，差分电路抑制共模信号能力的大小，也反映了它对零点漂移的抑制水平。

(2) 放大差模信号

两个输入端的输入信号电压大小相等而极性相反，即 $u_{i1} = -u_{i2}$，这种信号叫差模信号，这种输入方法称为差模输入。电路对差模信号电压 ($u_{i1} - u_{i2}$) 的放大倍数称为差模增益，记作 A_d。

设 $u_{i1} > 0$，$u_{i2} < 0$，则 u_{i1} 使晶体管 VT_1 的集电极电流增加了 Δi_{C1}，VT_1 的集电极电位（即其输出端电压）降低了 ΔU_{C1}（负值）；而 u_{i2} 使晶体管 VT_2 的集电极电流减小了 Δi_{C2}，VT_2 的集电极电位升高 ΔU_{C2}（正值）。ΔU_{C1} 与 ΔU_{C2} 反相变化，一减一增，所以差分电路的输出电压不再为零，其值为

$$
\begin{aligned}
u_o = \Delta U_o &= \Delta U_{C1} - \Delta U_{C2} \\
&= A_u u_{i1} - A_u u_{i2} \\
&= A_u [u_{i1} - (-u_{i1})] \\
&= A_u 2u_{i1}
\end{aligned}
\tag{8-34}
$$

所以可得到图 8-31 差模增益

$$A_d = \frac{u_{od}}{u_{id}} = \frac{u_o}{u_{i1} - u_{i2}} = A_u \tag{8-35}$$

由以上分析可知：差分放大电路对差模信号具有放大作用。对于图 8-31 所示的双端输入、双端输出差分放大电路的差模电压放大倍数 A_d 等于单管共射放大电路的电压放大倍数 A_u。

(3) 比较信号

两个输入端的输入信号既非共模，又非差模，即其大小和相对极性是任意的，这称为比较信号，常在自动控制系统中作为比较放大（差分放大）来运用。两个信号在放大电路的输入端进行比较后，得出偏差值 ($u_{i1} - u_{i2}$)，差值电压经放大后，得到输出电压。输出值与偏差值有关，而不需要反映出两个信号本身的大小，而且输出的大小和极性均与偏差值相关。

为了便于分析和处理，一般将这种信号分解为共模分量和差模分量来分别进行考虑。例如，设 $u_{i1} = 6\text{mV}$，$u_{i2} = 2\text{mV}$，两者和的一半 4mV 为输入信号的共模分量；两者差的

一半 2mV 为输入信号的差模分量。这样，差分放大电路输入端 1 有两个电压输入，即 4mV、+2mV，输入端 2 的作用电压是 4mV、−2mV。共模分量的放大倍数为零；而差模分量+2mV、−2mV 可以被放大。根据上面分析可得出

$$u_{i1} = u_{ic} + u_{id1}$$
$$u_{i2} = u_{ic} + u_{id2} = u_{ic} - u_{id1}$$ (8-36)
$$u_{id} = u_{i1} - u_{i2} = u_{id1} - u_{id2}$$

对于实际差分放大电路而言，共模信号 u_{ic} 和差模信号 u_{id} 都有放大，共模放大增益 A_c 不为零，则实际差分放大器的输出电压为

$$u_o = A_d u_{id} + A_c u_{ic}$$ (8-37)

对于一个性能较好的差分放大电路，其差模增益 A_d 应该远大于共模增益 A_c，量化的指标是共模抑制比，用 K_{CMR} 表示

$$K_{CMR} = \left| \frac{A_d}{A_c} \right|$$ (8-38)

显然，K_{CMR} 越大，说明电路放大差模信号的能力越强，而受共模信号的影响就越小，放大电路的性能就越优良。在电路理想对称的情况下，$A_c = 0$，$K_{CMR} = \infty$。式(8-38)一般也采用分贝的形式 $K_{CMR} = 20 \lg \left| \frac{A_d}{A_c} \right|$。

8.6.2　典型差分放大电路

上面提到，差分放大电路能够抑制零点漂移的原因是利用了两边电路的对称性。而实际上，电路完全对称是不可能的。另外在工程实际中，常要求输出信号有一端接地，另一输出端接一个晶体管的集电极，即单端输出方式，上述差分电路并未抑制每个管子的自身漂移，输出信号也就无法抑制零点漂移。因此，电路还需要进一步完善。

为了克服上述缺点，常采用图 8-32 所示的电路，在这个电路中增加了电位器 R_P、发射极公共电阻 R_E 及负电源−U_{EE}。

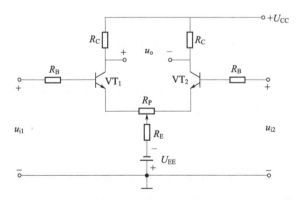

图 8-32　典型差分放大电路

电位器 R_P 的作用是调零，接在 VT_1、VT_2 发射极之间。其作用是因为差分放大电路两边不可能完全对称，在静态时，调节 R_P 可在一定范围内使 $I_{C1} = I_{C2}$，从而输出电压 $u_o = 0$。R_P 的阻值约为几百欧。R_P 的阻值较小，理论计算时通常略去。

R_E 的主要作用是稳定每个晶体管的静态工作点，从而限制两个晶体管漂移范围，进一步减小电路零点漂移。例如当温度升高使 I_{C1}、I_{C2} 增加时，其抑制漂移的过程如下：

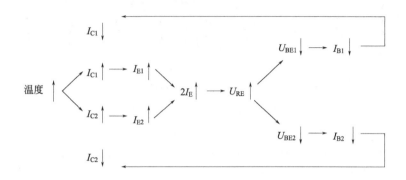

可见由于 R_E 的作用，在温度变化和加入共模信号时，仍能保持两管工作点的稳定，使共模抑制能力大大加强。因此 R_E 也被称为共模抑制电阻。

对于差模信号来说，电路中的一个管子电流增加，另一个管子电流减小。在电路对称性较好的情况下，变化量相等，方向相反，通过 R_E 的电流近似于不变，它对差模信号未起作用，不影响电路对差模信号的放大作用。

虽然 R_E 越大，抑制共模信号的作用越显著，但是对于单电源 U_{CC} 一定的差分电路，R_E 增大，晶体管发射极电位升高，集电极电流 I_C 会减小，晶体管静态工作点降低，会影响放大电路正常工作。因此，接入独立负电源 $-U_{EE}$ 用来补偿 R_E 上的直流电压降，从而获得合适的静态工作点。

下面围绕图 8-32 所示的差分放大电路对差模信号的放大原理进行分析。

(1) 静态分析

当输入信号 $u_{i1} = u_{i2} = 0$ 时，电阻 R_E 流过的电流等于 VT_1、VT_2 管子的发射极电流之和，即

$$I_{RE} = I_{E1} + I_{E2} = 2I_E$$

由于 R_P 比较小，在直流通路中略去，根据基极回路方程

$$I_B R_B + U_{BE} + 2I_E R_E = U_{EE} \tag{8-39}$$

可以求出基极电流或发射极电流，从而得到静态工作点。一般情况下，上式的前两项和第三项相比小得多，可以略去，因而发射极的静态电流

$$I_E \approx \frac{U_{EE}}{2R_E} \approx I_C \tag{8-40}$$

由此也可以推断，发射极电位 $U_E \approx 0$。通过选择合理的 R_E 和电源 U_{EE} 相配合，就可以设置合适的静态工作点。

$$I_B = \frac{I_C}{\beta} \approx \frac{U_{EE}}{2\beta R_E} \tag{8-41}$$

$$U_{CE} = U_C - U_E \approx U_{CC} - I_C R_C \approx U_{CC} - \frac{U_{EE} R_C}{2R_E} \tag{8-42}$$

(2) 动态分析

当给差分放大电路输入一个差模信号 u_{id} 时，由于电路参数的对称性，u_{id} 经分压后，加在 VT_1 管一边的 u_{i1} 为 $+\dfrac{u_{id}}{2}$，加在 VT_2 一边的 u_{i2} 为 $-\dfrac{u_{id}}{2}$。

由于 R_E 对差模信号不起作用，发射极相当于接地；如果输出端接入负载 R_L，R_L 中位点电位在差模信号下也不变，也相当于接地，因而 R_L 被分成相等两部分，分别接在 VT_1 管和 VT_2 管 c-e 之间。所以图 8-32 所示电路在差模信号作用下的等效电路如图 8-33 所示。

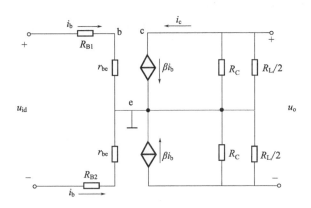

图 8-33 差模信号作用下的微变等效电路

输入差模信号时的电压放大倍数就是差模增益 A_d，可得

$$A_d = \frac{u_o}{u_{id}} = \frac{-2i_c\left(R_C // \dfrac{R_L}{2}\right)}{2i_b(R_B + r_{be})} \tag{8-43}$$

$$= -\frac{\beta\left(R_C // \dfrac{R_L}{2}\right)}{R_B + r_{be}}$$

由此可见，虽然差分放大电路使用了两个晶体管，但它的电压放大能力只相当于单管共射放大电路。因而差分放大电路是以牺牲一只管子的放大倍数来取得低温漂的效果。

根据输入电阻的定义，从图 8-33 可以看出

$$r_i = 2(R_B + r_{be}) \tag{8-44}$$

它是单管共射放大电路输入电阻的 2 倍。

电路的输出电阻

$$r_o = 2R_C \tag{8-45}$$

8.6.3 差分放大电路的输入-输出方式

前述差分放大电路是双端输入、双端输出，其特点是输入端和输出端都不接"地"。在实际应用中，为了防止干扰，常将信号源的一端接地，或者将负载电阻的一端接地。根据输入端和输出端接地情况不同，一共可组成四种接法。除了上述"双入双出"，还有"双入单出""单入双出""单入单出"。下面介绍单端输入、单端输出电路的特点。

　　图 8-34 所示为单入单出差分放大电路。输入信号 u_i 从晶体管 VT_1 的基极输入，VT_2 的基极接地；输出信号 u_o 从 VT_1 的集电极输出。其工作原理是：当 u_i 增大，U_{BE1} 升高，I_{B1} 增加，I_{C1} 增加，集电极电位 U_{C1} 下降，即 u_o 减小。输出电压 u_o 与输入电压 u_i 反相位，故称为反向输出。

　　如果输出信号从 VT_2 集电极输出，输入信号仍然从 VT_1 基极输入，其工作原理是：当 u_i 增大，U_{BE1} 升高，I_{B1} 增加，I_{C1} 增加，发射极 I_{E1} 增加，集电极电位 U_E 增加。由于 VT_2 基极接地，其电位 U_{B2} 固定，所以 VT_2 发射结电压下降，I_{B2} 下降，I_{C2} 下降，VT_2 集电极电位升高，即 u_o 增加。输出电压 u_o 与输入电压 u_i 同相位，故称为同相输出。如果输出接线不变，输入反接，即输入信号 u_i 从 VT_2 基极接入，而 VT_1 基极接地，则情况正好与上述分析相反。

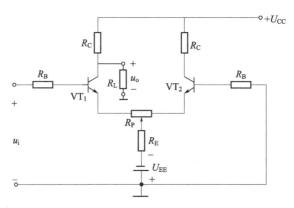

图 8-34　单入单出差分放大电路

　　电路对于差模信号是通过发射极相连的方式将 VT_1 管的发射极电流传递到 VT_2 管的发射极的，所以这种电路称为射极耦合电路。单端输出只利用了一个管子的放大作用，而单端输入信号仍然是作用在 VT_1、VT_2 发射结的串接电路上，相当于双端输入方式。所以单端输出差分放大电路电压放大倍数只有双端输出时的电压放大倍数的一半，也就是单管放大电路电压放大倍数 A_u 的一半，即

$$A_d = \frac{1}{2} A_u \tag{8-46}$$

　　其他接法的电路不再进行一一叙述，四种差分放大电路的比较如表 8-2 所示。

表 8-2　四种差分放大电路比较

输入方式	双端		单端	
输出方式	双端	单端	双端	单端
差模放大倍数 A_d	$-\dfrac{\beta R_C}{R_B+r_{be}}$	$\pm\dfrac{\beta R_C}{2(R_B+r_{be})}$	$-\dfrac{\beta R_C}{R_B+r_{be}}$	$\pm\dfrac{\beta R_C}{2(R_B+r_{be})}$
差模输入电阻 r_i	$2(R_B+r_{be})$		$2(R_B+r_{be})$	
差模输出电阻 r_o	$2R_C$	R_C	$2R_C$	R_C

8.7 功率放大电路

8.7.1 功率放大电路概述

在实用电路中，放大电路一般都由电压放大和功率放大两部分组成，电压放大是前级，主要用来不失真地放大信号电压的幅度，常采用电压放大倍数较高的共发射极放大电路；放大电路的末级（即输出级）要求输出一定的功率，以驱动负载。能够向负载提供足够信号功率的放大电路称为功率放大电路，简称功放。

从能量控制和转换的角度看，功率放大电路与电压放大电路在本质上没有根本区别，都是一种能量控制器，即利用晶体管的控制作用把直流电源的能量转换为按输入信号的规律变化的交流信号能量，再输送出去。功放既不是单纯追求输出高电压，也不是单纯追求输出大电流，而是追求在电源电压确定的情况下，输出尽可能大的功率。由于电路目的不同，功率放大电路的组成和分析方法都与小信号电压放大电路有着明显的差异。

对功率放大电路的基本要求是：

① 在不失真的情况下能输出尽可能大的功率 功率放大电路是工作在大信号状态，为了充分利用晶体管的放大性能，往往让它工作在极限状态，但不得超过晶体管的极限参数，即 I_{CM}、$U_{(BR)CEO}$ 和 P_{CM}。

由于信号大，工作时信号幅值常会进入非线性放大区而产生非线性失真。一般放大电路输出功率是指基本不失真的条件下，允许范围内的最大输出功率。所以电路既要考虑尽可能提高输出功率，又要考虑减小失真问题。在设计、分析功放电路时，往往采用图解法。

② 要提高工作效率 功率放大电路的最大输出功率与电源所提供的功率之比称为转换效率。电源提供的功率是直流功率，其值等于电源输出电流平均值及其电压之积。要提高效率可以从两个方面考虑：其一是在允许失真的条件下，尽可能提高输出功率；其二是设法减小电源供给的直流功率。

$$\eta = \frac{P_o}{P_E} \tag{8-47}$$

式中，P_o 为输出交流信号功率；P_E 为电源输入直流功率。

工作效率、非线性失真和输出功率三者相互影响。根据放大电路设置的静态工作点不同，可将功率放大器分成甲类、乙类、甲乙类、丙类、丁类等状态。这里主要介绍甲类、乙类和甲乙类三种工作状态，如图 8-35 所示。

甲类功放的工作点设置在放大区，晶体管在信号的整个周期内均导通，输出信号失真小；但是甲类功放 I_C 电流较大，静态电流大，使得直流功率较大，晶体管功率损耗大，电路工作效率较低。

图 8-35(b) 为甲乙类工作状态。U_{CC} 电源电压一定时，静态工作电流较小，降低了直流电源供给的功率，可提高功率放大电路的工作效率。甲乙类的静态工作点处在放大区接近截止区，三极管处于微导通状态。如果将静态工作点降低到 $I_C \approx 0$ 处，如图 8-35(c) 所

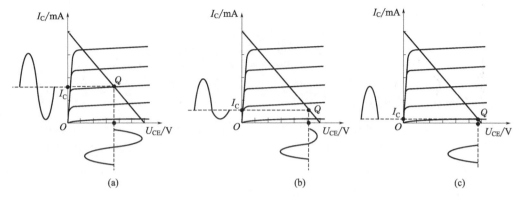

图 8-35　功率放大电路工作状态

示，晶体管仅在信号的半个周期处于导通状态，这个工作状态称为乙类工作状态。乙类工作状态能量转换效率高，但只能对半个周期的输入信号进行放大，存在较大的非线性失真。

8.7.2　乙类互补对称放大电路

为了提高工作效率，在输入信号为零时，应使管子处于截止状态。而为了使负载能够在完整信号周期输出，常常采用两只晶体管，在信号正、负半周交替导通，因此称为互补对称功率放大电路。互补对称功率放大器是集成功率放大电路输出级的基本形式。当它通过容量较大的电容与负载耦合时，由于省去了变压器而被称为无输出变压器（Output Transformerless）电路，简称 OTL 电路。若互补对称电路直接与负载相连，输出电容也省去，就成为无输出电容（Output Capacitorless）电路，简称 OCL 电路。OTL 电路采用单电源供电，OCL 电路采用双电源供电。下面以 OCL 电路为例来分析互补对称放大电路的原理。

(1) 工作原理

图 8-36 所示为乙类无输出电容功率放大电路。VT_1 和 VT_2 分别是 NPN 型和 PNP 型晶体管，VT_1、VT_2 特性对称。放大电路采用两组正、负对称的直流电源 $+U_{CC}$ 和 $-U_{CC}$

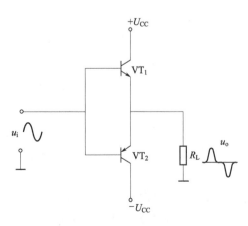

图 8-36　乙类 OCL 电路

供电。两管的基极连接在一起接入输入信号；两管的发射极连接在一起作为电路的输出端，接入负载电阻 R_L，R_L 另一端接地，形成两个单管射极输出器的组合。

静态时，$u_i = 0$，由于晶体管对称，发射极电位 U_E 为 0，所以 VT_1、VT_2 管的 I_B 均等于 0，集电极 $I_C \approx 0$。此时，负载 R_L 上的电流也为零，无输出功率。

动态时，在 u_i 的正半周期，晶体管 VT_1 导通，VT_2 截止，电流 i_{C1} 由 $+U_{CC}$ 经过 VT_1，流经 R_L 到地，输出电压 u_o 为正半波；在 u_i 的负半周期，晶体管 VT_2 导通，VT_1 截止，

电流 i_{C2} 由地经过 R_L，通过 VT_2 流到 $-U_{CC}$，输出电压为负半波。这样，两只晶体管 VT_1、VT_2 交替工作，互补对称，在负载 R_L 上的输出电压 u_o 是一个完整的信号周期。

这种电路工作在乙类工作状态，电路在静态时功率损耗近似为零，效率高，且易于实现集成化。但是缺点是波形在信号零点附近，两个管子交替导通的时候存在波形失真。

（2）输出功率和效率

当正弦信号输入时，每只晶体管只在半个周期内工作，若忽略交替时的波形失真，并假设晶体管饱和压降 $U_{CES} = 0$，则 $U_{om} \approx U_{CC}$，输出电压幅度最大。其输出交流功率为

$$P_{om} = \frac{1}{2} U_{om} I_{om} \approx \frac{1}{2} \times \frac{U_{CC}^2}{R_L} \tag{8-48}$$

电路直流电源输入的直流功率为

$$P_E = 2P_E' = 2U_{CC} I_{av} \tag{8-49}$$

式中，P_E' 为单电源的直流功率；I_{av} 为每个直流源在半个周期内提供电流的平均值。

$$I_{av} = \frac{1}{2\pi} \int_0^{\pi} I_{om} \sin\omega t \, \mathrm{d}(\omega t) = \frac{I_{om}}{\pi} = \frac{U_{om}}{\pi R_L} \tag{8-50}$$

故两个电源提供的功率为

$$P_E = 2U_{CC} I_{av} \approx \frac{2U_{CC}^2}{\pi R_L} \tag{8-51}$$

因此，理想情况下，放大电路最大效率为

$$\eta = \frac{P_{om}}{P_E} = \frac{\pi}{4} = 78.5\% \tag{8-52}$$

8.7.3　甲乙类互补对称放大电路

在乙类工作状态时，由于晶体管输入特性存在死区和初始阶段非线性的缘故，输入信号在零点附近位置时，i_b、i_c 和 u_o 都不完全跟随 u_i 正弦规律变化。VT_1、VT_2 均会在 $|u_i| < U_{on}$ 时，处于截止状态，两只晶体管交替波形出现衔接不好的现象，这种失真现象称为交越失真。交越失真的输出波形如图 8-37 所示。

为了消除交越失真，可给晶体管加一较小的正向电压，使管子在静态时处于微导通状态，来避免死区电压和输入特性非线性线段的影响，其电路如图 8-38 所示。

在图 8-38 所示电路中，静态时，从 $+U_{CC}$ 经过 R_1、R_2、VD_1、VD_2、R_3 到 $-U_{CC}$ 有一个直流电流，它在 VT_1 和 VT_2 两管之间所产生的电压为

$$U_{B1B2} = U_{R2} + U_{VD1} + U_{VD2} \tag{8-53}$$

该电压略大于 VT_1 管、VT_2 管发射结的开启电压之和，从而使两个管子均处于微导通状态，即每个管子存在一个微小的基极电流，分别为 I_{B1}、I_{B2}。静态时调节 R_2，使发射极电位 U_E 为 0，即输出电压为 0。

当输入正弦信号时，二极管 VD_1、VD_2 的动态电阻较小，且 R_2 阻值也较小，所以认为 VT_1 管基极电位的变化和 VT_2 管基极电位的变化相同，均近似等于输入信号 u_i。两个晶体管的基极电位随 u_i 产生相同变化，这样，当 $u_i > 0$ 且逐渐增大时，u_{BE1} 逐渐增大，VT_1 管基极电流 i_{B1} 随之增大，发射极电流 i_{E1} 也相应增大，负载电阻 R_L 上得到正方向

电流；同时，u_i 增加使 u_{EB2} 减小，当减小到一定数值后，VT_2 管截止。同样的，当 $u_i<0$ 且逐渐减小时，u_{EB2} 逐渐增加，VT_2 管基极电流 i_{B2} 随之增大，发射极电流 i_{E2} 也相应增大，负载电阻 R_L 上得到负方向电流；同时 u_i 减小使 u_{BE1} 减小，当减小到一定数值后，VT_1 管截止。通过以上分析可知，即使 u_i 很小，总有一个晶体管保证导通，避免了交替工作时发生交越失真。

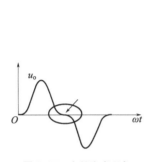

图 8-37 交越失真现象

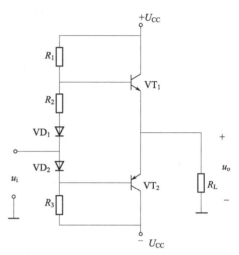

图 8-38 消除交越失真的 OCL 电路

该电路中 VT_1、VT_2 管的静态工作点处于甲类和乙类工作状态之间，输入信号的正半周主要是 VT_1 管发射极驱动负载，负半周期由 VT_2 管发射极驱动负载，而且两个管子的导通时间比半个信号周期长，即输入信号电压很小时，两个管子处于同时导通，因而它们工作在甲乙类状态。

习　题

8-1　在某放大电路输入端测量到输入正弦信号电流和电压的峰-峰值分别为 $5\mu A$ 和 $5mV$，输出端接 $2k\Omega$ 电阻负载，测量到正弦电压信号峰-峰值为 $1V$。试计算该放大电路的电压增益 A_u、电流增益 A_i、功率增益 A_p。

8-2　晶体管放大电路如图 8-39 所示，已知 $U_{CC}=12V$，$R_C=3k\Omega$，$R_B=240k\Omega$，$\beta=40$。
(1) 估算电路的静态工作点。
(2) 在静态时，电容 C_1 和 C_2 上的电压各为多少？

8-3　在图 8-39 中，若改变 R_B 的阻值，使 $U_{CE}=3V$，求 R_B 阻值的大小；若改变 R_B，使 $I_C=1.5mA$，R_B 又等于多少？

8-4　晶体管放大电路如图 8-40 所示，已知 $U_{CC}=+12V$，$R_B=300k\Omega$，$R_C=4k\Omega$，$\beta=50$。
(1) 画出其微变等效电路；
(2) 求输入电阻 r_i 和输出电阻 r_o；
(3) 当输出端接有负载 $R_L=6k\Omega$ 时的电压放大倍数 A_u。

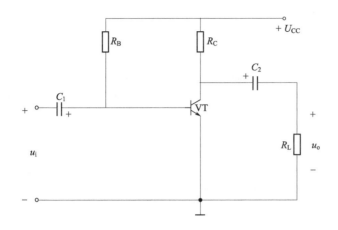

图 8-39　习题 8-2、习题 8-3 图

8-5　图 8-41 示差分放大电路采用了哪两种办法来抑制零点漂移？抑制方式有何不同？

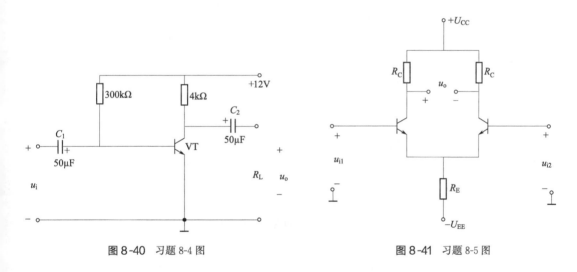

图 8-40　习题 8-4 图　　　　　　　　　　　　　图 8-41　习题 8-5 图

8-6　由图 8-42 所示的共射放大电路中，$U_{CC}=24V$，$R_{B1}=33k\Omega$，$R_{B2}=10k\Omega$，$R_C=3.3k\Omega$，$R_E=1.5k\Omega$，$R_L=5.1k\Omega$，晶体管 $\beta=66$，对该电路做静态分析和动态分析。

8-7　在图 8-43 所示电路中，已知 $R_C=2k\Omega$，$R_B=2k\Omega$，硅晶体管的 $\beta=50$，$r_{be}=500\Omega$，试画出该放大电路的微变等效电路，推导出由集电极输出和由发射极输出时的电压放大倍数。

8-8　图 8-44 中所示为一个两级放大电路，已知晶体管的 $\beta_1=40$，$\beta_2=50$，$r_{be1}=1.7k\Omega$，$r_{be2}=1.1k\Omega$，$R_{B1}=56k\Omega$，$R_{E1}=5.6k\Omega$，$R_{B2}=20k\Omega$，$R_{B3}=10k\Omega$，$R_C=3k\Omega$，$R_{E2}=1.5k\Omega$，求该放大电路的总电压放大倍数，输入电阻和输出电阻。

8-9　在图 8-45 中所示的差分电路，$\beta=50$，$U_{BE}=0.7V$，输入电压 $u_{i1}=7mV$，$u_{i2}=3mV$。（1）计算放大电路静态值 I_B、I_C 及各电极电位 U_E、U_C 和 U_B；（2）把输入电压 u_{i1}、u_{i2} 分解为共模分量 u_{ic1}、u_{ic2} 和差模分量 u_{id1}、u_{id2}；（3）求单端共模输出 u_{oc1} 和 u_{oc2}；（4）求单端差模输出 u_{od1} 和 u_{od2}；（5）求单端输出 u_{o1}，u_{o2}；（6）求双

端共模输出 u_{oc}、双端差模输出 u_{od}、双端输出 u_o。

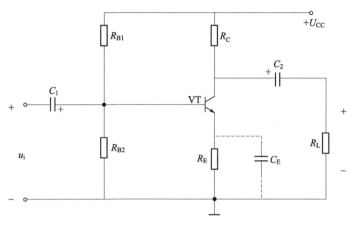

图 8-42 习题 8-6 图

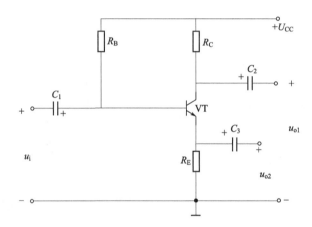

图 8-43 习题 8-7 图

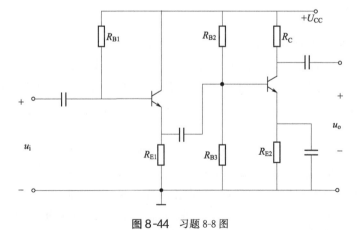

图 8-44 习题 8-8 图

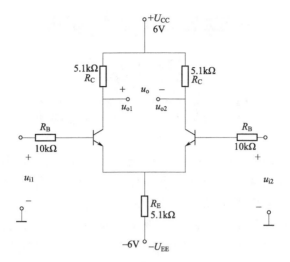

图 8-45　习题 8-9 图

第9章
集成运算放大器

集成运算放大器（简称运放）是具有高增益、高输入电阻、输出电阻低、集成化的多级直接耦合放大器。它首先应用于模拟计算机，能对输入信号进行加、减、乘、除、积分、微分等数学运算，故将"运算放大器"的名称保留至今。

现在集成运放的应用范围越来越广泛，除运算功能之外，还可组成各种比较器、振荡器、有源滤波器和采样保持器等。本章介绍集成运算放大器及其应用的基础知识。首先介绍集成运算放大器的组成、传输特性、主要参数和理想模型，然后讨论电路中负反馈的概念，负反馈对放大电路的应用及性能改善，最后介绍集成运算放大器线性和非线性应用的几种基本电路。

9.1 集成运算放大器概述

9.1.1 基本组成

前面讲述的晶体管放大电路都是由若干独立元件——晶体管、电阻、电容等按一定设计关系用导线连接而成，这种电路称为分立元件电路。20 世纪 60 年代，集成电路工艺使得整个电路的各个分立元件以及相互之间的连接方式同时制造在一块半导体上，组成不可分割的整体，然后封装在管壳内。与分立元件电路相比较，它具有体积小、重量轻、性能好、成本低、可靠性高等优点，因而获得了广泛应用。集成运算放大器目前经历了多代产品发展，类型和品种已相当丰富，但是内部结构上基本一致。

集成运算放大器的内部电路一般包括输入级、中间级和输出级以及偏置电路，如图 9-1 所示。

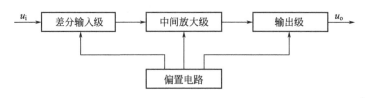

图 9-1 集成运放的组成框图

输入级是由差分放大电路构成，它有两个输入端，其输入电阻高，能有效地放大有用信号，抑制共模干扰信号，减小零点漂移，是提高运算放大器质量的关键部分。

中间级的作用是放大电压信号，要求有尽可能高的电压增益。中间级一般采用直接耦合共射放大电路。

　　输出级直接与负载相连，要求输出级必须提供足够大的功率，且输出电阻要小，以便提高其带负载的能力。输出级一般由互补对称放大电路构成，如 OCL 电路。

　　偏置电路要为各级提供合适的静态工作电流，并要求所提供的电流要稳定。为此，偏置电路均为各种形式的恒流源电路。

　　总之，集成运放是一种电压放大倍数高、输入电阻大、输出电阻小、零点漂移小、抗干扰能力强、可靠性高、体积小、耗电少的通用电子器件。其实物外形如图 9-2 所示。在应用集成运算放大器时，需要知道它几个引脚的用途以及放大器的主要参数，至于内部电路结构一般无需详细了解。

图 9-2　集成运算放大器外形图

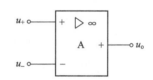

图 9-3　理想集成运算放大器的电路符号

　　图 9-3 是理想集成运算放大器的电路符号。电路符号有两个输入端和一个输出端，对应实际器件的三个引脚。标"－"号的是反相输入端，表示输出信号 u_o 与该输入端的信号 u_- 相位相反；标"＋"号端为同相输入端，表示输出信号 u_o 与该端的输入信号 u_+ 相位相同。反相输入端和同相输入端的输入信号 u_- 和 u_+、输出信号 u_o，都是指对"地"电压。在实际工作中，信号可以从这两个输入端中的一端输入，而另一端接地，构成反相输入或同相输入，这种输入方式称为"单端输入"；如果从两个输入端同时输入信号，这种输入方式称为"差动输入"或"双端输入"，输出信号和两个输入信号的差值成正比。

9.1.2　电压传输特性

　　电压传输特性是指表示集成运放输出电压 u_o 与输入电压 u_i（$u_i=u_+-u_-$）之间关系的特性曲线，如图 9-4 所示。它分为三个区域：一个线性区和两个饱和区。

　　在线性区内 u_o 与 u_i（$u_i=u_+-u_-$）成正比例关系，即

$$u_o=A_o u_i=A_o(u_+-u_-) \qquad (9-1)$$

　　线性区的直线斜率取决于集成运放开环电压放大倍数 A_o。由于受到电源电压的限制，u_o 不可能随 u_i 的增加而无限增加，因此 u_o 增加到一定程度，集成运放就进入饱和区。正饱和区 $u_o=+U_{om}\approx+U_{CC}$，负饱和区 $u_o=-U_{om}\approx-U_{CC}$。

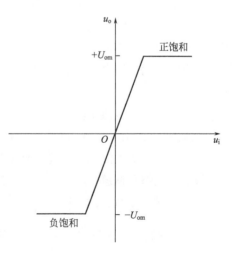

图 9-4　集成运放电压传输特性曲线

集成运放工作在线性区使用，称为线性应用，工作在饱和区称为非线性应用。又因为 A_o 很高，故线性工作区很窄，即使输入电压很小，也容易使输出达到饱和。所以一般来讲，集成运算放大器只有在深度电压负反馈作用下，才能在线性区稳定工作。如果在开环或正反馈条件下，集成运放基本处于非线性限幅状态，工作在饱和区，由信号的极性，可以是正饱和或负饱和。

9.1.3 集成运算放大器的主要参数

集成运算放大器的性能可用一些参数来表示。为了合理地选用和正确地使用运算放大器，必须了解各主要参数的意义。

(1) 最大输出电压 U_{om}

在标称电源电压和额定负载电阻的情况下，能使集成运放输出电压和输入电压保持不失真关系的最大输出电压，称为集成运算放大器的最大输出电压。

(2) 开环电压放大倍数 A_o

在集成运算放大器的输出端与输入端之间没有外接电路时所测出的差模电压放大倍数，称为开环电压放大倍数。A_o 越高，所构成的运算电路越稳定，运算精度也越高。A_o 一般可达 $10^4 \sim 10^7$，用分贝表示即 $80 \sim 140dB$。

(3) 差模输入电阻 r_{id}

集成运放开环时从两个输入端看进去的动态电阻，称为差模输入电阻。其值越大，表明集成运放从输入信号源所吸取的电流越小，运算的精度就越高。集成运放的 r_{id} 一般为几十到几百千欧，目前已有高达 $10^5 M\Omega$ 的。

(4) 开环输出电阻 r_o

集成运放开环时，输出级的输出电阻，称为开环输出电阻。r_o 越小，集成运放带负载的能力就越强。由于集成运放输出端采用互补对称放大电路，其 r_o 一般较低，一般为几十欧到几百欧。

(5) 输入失调电压 U_{IO}

理想的集成运算放大器，当输入电压为零（即把两输入端同时接地）时，输出电压也为零，$u_o = 0$。但在实际的运算放大器中，由于制造时电路中元器件参数的不对称性等原因，当输入电压为零时 $u_o \neq 0$，这称为静态失调。反过来说，如果要 $u_o = 0$，必须在输入端加一个很小的补偿电压，它就是输入失调电压，用 U_{IO} 表示。一般为几毫伏，显然它愈小愈好。

(6) 输入失调电流 I_{IO}

输入失调电流是指输入信号为零时，两个输入端静态基极电流之差，即 $I_{IO} = |I_{B1} - I_{B2}|$。一般 I_{IO} 在零点零几微安级，其值愈小愈好。

(7) 输入偏置电流 I_{IB}

输入信号为零时，两个输入端静态基极电流的平均值，称为输入偏置电流，即 $I_{IB} = \frac{I_{B1}+I_{B2}}{2}$。它的大小主要和电路中第一级管子的性能有关。这个电流也是愈小愈好，一般在零点几微安级。

（8）最大共模输入电压 U_{ICM}

U_{ICM} 为输入级能正常工作的情况下允许输入的最大共模信号。集成运算放大器对共模信号具有抑制的性能，但这个性能是在规定的共模电压范围内才具备。如超出这个电压，集成运算放大器的共模抑制性能就大为下降，甚至造成器件损坏。实际使用时要注意输入信号中共模信号部分的大小。

（9）共模抑制比 K_{CMR}

共模抑制比等于差模放大倍数与共模放大倍数之比的绝对值，即 $K_{CMR}=|A_{od}/A_{oc}|$，也常用分贝表示，其数值为 $20\lg K_{CMR}$。

以上介绍了集成运算放大器的几个主要参数及意义，其他参数（如温度漂移、静态功耗、频率带宽等）的概念比较好理解，就不在此一一说明了。总之，集成运算放大器具有开环电压放大倍数高、输入电阻高（几兆欧以上）、输出电阻低（约几百欧）、漂移小、可靠性高、体积小等主要特点，所以它已成为一种通用器件，广泛地应用于各个技术领域中。在选用集成运算放大器时，和选用其他电路元器件一样，要根据器件性能参数说明，确定合适的型号。

9.2　理想运算放大器

为了能更方便地分析、计算集成运放的各种应用电路，可以将集成运放的各项技术参数进行理想化，构成理想化模型。理想化的主要技术指标是：

① 开环电压放大倍数 $A_o\approx\infty$；

② 差模输入电阻 $r_{id}\approx\infty$；

③ 开环输出电阻 $r_o\approx0$；

④ 共模抑制比 $K_{CMR}\approx\infty$。

图9-5所示是集成运算放大器的电路模型。在分析时采用理想运算放大器替代实际情况非常方便，并且误差很小，在工程上是经常使用的。采用理想模型时，集成运算放大器的电压传输特性曲线如图9-6所示。

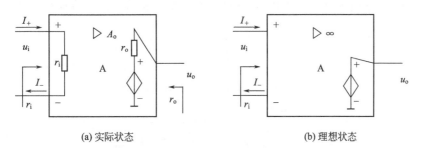

(a) 实际状态　　　　　　　　　　(b) 理想状态

图9-5　集成运放的电路模型

理想集成运算放大器工作在线性区时，需要满足两条依据：

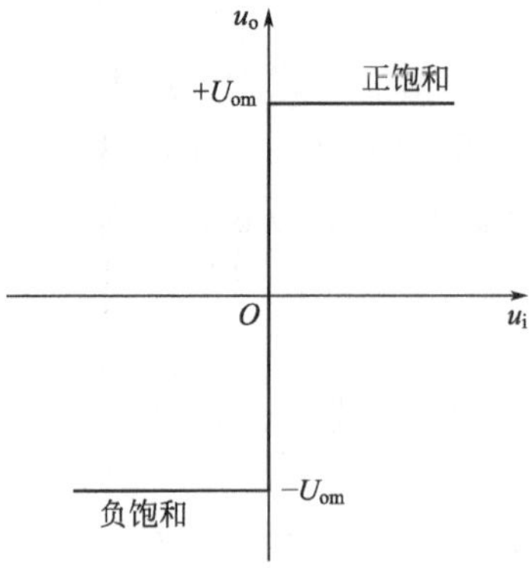

图 9-6 理想集成运算放大器电压传输曲线

① 由于 $u_o=A_o u_i=A_o(u_+-u_-)$，当 $A_o\approx\infty$ 时，输出电压是一个有限值，必有

$$u_i=u_+-u_-=\frac{u_o}{A_o}\approx 0$$

所以 $$u_+\approx u_- \tag{9-2}$$

即两个输入端的对地电压基本相等，所谓“虚短”。

如果同向输入端接地，反向端有输入时，即 $u_+=0$，由式(9-2)，$u_-\approx 0$。这就说明反向输入端虽然未接地，但电位接近于“地”电位，通常称为“虚地”。

② 由于理想条件下集成运放差模输入电阻 $r_{id}\approx\infty$，所以认为输入两端的输入电流为 0，$i_+=i_-\approx 0$。这称为虚假断路，简称“虚断”。

“虚短”和“虚断”是分析理想放大器在线性区工作的基本依据，运用这两个概念会使电路分析计算大大简化。而一般来说，只有在深度电压负反馈情况下，集成运放才能工作在线性区，下一节将介绍反馈的概念。

9.3 电子电路中的反馈

集成运放有两个输入端，一个输出端。当输出端和输入端之间不外接电路，即两者之间在外部是断开的，这称为开环状态；当用一定形式的网络（如电阻、电容）在外部将它们连接起来，这称为闭环状态，又称为反馈状态。在放大电路中广泛采用着各种类型的反馈。例如，为改善放大电路工作性能，而采用负反馈；在振荡电路中为使电路能够自激，而采用正反馈。在具体介绍集成运放有关应用前，首先介绍反馈的基本概念及其作用。

9.3.1 反馈的基本概念

凡是将放大电路（或系统）输出信号（电压或电流）的一部分或全部通过某种形式的电路（反馈电路）送回到输入端，和输入信号共同作用于基本放大电路，控制其输出，就称为反馈。图 9-7 所示带有反馈的放大电路的方框图，表示了反馈的基本概念。

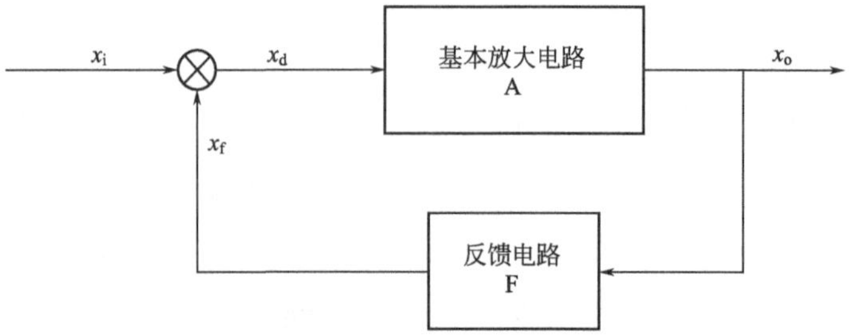

图 9-7 反馈放大电路的一般框图

图中基本放大电路和反馈电路构成一个闭合回路。任何带有反馈的放大电路都包含两个部分：一个是不带反馈的基本放大电路 A，它可以是单级或多级的；一个是反馈电路 F，它是连接放大电路的输出电路和输入电路的环节，多数是由电阻电容元件组成。图中用 x 表示信号，它的量纲既可以是电压，也可是电流。信号的传递方向如图中箭头所指方向，x_i、x_f、x_o 分别表示外部输入信号、反馈信号、输出信号。x_d 是基本放大电路的净输入信号，它是通过比较环节（$\otimes$ 为比较环节符号），即 x_i 和 x_f 比较得到的。

若反馈信号与输入信号相位相同，比较后净输入信号被反馈信号削弱，这种反馈称为负反馈。如果反馈信号与输入信号相位相反，净输入信号得到加强，这种反馈称为正反馈。反馈信号与输出信号之比称为反馈系数。由图 9-7 可得各信号量之间的基本关系式为

$$x_d = x_i - x_f$$
$$A = \frac{x_o}{x_d}$$
$$F = \frac{x_f}{x_o}$$
$$A_f = \frac{x_o}{x_i} = \frac{x_o}{x_d + x_f} = \frac{A}{1 + AF}$$

(9-3)

式中，A_f 是引入反馈后的放大倍数，称为闭环放大倍数。在 A_f 的计算式中，（$1+AF$）称为反馈深度，它的大小反映了反馈的强弱。

瞬时极性法是判别电路中负反馈与正反馈的基本方法。设接"地"参考点的电位为零，电路中某点在某瞬时的电位高于零电位者，则该点电位的瞬时极性为正（用"$\oplus$"表示），反之为负（用"$\ominus$"表示）。首先假定外输入信号的瞬时极性，然后根据放大原理确定输出端瞬时极性，再由反馈电路确定反馈信号瞬时极性。比较外输入及反馈信号，即可判断是什么反馈。

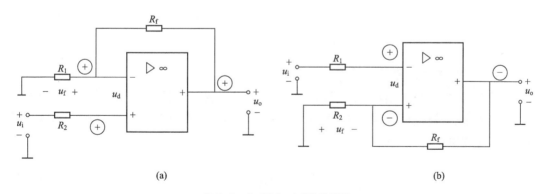

图 9-8 负反馈与正反馈的判别

在图 9-8(a) 中，R_f 为反馈电阻，跨接在输出端与反相输入端之间。设某一瞬时输入电压 u_i 为正，则输入信号经 R_2 从同相输入端输入，电位的瞬时极性为正，用 $\oplus$ 表示。输出端电位的瞬时极性也为正 $\oplus$，输出电压 u_o 经 R_f 和 R_1 分压后在 R_1 上得出反馈电压 u_f，极性如图中所示。它减小了净输入电压 u_d，$u_d = u_i - u_f$，故输入信号被削弱，是负反馈

电路。或者说，输出端电位的瞬时极性为正，通过反馈提高了反相输入端的电位，从而减小了净输入电压。

图 9-8(b) 中，某一瞬时输入电压 u_i 为正，输入信号经 R_1 从反相输入端输入，电位的瞬时极性为正，用 ⊕ 表示。输出端电位的瞬时极性为负 ⊖。输出电压 u_o 经 R_f 和 R_2 分压后在 R_2 上得出反馈电压 u_f，极性如图中所示。同向输入端对地为负，增加了净输入电压 u_d 数值，故输入信号被增强，是正反馈电路。或者说，输出端电位的瞬时极性为负，通过反馈降低了同相输入端的电位，从而增加了净输入电压。

由上面分析可知：对于单级集成运算放大电路，反馈元件接到同向输入端是正反馈，如接到反向输入端则是负反馈。

9.3.2 放大电路中的负反馈

根据反馈电路与基本放大电路在输入端和输出端连接方式的不同，首先应研究下列问题，进而进行定量分析。

① 从输出端看，反馈量是取自输出电压，还是取自输出电流。

② 从输入端看，反馈量与输入量是以电压方式相叠加，还是以电流方式相叠加。

当反馈量取自输出电压时称为电压反馈，取自输出电流时称为电流反馈；当反馈量与输入量以电压方式相叠加时称为串联反馈，以电流方式相叠加时称为并联反馈。因此，负反馈有四种类型，即电压串联、电流串联、电压并联、电流并联。下面依次来进行叙述。

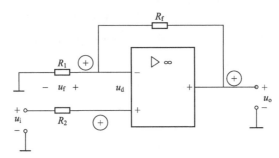

图 9-9 电压串联负反馈电路

(1) 电压串联负反馈

若从输出电压取样，通过反馈网络得到反馈电压，然后与输入电压相比较，求得差值作为净输入电压进行放大，则称电路引入了电压串联负反馈。图 9-9 为典型电压串联负反馈电路，反馈电压

$$u_f = \frac{R_1}{R_f + R_1} u_o \qquad (9-4)$$

反馈信号取自输出电压 u_o，并与之成正比，故为电压反馈。反馈信号与输入信号在输入端以电压的形式做比较，两者串联，故为串联反馈。

(2) 电压并联负反馈

在放大电路中，当输入信号为恒流源或近似恒流源时，若反馈信号取自输出电压 u_o，并转换成反馈电流 i_f，与输入电流 i_i 求差后放大，则可得电压并联负反馈放大电路，如图 9-10 所示。

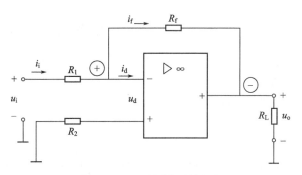

图 9-10 电压并联负反馈电路

在图 9-10 中，设某一瞬时输入电压 u_i 为正，则反相输入端电位的瞬时极性为正，输出端电位的瞬时极性为负（用○表示）。此时反相输入端的电位高于输出端的电位，输入电流 i_i 和反馈电流 i_f 的实际方向如图中所示。净输入电流（差值电流）$i_d = i_i - i_f$，即 i_f 削弱了净输入电流，故为负反馈。反馈电流

$$i_f = \frac{u_- - u_o}{R_f} \approx -\frac{u_o}{R_f} \tag{9-5}$$

反馈信号取自输出电压 u_o 并与之成正比，故为电压反馈。反馈信号与输入信号在输入端以电流的形式做比较，故为并联反馈。

（3）电流串联负反馈

在图 9-11 中，反馈电压 $u_f = i_o R_1$（流入反相输入端的电流很小，忽略不计）。该式表明反馈信号取自输出电流（即负载电流）i_o 并与之成正比，故为电流反馈；$u_d = u_i - u_f$，故为负反馈；反馈信号与输入信号在输入端以电压的形式做比较，两者串联，故为串联反馈。

电流串联负反馈可以稳定 i_o 的输出。当某种原因 i_o 增加，u_f 增加，净输入电压下降，集成运放输出端电位降低，i_o 变小，以上就是输出电流稳定的过程。当某种原因使 i_o 减小，各物理量的变化与上述过程相反。

（4）电流并联负反馈

在放大电路中，当输入信号近似恒流源时，若反馈信号取自输出电流，并转换成反馈电流，与输入电流求差后放大，则构成电流并联反馈电路，如图 9-12 所示。

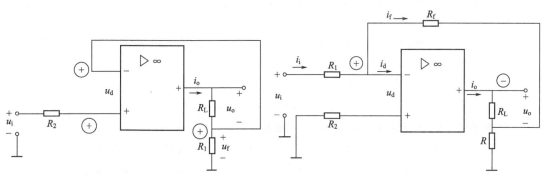

图 9-11 电流串联负反馈电路   图 9-12 电流并联负反馈电路

在图 9-12 中，$i_d = i_i - i_f$，$i_f = -\left(\dfrac{R}{R_f \mid R}\right) i_o$。因此该电路为负反馈。反馈电流 i_f 取自输出电流 i_o，并与之成正比，故为电流反馈。反馈信号与输入信号在同一输入端以电流形式比较，为并联反馈。

从上述四个运算放大器电路可以看出：

① 反馈电路直接从输出端引出的，是电压反馈；从负载电阻 R_L 的靠近"地"端引出的，是电流反馈；

② 输入信号和反馈信号分别加在两个输入端（同相和反相）上的，是串联反馈；加在同一个输入端（同相或反相）上的，是并联反馈；

③ 反馈信号使净输入信号减小的，是负反馈。

放大电路中引入负反馈后，可使其性能得到很大的改善。主要表现在以下几个方面：

① 降低放大倍数　如前所示，理想运算放大器的放大倍数 $A_o \approx \infty$，开环使用下，微小信号非常容易使集成运放进入到饱和工作区，无法线性放大。引入负反馈后，可以降低电路的放大系数。

由式(9-3) 可知

$$\dot{X}_d = \dot{X}_i - \dot{X}_f$$

$$A_o = \frac{\dot{X}_o}{\dot{X}_d}$$

$$F = \frac{\dot{X}_f}{\dot{X}_o}$$

$$A_f = \frac{\dot{X}_o}{\dot{X}_i} = \frac{A_o}{1 + A_o F}$$

对于负反馈电路，$\dot{X}_i$、$\dot{X}_f$、$\dot{X}_d$ 同相位，所以 $(1 + A_o F) > 1$，因此 $A_f < A_o$，放大倍数下降。当 $(1 + A_o F) \gg 1$ 时，称为深度负反馈。此时

$$A_f = \frac{A_o}{1 + A_o F} \approx \frac{A_o}{A_o F} = \frac{1}{F} \tag{9-6}$$

上式表明，在高开环放大倍数和深度负反馈情况下，A_f 只与反馈电路的反馈系数有关，可以用直接改变反馈电路参数的办法来得到需要的放大倍数。

② 提高放大倍数稳定性　可以证明，负反馈的引入使放大电路闭环增益的相对变化量为开环增益相对变化量的 $1/(1 + A_o F)$，可表示为

$$\frac{\mathrm{d}A_f}{A_f} = \frac{1}{1 + A_o F} \times \frac{\mathrm{d}A_o}{A_o} \tag{9-7}$$

反馈深度 $(1 + A_o F)$ 越大，其稳定性越好。

③ 改善波形失真　由于集成运放中的半导体器件是非线性元件，常使输出信号的波形出现非线性失真。如果放大电路中引入负反馈，可以在一定程度上减小非线性失真，改善输出信号波形，如图 9-13 所示。

④ 展宽通频带　频率响应特性是放大电路的重要特性之一。在多级放大电路中，级

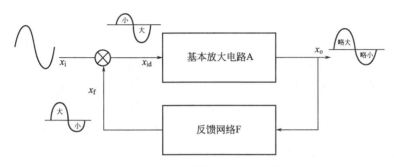

图 9-13　负反馈减小非线性失真

数越多，增益越大，频带越窄。集成运算放大器采用直接耦合，无耦合电容，低频特性良好。引入负反馈后，高频段通频带也得到展宽，电路总的通频带变宽。

⑤ 对放大电路输入电阻影响　集成运算放大器电路中引入负反馈后使输入电阻 r_{if} 增高还是降低，取决于反馈是串联还是并联形式。

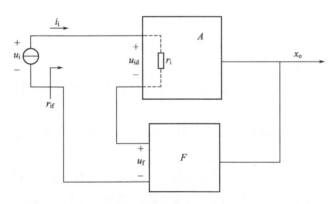

图 9-14　串联负反馈框图

如图 9-14 所示，如果开环放大电路输入电阻为

$$r_i = \frac{u_{id}}{i_i}$$

当引入串联负反馈后，闭环输入电阻 r_{if} 为

$$r_{if} = \frac{u_i}{i_i} = \frac{u_{id} + u_f}{i_i} = \frac{u_{id} + AFu_{id}}{i_i} = r_i(1 + AF) \tag{9-8}$$

式（9-8）表明，引入串联负反馈后，输入电阻是无反馈时输入电阻的 $(1+AF)$ 倍。串联负反馈使放大电路输入电阻增大。

如图 9-15 所示，若开环放大电路的输入电阻为

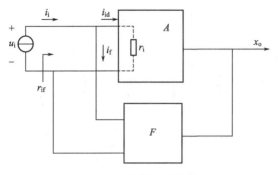

图 9-15　并联负反馈框图

$$r_i = \frac{u_i}{i_{id}}$$

当引入并联负反馈后，闭环输入电阻 r_{if} 为

$$r_{if} = \frac{u_i}{i_i} = \frac{u_i}{i_{id} + i_f} = \frac{u_i}{i_{id} + AF i_{id}} = r_i \frac{1}{1 + AF}$$

(9-9)

式(9-9) 表明，引入并联负反馈后，输入电阻是无反馈时输入电阻的 $1/(1 + AF)$。并联负反馈使输入电阻减小。

⑥ 对放大电路输出电阻影响　放大电路中引入负反馈后使输出电阻增大还是减小，与反馈是电压反馈还是电流反馈有关。

电压反馈放大电路具有稳定输出电压 u_o 的作用，即近似恒压输出特性。恒压输出特性放大电路内阻很低，即输出电阻很低。引入电压负反馈前后输出电阻两者关系式为

$$r_{of} = \frac{r_o}{1 + AF}$$

(9-10)

电流反馈放大电路具有稳定输出电流 i_o 的作用，即有恒流输出的特性。恒流输出特性的放大电路内阻较高，即其输出电阻较高。引入电流负反馈前后输出电阻两者关系式为

$$r_{of} = r_o(1 + AF)$$

(9-11)

综上可以看出，电流负反馈使输出电阻变大，电压负反馈使输出电阻变小。

9.3.3　放大电路中的正反馈

在实用放大电路中，除了引入四种基本组态的交流负反馈外，还常引入合适的正反馈，以改善电路的性能。

例如，在阻容耦合放大电路中，常在引入负反馈的同时，引入合适的正反馈，以提高输入电阻，如图 9-16 所示。

在图 9-16 所示电路中，为使集成运放静态时能正常工作，必须在同向输入端与地之间加电阻。若无电容 C_2，则电路中虽然引入了电压串联负反馈，但输入电阻的值却不大，为 R_1、R_2 之和。有电容 C_2，使得交流通路中 R_2、R_3 并联，R_1 跨接在集成运放输入两端。根据瞬时极性法可以判断出，电路中除了通过 R_4 接反向输入端引入负反馈外，还通过 R_1 接入同向输入端而引入正反馈。如果信号源为有内阻的电压源，正反馈的作用效果可使输入端的动态电位升高。这种通过反馈使输入端动态电位升高的电路，称为自举电路。

此外，正反馈还广泛使用在自激振荡电路当中。所谓自激振荡电路，是指输入端没有外接信号源，就能够在输出端产生特定频率和幅值交流信号的波形发生电路。图 9-17 是正弦波振荡电路方框图。

图 9-17 中无外接输入信号，放大电路输入信号由输出端通过反馈电路得到。假设输入信号和输出信号均为正弦电压信号，则

$$A_u = \frac{\dot{U}_o}{\dot{U}_i} = \frac{\dot{U}_o}{\dot{U}_f}$$

电路反馈系数为

$$F = \frac{\dot{U}_f}{\dot{U}_o}$$

所以，自激振荡的基本条件要求反馈信号和输入信号相位相同，也就是正反馈；同时反馈系数和放大电路增益要满足 $|A_u F| = 1$，即反馈信号和输入信号大小相等。

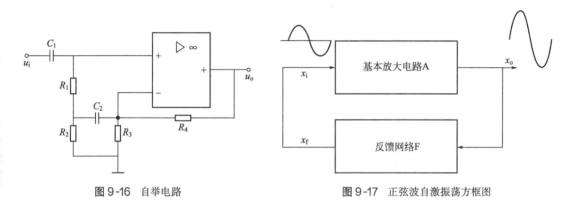

图 9-16　自举电路　　　　　　　　图 9-17　正弦波自激振荡方框图

可见，自激振荡电路是一个没有输入信号的正反馈放大电路，形成自激振荡的过程需要说明如下两个问题：

① 自激振荡电路没有外接信号源，那么起始信号从何而来？当放大电路接通电源的瞬间，在电路中激起一个微小的扰动信号，这就是起始信号。通过正反馈电路反馈到输入端，只要满足自激振荡的基本条件，反馈电压经放大电路放大后就会有更大的输出。经过反馈—放大—再反馈—再放大的多次循环过程，振荡电路的输出达到一定幅度后，利用非线性元件构成的稳幅环节，使输出电压的幅度自动稳定在一个数值上。

② 扰动起始信号往往是非正弦的，含有一系列频率不同的谐波成分。为了能得到单一频率的正弦输出电压，正弦波振荡电路中除了放大电路和正反馈电路外，还必须增加选频电路。只有在选频电路中心频率上的信号能通过，其他频率信号被抑制。

9.4　基本运算电路

集成运放的应用首先表现在它能构成各种运算电路，并因此而得名。在运算电路中，以输入电压作为自变量，以输出电压作为函数；当输入电压变化时，输出电压将按一定的数学规律变化，即输出电压反映输入电压某种运算的结果。因此，集成运放必须工作在线性区，在深度负反馈条件下，利用反馈网络能够实现各种数学运算。

在运算电路中，无论输入电压，还是输出电压，均对"地"而言。

9.4.1 比例运算电路

将输入信号按比例放大的电路，称为比例运算电路。按输入信号加入不同的输入端分类，比例放大电路有反相比例运算电路、同相比例运算电路。

(1) 反相比例运算电路

图 9-18 所示是反相比例运算电路。输入信号 u_i 经输入端电阻 R_1 送到反相输入端，而同相输入端通过电阻 R' 接"地"。反馈电阻 R_f 跨接在输出端和输入端之间。

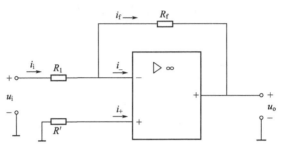

图 9-18　反相比例运算电路

根据集成运放工作在线性区间的两条依据可知

$$i_i = i_f$$
$$i_+ = i_- \approx 0, \ u_+ = u_- \approx 0$$

由图 9-18 可列出关系式

$$i_i = \frac{u_i - u_-}{R_1} = \frac{u_i}{R_1}$$

$$i_f = \frac{u_- - u_o}{R_f} = -\frac{u_o}{R_f}$$

由此可得

$$u_o = -\frac{R_f}{R_1} u_i \tag{9-12}$$

闭环电压放大倍数为

$$A_{uf} = \frac{u_o}{u_i} = -\frac{R_f}{R_1} \tag{9-13}$$

以上式表明，输出电压和输入电压是比例运算关系，负号表示 u_o 与 u_i 反相。为了保证外电路平衡性，$R' = R_1 // R_f$。当选取 $R_f = R_1$ 时，$u_o = -u_i$，称为反相器。

(2) 同相比例运算电路

图 9-19 所示是同相比例运算电路。输入信号 u_i 经输入端电阻 R' 送到同相输入端。根据理想集成运放工作在线性区间的两条依据可知

$$i_i = i_f$$
$$u_+ = u_- = u_i$$

根据图 9-19 可列出

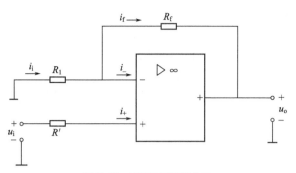

图 9-19　同相比例运算电路

$$i_i = -\frac{u_-}{R_1} = -\frac{u_i}{R_1}$$

$$i_f = \frac{u_- - u_o}{R_f} = \frac{u_i - u_o}{R_f}$$

因此可得到

$$u_o = \left(1 + \frac{R_f}{R_1}\right) u_i \tag{9-14}$$

式(9-14)表明，u_o 与 u_i 同相且 u_o 大于 u_i。当 R_1 断开（电阻无穷大）或 R_f 短路时，闭环放大倍数为1。这种电路称为电压跟随器。

9.4.2　加法运算电路

如果在反相输入端增加若干输入电路，则构成反相加法运算电路，如图 9-20 所示。

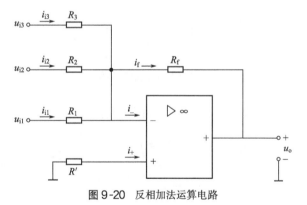

图 9-20　反相加法运算电路

根据图 9-20，可列出关系式

$$i_{i1} = \frac{u_{i1}}{R_1}$$

$$i_{i2} = \frac{u_{i2}}{R_2}$$

$$i_{i3} = \frac{u_{i3}}{R_3}$$

$$i_f = i_{i1} + i_{i2} + i_{i3}, \quad i_f = -\frac{u_o}{R_f}$$

由上面各式，可得

$$u_o = -\left(\frac{R_f}{R_1}u_{i1} + \frac{R_f}{R_2}u_{i2} + \frac{R_f}{R_3}u_{i3}\right) \tag{9-15}$$

当 $R_1 = R_2 = R_3$ 时，式(9-15) 变为

$$u_o = -\frac{R_f}{R_1}(u_{i1} + u_{i2} + u_{i3}) \tag{9-16}$$

当 $R_f = R_1$ 时，则

$$u_o = -(u_{i1} + u_{i2} + u_{i3}) \tag{9-17}$$

由上列三式可见，加法运算电路与集成运算放大器本身的参数无关，只要电阻阻值足够精确，就可保证加法运算的精度和稳定性。

平衡电阻 R' 为：$R' = R_1 // R_2 // R_3 // R_f$。

9.4.3 减法运算电路

如果集成运放两个输入端均有信号输入，称为差分输入。图 9-21 是一个常用的减法运算电路，它的同相输入端和反相输入端都接入输入信号 u_{i1} 和 u_{i2}。

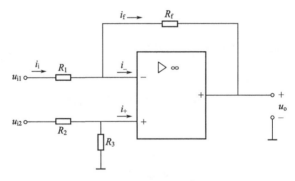

图 9-21   减法运算电路

根据理想集成运算放大器线性工作依据和图中元件关系，可列出

$$u_- = u_{i1} - i_1 R_1 = u_{i1} - \frac{u_{i1} - u_o}{R_1 + R_f}R_1$$

$$u_+ = u_{i2}\frac{R_3}{R_2 + R_3}$$

上面两式相等，可导出

$$u_o = \left(1 + \frac{R_f}{R_1}\right) \times \frac{R_3}{R_2 + R_3}u_{i2} - \frac{R_f}{R_1}u_{i1} \tag{9-18}$$

当 $R_2 = R_1$，$R_3 = R_f$ 时，式(9-18) 变为

$$u_o = \left(1 + \frac{R_f}{R_1}\right) \times \frac{R_3}{R_2 + R_3}u_{i2} - \frac{R_f}{R_1}u_{i1}$$

$$= \frac{R_3}{R_2}u_{i2} - \frac{R_f}{R_1}u_{i1} = \frac{R_f}{R_1}(u_{i2} - u_{i1}) \tag{9-19}$$

当 $R_1 = R_f$ 时，则

$$u_o = u_{i2} - u_{i1}$$

上式表明：输出电压等于两个输入电压之差，故又称为差动运算放大电路，它实现了减法的功能。

当 $u_{i2} = u_{i1}$，即输入信号无差值时，输出电压 $u_o = 0$，即电路对共模信号无放大作用。这种电路能放大差值信号，抑制共模信号。它不仅用来作减法运算，而且被广泛地用来放大具有共模干扰的微小信号。

【例 9-1】已知运算关系式为 $u_o = 2u_{i2} - u_{i1}$，试画出能满足此关系式的运算放大电路，并计算电路中各电阻阻值。取反馈电阻为 20kΩ。

【解】先用同相比例运算电路实现 $2u_{i2}$，再利用减法电路实现 $2u_{i2} - u_{i1}$。两级运算放大器的电路如图 9-22 所示。

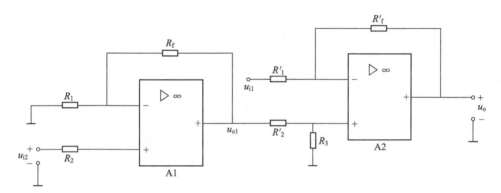

图 9-22 例 9-1 图

第一级集成运放实现同比例运算

$$u_{o1} = \left(1 + \frac{R_f}{R_1}\right) u_{i2} = 2u_{i2}$$

所以 $\dfrac{R_f}{R_1}$ 应等于 1，$R_1 = R_f = 20\text{k}\Omega$。$R_2 = R_1 // R_f = 5\text{k}\Omega$。

第二级集成运放实现减法运算，将 $u_{o1} = 2u_{i2}$ 接入同相输入端，u_{i1} 接入反相输入端，则有下列的运算关系

$$u_o = \frac{R_f'}{R_1'}(2u_{i2} - u_{i1})$$

当 $R_1' = R_f' = 20\text{k}\Omega$，$u_o = 2u_{i2} - u_{i1}$。

9.4.4 积分运算电路

与反相比例运算电路比较，用电容 C_f 代替 R_f 作为反馈元件，就成为积分运算电路，如图 9-23 所示。

根据电容两端电压与电容电流的积分关系

$$u_C = \frac{1}{C} \int i_C \mathrm{d}t$$

$$i_i = i_f = \frac{u_i}{R}$$

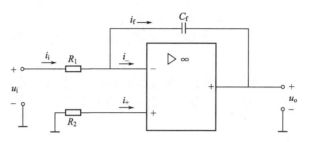

图 9-23　积分运算电路

得到
$$u_C = u_- - u_o = -u_o = \frac{1}{C_f}\int i_f \mathrm{d}t = \frac{1}{C_f}\int i_i \mathrm{d}t$$

所以
$$u_o = -\frac{1}{R_1 C_f}\int u_i \mathrm{d}t = -\frac{1}{T_i}\int u_i \mathrm{d}t \qquad (9\text{-}20)$$

可见该电路输出电压正比于输入电压对时间的积分,具有积分运算功能,式中 $T_i = R_1 C_f$ 称为积分时间常数。当 u_i 是大小恒定的直流电压 U_i 时

$$u_o = -U_i \frac{t}{T_i}$$

u_o 与 t 具有线性关系。u_o 随着时间增加,最终达到饱和电压 $-U_{om}$。

积分电路除用来进行积分运算外,还经常用来组成锯齿波、三角波形发生器电路。

9.4.5　微分运算电路

微分运算是积分运算的逆运算,只需将反相输入端的电阻和反馈电容调换位置,就成为微分运算电路,如图 9-24 所示。

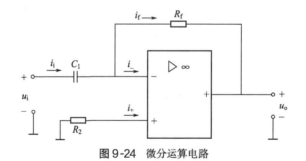

图 9-24　微分运算电路

根据图中关系,可得

$$i_1 = C_1 \frac{\mathrm{d}u_C}{\mathrm{d}t} = C_1 \frac{\mathrm{d}u_i}{\mathrm{d}t}$$

$$
\begin{aligned}
u_o &= -i_f R_f = -i_1 R_f = -R_f C_1 \frac{\mathrm{d}u_i}{\mathrm{d}t} \\
&= -T_d \frac{\mathrm{d}u_i}{\mathrm{d}t}
\end{aligned}
\qquad (9\text{-}21)
$$

可见输出电压正比于输入电压对时间的微分,具有微分运算功能,式中 $T_d = R_f C_1$ 称为微分时间常数。这种电路容易接受外来高频干扰信号,稳定性不高。

9.5　集成运算放大器的非线性应用

集成运算放大器的应用非常广泛，按其工作状态可分为线性应用和非线性应用。线性应用的条件是必须通过深度负反馈，使集成运放的闭环电压放大倍数与运放本身参数无关，成为较理想的线性运算器件，其输出信号和输入信号具有线性关系。非线性应用则通过开环或引入正反馈，使集成运放工作于非线性限幅状态。上一节介绍的信号运算电路就是典型的线性应用实例，本节重点介绍集成运算放大器的非线性应用。

(1) 电压比较器

电压比较器的作用是用来比较输入电压 u_i 和参考电压 U_R，图 9-25 所示是其中一种，U_R 接同相输入端。运算放大器工作于开环状态，由于开环电压放大倍数很高，即使输入端有一个非常微小的差值信号，也会使输出电压饱和。因此，用作比较器时，集成运算放大器工作在饱和区。根据 u_i 是大于还是小于 U_R 而决定其输出电压 U_{om} 的正负，在 $u_i =U_R$ 时，输出电压将产生跃变。这种电路广泛应用于自动检测、自动控制及各种非正弦波发生器中。

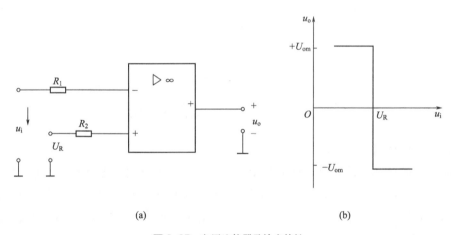

(a)　　　　　　　　　　(b)

图 9-25　电压比较器及输出特性

由图 9-25 可知，当 $u_i < U_R$ 时，$u_o = +U_{om}$；而当 $u_i > U_R$ 时，$u_o = -U_{om}$；当 $u_i =U_R$ 时，输出电压 u_o 产生跃变，是状态转换点。图 9-25(b) 是电压比较器的传输特性。图 9-25 表明，集成运放是处于饱和限幅状态（$\pm U_{om}$），其转换点取决于 U_R 大小。这种比较器称为任意电平比较器。

如果取 $U_R =0$，即将参考电压接地，将输入电压与零电平进行比较，这称为过零比较器，又叫零电平比较器，如图 9-26 所示。

以上比较器输出电压的幅度均为集成运放的最大输出电压（$\pm U_{om}$）。如果将稳压管适当接入电路，就可得到有限幅度的电压比较器，如图 9-27 所示。其限幅值决定于稳压管稳压值 U_Z 的大小（忽略正向压降），这种应用更加灵活。

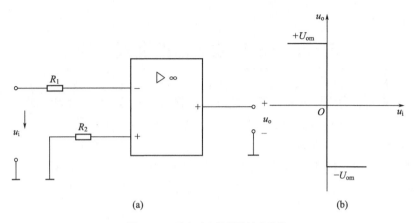

图 9-26 零电平比较器及输出特性

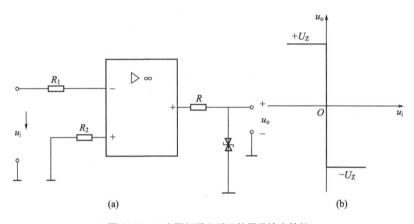

图 9-27 双向限幅零电平比较器及输出特性

（2）滞回比较器

上述介绍的开环比较器存在抗干扰能力差的缺点。由于集成运放的开环电压放大倍数 A_o 很大，如果输入电压 u_i 在转换点附近有微小的波动，输出电压 u_o 就会在 $\pm U_{om}$ 或 $\pm U_Z$ 之间跳变，产生误翻转。解决的办法是适当加入正反馈，构成滞回比较器，其电路图如图 9-28 所示。

图 9-28 中输出电压 u_o 经电阻 R_3 接到同相输入端，实现正反馈。

当输出电压 $u_o = +U_Z$ 时

$$U_+ = U'_+ = +\frac{R_2}{R_2 + R_3} U_Z$$

当输出电压 $u_o = -U_Z$ 时

$$U_+ = U''_+ = -\frac{R_2}{R_2 + R_3} U_Z$$

设某时刻 $u_o = +U_Z$，输入电压 u_i 由负向正变化，当增大到 $u_i \geqslant U'_+$ 时，u_o 从 $+U_Z$ 变为 $-U_Z$，发生负向跃变。电压传输特性按照图中实线箭头方向。当 u_i 减小到 $u_i \leqslant U''_+$ 时，u_o 又从 $-U_Z$ 变为 $+U_Z$，通过图中输出特性可以看到滞回特性。U'_+ 和 U''_+ 是状态转换点，

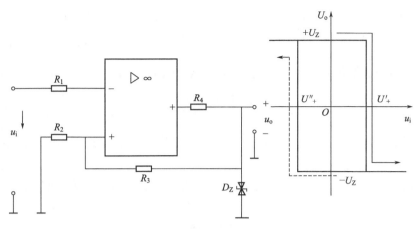

图 9-28　滞回比较器及输出特性

称为门限电压。U'_+ 为上门限电压，U''_+ 为下门限电压，两者之差称为回差。由于回差的存在，电路的抗干扰能力增强。

滞回比较器的优点体现在：

① 引入正反馈能加速集成运放高低输出电平的转换，使传输特性跃变陡度加大，使其接近于理想状态；

② 回差提高了电路抗干扰能力。输出电压转变为 $+U_Z$ 或 $-U_Z$ 后，u_+ 随即变化，u_i 必须有较大的反向变化才能使输出电压转变。

（3）方波信号发生器

方波电压常用于数字电路中作为信号源。图 9-29 所示是一种方波信号发生器。图中，运算放大器作滞回比较器用；D_Z 是双向稳压管，使输出电压的幅度被限制在 $+U_Z$ 或 $-U_Z$；R_2 和 R_3 构成正反馈电路，R_2 上的反馈电压 U_R 作为参考电压，$U_+ = U_R = \pm \dfrac{R_2}{R_2 + R_3} U_Z$；$R_f$ 和 C 构成负反馈电路，U_C 加在反相输入端，U_C 和 U_R 相比较而决定 u_o 的极性；R_4 是限流电阻。

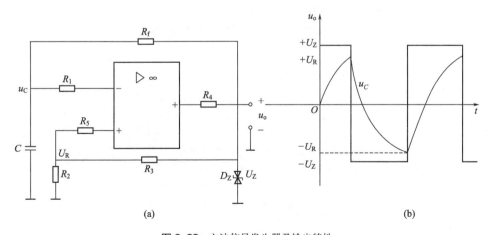

(a)   (b)

图 9-29　方波信号发生器及输出特性

电路接通电源后，通过反复正反馈的积累，最终输出电压会达到 $+U_Z$ 或 $-U_Z$。假设电路稳定后 $u_o = +U_Z$，U_R 也为正值；这时 $u_C < U_R$，u_o 通过 R_f 对电容 C 充电，u_C 按指数规律增长。当 u_C 增长到等于 $\dfrac{R_2}{R_2+R_3}U_Z$ 时，输出电压 u_o 即由 $+U_Z$ 变为 $-U_Z$，U_R 也变为负值。电容 C 开始经 R_f 放电。当 u_C 减小到等于 $-\dfrac{R_2}{R_2+R_3}U_Z$，u_o 即由 $-U_Z$ 又变为 $+U_Z$。如此周而复始，在输出端便得到一串方波电压，在电容器两端产生近似三角波电压，如图 9-29(b) 波形曲线。

集成运放非线性应用还可组成三角波、锯齿波等非正弦波信号发生器。

习 题

9-1 电路如图 9-30 所示，判断电路的反馈类型为（　　）。

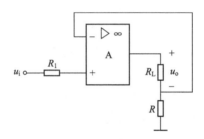

图 9-30 习题 9-1 图

9-2 欲从信号源获取更大的电流，并稳定输出电流，应引入（　　）。
   A. 电压串联负反馈　　　　　　　　B. 电压并联负反馈
   C. 电流串联负反馈　　　　　　　　D. 电流并联负反馈

9-3 在图 9-18 所示反相比例运算电路中，已知集成运算放大器的 $U_{CC}=15V$，$U_{EE}=15V$，$R_1=10k\Omega$，$R_F=100k\Omega$。试求 u_i 分别为以下各值时的输出电压 u_o：(1)$u_i=-10mV$；(2)$u_i=\sin\omega t\,V$；(3)$u_i=3V$；(4)$u_i=-5V$。

9-4 求如图 9-31 所示电路输出电压 u_o 与输入电压 u_i 的关系式。

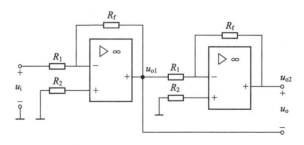

图 9-31 习题 9-4 图

9-5 求如图 9-32 所示电路输出电压 u_o 与输入电压 u_i 的关系式。

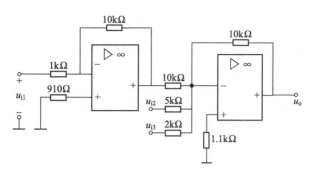

图 9-32　习题 9-5 图

9-6　如图 9-33 所示的电路中，已知 $R_f = 5R_1$，求 u_o 与 u_{i1} 和 u_{i2} 的关系式。

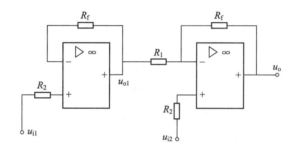

图 9-33　习题 9-6 图

9-7　如图 9-34 所示电路是双端输入运算电路，试证明输出电压和输入电压的关系为

$$u_o = \frac{1}{R_1}\left[\frac{R_3}{R_2+R_3}(R_1+R_f)\,u_{i2} - R_f u_{i1}\right]$$

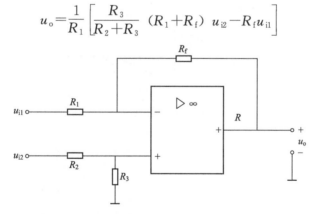

图 9-34　习题 9-7 图

9-8　在图 9-35 积分电路中，设 $R_1 = 1\text{M}\Omega$，$C_f = 1\mu\text{F}$，$u_i = 1\text{V}$，试求 $t = 0\text{s}$、0.2s、0.4s、0.6s、0.8s、1s 时，输出电压 u_o 各多少伏？

9-9　图 9-36 是比例-积分运算电路，又称比例-积分校正网络，简称 PI 放大器，试求输出电压 u_o 表达式。

9-10　一单限电压比较器，同相输入端加 u_{i1}，反相输入端加入 u_{i2}，两个输入的波形如图 9-37 所示。试画出输出电压 u_o 的波形。

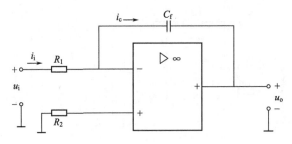

图 9-35　习题 9-8 图

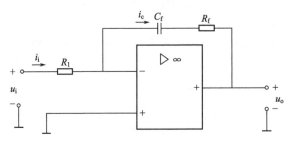

图 9-36　习题 9-9 图

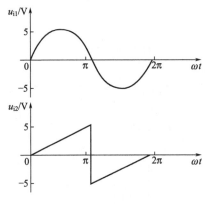

图 9-37　习题 9-10 图

第10章
数字逻辑电路基础

在电子线路中常将信号分为模拟信号和数字信号。所谓模拟信号是指信息参数在给定范围内表现为连续的信号，或在一段连续的时间间隔内，时间和幅值都是连续的信号为模拟信号，如目前广播的声音信号、图像信号等，如图 10-1 所示。模拟信号用精确的值表示真实事物，但是模拟信号很难度量，容易受噪声的干扰，难以保存和复制。

所谓数字信号，是指在一段连续的时间间隔内，时间和幅值都是离散的信号，它是非连续的（或离散的），表现在时间上只在某些时刻有定义，幅度上只能是有限集合的一个值。例如，开关位置、数字逻辑等。其优点是具有更多的灵活性，更快更精确的计算，容易实现设备存储，且受外界干扰小。因此，为了便于存储、分析或传输信号，用二值数字逻辑 0 与 1 表示是与非、真与假、开与关、低与高等，也可用电子器件的开关特性来实现。数字信号图像如图 10-2 所示。

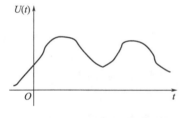

图 10-1　连续信号示意图

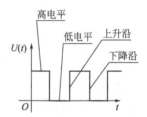

图 10-2　数字信号的表示

在数字信号的运算中，有两种逻辑体制。第一种正逻辑体制规定：高电平为逻辑 1，低电平为逻辑 0；第二种负逻辑体制规定：低电平为逻辑 1，高电平为逻辑 0。与之相对应的数字电路具有以下几方面特点：

① 工作信号是二进制的数字信号，在时间上和数值上是离散的（不连续），反映在电路上就是低电平和高电平两种状态（即 0 和 1 两个逻辑值）。

② 在数字电路中，研究的主要问题是电路的逻辑功能，即输入信号的状态和输出信号的状态之间的逻辑关系。

③ 对组成数字电路的元器件的精度要求不高，只要在工作时能够可靠地区分 0 和 1 两种状态即可。

模拟电路对应模拟信号，数字电路对应数字信号。模拟电路与数字电路的区别表现在以下两个方面。第一个方面是工作任务不同，模拟电路研究的是输出与输入信号之间的大小、相位、失真等方面的关系；数字电路主要研究的是输出与输入的逻辑关系（因果关系）。第二个方面是三极管的工作状态不同，模拟电路中的三极管工作在线性放大区，是一个放大元件；数字电路中的三极管工作在饱和或截止状态，起开关作用。因此，基本单元电路、分析方法及研究的范围均不同。

10.1　逻辑代数与逻辑门电路

逻辑代数是按一定的逻辑规律进行运算的代数，或者说，是用代数的形式来研究逻辑问题的一种数学工具。

逻辑代数的基本思想是由英国数学家乔治·布尔于1854年提出的。它是研究开关理论及分析、设计数字电路的数学基础和工具。对逻辑代数而言，它只有0和1两个值，这两个值不代表大小。逻辑代数具有与、或、非基本逻辑运算。

与运算关系式如式(10-1)和式(10-2)所示，任何数与0与运算，其值为0。

$$a \cdot 0 = 0 \tag{10-1}$$
$$a \cdot 1 = a \tag{10-2}$$

或运算逻辑关系如式(10-3)和式(10-4)所示，任何数与1或运算，其值为1。

$$a + 0 = a \tag{10-3}$$
$$a + 1 = 1 \tag{10-4}$$

非运算中，0的非为1，1的非为0，表示为$\overline{0}=1$，$\overline{1}=0$。

1938年，克劳德·仙农将逻辑代数用于开关和继电器的设计，因此，逻辑代数又被称为开关代数。逻辑代数常常用逻辑门的方式实现，所谓逻辑门电路是指用以实现基本和常用逻辑运算的电子电路，简称门电路。

基本门电路有与门、或门、非门（反相器），常用的复合逻辑门电路有与非门、或非门、与或非门和异或门等。

将门电路按照一定的规律连接起来，可以组成具有各种逻辑功能的逻辑电路。逻辑代数是分析逻辑电路的数学工具。

10.1.1　基本逻辑门电路

(1) 与逻辑和与门电路

当决定某事件的全部条件同时具备时，结果才会发生，这种因果关系叫做"与"逻辑，实现与逻辑关系的电路称为与门。

如图10-3所示，开关A、B串联控制灯L，电路功能如表10-1所示。若设1表示开关闭合或灯亮，0表示开关断开或灯不亮，可得如表10-2所示的逻辑真值表。

表 10-1　开关串联电路功能表

A	B	灯L
不闭合	不闭合	不亮
不闭合	闭合	不亮
闭合	不闭合	不亮
闭合	闭合	亮

表 10-2　开关串联电路逻辑真值表

A	B	L
0	0	0
0	1	0
1	0	0
1	1	1

表 10-2 中，A、B 为输入逻辑变量，L 为输出逻辑变量，它们之间的关系若用逻辑表达式来描述，则可写为：

$$L = A \cdot B \tag{10-5}$$

与门的逻辑符号如图 10-4 所示，国际标准符号如图 10-5 所示。

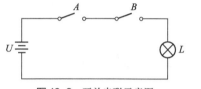

图 10-3　开关串联示意图

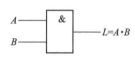

图 10-4　与运算逻辑符号

图 10-5　与运算国际标准符号

与门的逻辑功能可概括为：输入有 0，输出为 0；输入全 1，输出为 1。

与逻辑也可以用二极管的方式实现，如图 10-6 所示，其功能如表 10-3 所示。显然电路的逻辑功能与表 10-2 中的与逻辑一致。

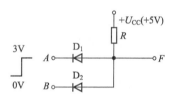

图 10-6　二极管实现与电路

表 10-3　二极管与逻辑电路功能表

u_A	u_B	u_F	D_1	D_2
0V	0V	0V	导通	导通
0V	3V	0V	导通	截止
3V	0V	0V	截止	导通
3V	3V	3V	截止	截止

$0 \cdot 0 = 0$，$0 \cdot 1 = 0$，$1 \cdot 0 = 0$，$1 \cdot 1 = 1$ 与门至少要有两个输入端，图 10-7 为一个三输入与门电路的输入变量 A、B、C 和输出变量 F 的波形图。

(2) 或逻辑和或门电路

在决定某事件的条件中，只要任一条件具备，事件就会发生，这种因果关系叫做"或"逻辑，实现或逻辑关系的电路称为或门，开关并联的示意图如图 10-8 所示。

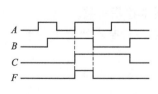

图 10-7　与运算输出波形图

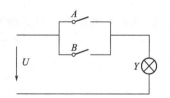

图 10-8　开关并联示意图

表 10-4　开关并联电路逻辑真值表

A	B	Y
0	0	0
0	1	1
1	0	1
1	1	1

图 10-8 中，开关 A 或 B 闭合或者两者都闭合时，灯 Y 才亮，设开关合为逻辑"1"，开关断为逻辑"0"；灯亮为逻辑"1"，灯灭为逻辑"0"，可得表 10-4 所示的逻辑真值表。由表 10-4 可以看出，或逻辑的功能为：输入有 1，输出为 1；输入全 0，输出为 0。或门的逻辑符号及逻辑表达式如图 10-9 所示，国际标准符号如图 10-10 所示。

图 10-9　或运算逻辑符号　　　　　　　　图 10-10　或运算国际标准符号

$0+0=0$，$0+1=1$，$1+0=1$，$1=1=1$，或门的输入端也至少为两个。

(3) 非逻辑和非门电路

决定事件发生的条件只有一个，条件不具备时事件发生（成立），条件具备时事件不发生，这种称为"非"逻辑。图 10-11 所示开关电路为非门逻辑电路。图中，开关 A 断开时，灯 F 亮，开关 A 闭合时，灯 F 不亮。设开关合为逻辑"1"，开关断为逻辑"0"；灯亮为逻辑"1"，灯灭为逻辑"0"，可得表 10-5 所示的逻辑真值表。由表 10-5 可以看出，非逻辑的功能为：见 0 出 1，见 1 出 0。非逻辑表达式为 $F=\overline{A}$。

表 10-5　非逻辑电路逻辑真值表

A	F
0	1
1	0

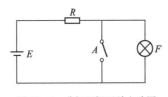

图 10-11　非门逻辑开关电路图

实现非逻辑关系的电路称为非门，也称反相器，如图 10-12 所示，国际标准符号如图 10-13 所示。

图 10-14 为二极管非门电路，输入 A 为高电平 1(3V) 时，三极管饱和导通，输出 F 为低电平 0(0V)；输入 A 为低电平 0(0V) 时，三极管截止，输出 F 为高电平 1(3V)。逻辑功能与表 10-5 中的非逻辑一致。

"与""或""非"是三种基本的逻辑关系，任何其他的逻辑关系都可以以它们为基础表示。

图 10-12　非门逻辑符号　　　　图 10-13　非门国际标准符号　　　　图 10-14　非门电路图

10.1.2　基本逻辑门电路的组合

将基本逻辑门（"与"门、"或"门和"非"门）加以组合，可构成"与非""或非""异或""同或"等复合逻辑门电路。

（1）与非门

由与门和非门构成与非门，两输入与非门表达式为 $F=\overline{AB}$，与非门示意图及逻辑符号如图 10-15 所示，真值表如表 10-6 所示，与非门的逻辑功能可概括为输入有 0，输出为 1；输入全 1，输出为 0。

表 10-6　与非门真值表

A	B	AB	F
0	0	0	1
0	1	0	1
1	0	0	1
1	1	1	0

（2）或非门

由或门和非门构成或非门，两输入或非门表示式为 $Y=\overline{A+B}$，或非门示意图及逻辑符号如图 10-16 所示，真值表如表 10-7 所示，或非门的逻辑功能可概括为输入有 1，输出为 0；输入全 0，输出为 1。

表 10-7　或非门真值表

A	B	AB	F
0	0	0	1
0	1	1	0
1	0	1	0
1	1	1	0

（3）异或门

异或门的真值表如表 10-8 所示，当两个输入变量取值相同时，逻辑函数值为 0；当两个输入变量取值不同时，逻辑函数值为 1，其表达式为 $F=A\overline{B}+\overline{A}B=A\oplus B$，异或门的逻辑符号如图 10-17 所示，其实现电路如图 10-18 所示，异或门的逻辑功能可概括为：相同出 0，相异出 1。

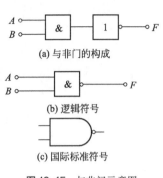

(a) 与非门的构成

(b) 逻辑符号

(c) 国际标准符号

图 10-15　与非门示意图

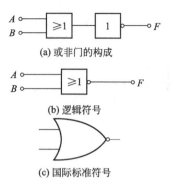

(a) 或非门的构成

(b) 逻辑符号

(c) 国际标准符号

图 10-16　或非门示意图

表 10-8　异或门真值表

A	B	F
0	0	0
0	1	1
1	0	1
1	1	0

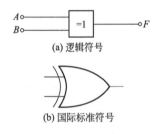

(a) 逻辑符号

(b) 国际标准符号

图 10-17　异或门逻辑符号

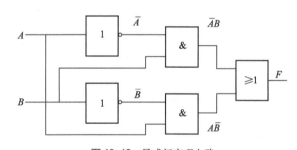

图 10-18　异或门实现电路

（4）同或门

异或运算之后再进行非运算，则称为同或运算，当两个变量取值相同时，逻辑函数值为 1；当两个变量取值不同时，逻辑函数值为 0，其表达式为 $F = \overline{AB} + AB = \overline{A \oplus B} = A \odot B$。同或门的逻辑符号如图 10-19 所示，真值表如表 10-9 所示。同或门的逻辑功能可概括为：相同为 1，相异为 0。

表 10-9　同或门真值表

A	B	F
0	0	1
0	1	0
1	0	0
1	1	1

门电路是实现一定逻辑关系的电路，它包括与门、或门、非门、与非门、或非门、异

或门、同或门等，门电路可以由二极管或者三极管实现，随着集成电路的发展，集成门电路也得到了广泛使用。

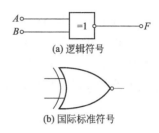

(a) 逻辑符号

(b) 国际标准符号

图 10-19 同或门逻辑符号

需要说明的是，多个二极管与门和或门电路串接使用时，如图 10-20 所示，会出现低电平偏离标准数值的情况，且负载能力差。

为了解决上述问题，可以将二极管与门（或门）电路和三极管非门电路组合起来，如图 10-21 所示。

早期的双极型集成逻辑门采用的是二极管-三极管的电路（DTL）形式。

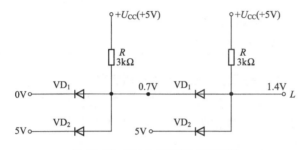

图 10-20 两个与门串联电路连接图

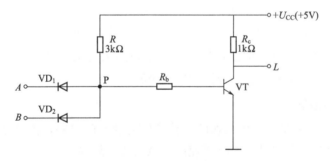

图 10-21 与门与三极管串联电路连接图

10.2 TTL 集成逻辑门电路

集成逻辑门电路是通过一系列特定的加工工艺，将多个晶体管、二极管、电阻、电容等器件，按照一定的电路连接集成在一块很小的半导体（如：Si、GaAs）单晶片或陶瓷等基片上，然后用外壳将其封装起来，电路的输入输出端通过芯片的引脚与外界相连，从而作为一个能执行某一特定功能的不可分割的电路组件以供使用。

集成电路（IC）技术使得原来由很多分立元器件组成的复杂电路可以被集成到一片面积很小的晶片上，作为一个器件被使用，大大减少设备所用的器件数量，从而降低了设备的成本、功耗、重量和体积，提高了性能。

集成逻辑门电路有不同的分类方法，按电路功能可以分为数字逻辑电路（组合逻辑和数字逻辑）和模拟逻辑电路（线性和非线性）；按集成电路中有源器件类型和工艺技术分为双极型电路、单集型电路；按集成电路的应用领域可以分为通用型电路和专用型电路。集成电路的集成规模如表 10-10 所示。

表 10-10   集成电路的集成规模划分

时期	规模	集成度(元件数)	门数
20 世纪 50 年代末	小规模集成电路(SSI)	100	10
20 世纪 60 年代	中规模集成电路(MSI)	100～1000	10～100
20 世纪 70 年代	大规模集成电路(LSI)	1000～10000	100～1000
20 世纪 70 年代末	超大规模集成电路(VLSI)	$10000～10^7$	$1000～10^6$
20 世纪 80 年代	特大规模集成电路(ULSI)	$10^7～10^9$	$10^6～10^8$
20 世纪 90 年代	巨大规模集成电路(GSI)	10^9	10^8

其中，集成逻辑门电路是数字电路的基本逻辑元件，是数字电路的基础，它的电性能决定了各种中大规模标准模块电路的基本电性能。集成逻辑门按照集成电路中所采用的有源器件类型和电路形式划分，常用的主要有双极结型晶体管（TTL）和互补型金属氧化物半导体电路（CMOS）两大类。

此外，逻辑门中还有一种发射极耦合逻辑电路（ECL），它属于电流开关型逻辑电路，主要以多个晶体管的发射极相互耦合加上射极跟随器组成的电路，可提供"或""或非"逻辑功能的电流开关。使用 ECL 多层逻辑门的"串联与"等，可以扩充电路的逻辑功能，节省电路功耗和元件数，为电路的逻辑设计和逻辑运用带来灵活性和方便性。ECL 电路的缺点是电路功耗大、电平阈值电压随温度而漂移等。

10.2.1   TTL 门电路

TTL 门电路是应用早、技术成熟的一种常用的逻辑门电路，由双极结型晶体管和电阻构成，采用双极型工艺制造，具有高速度、低功耗和品种多等特点。

从 20 世纪 60 年代开发成功第一代产品以来，TTL 门电路有 74（商用）和 54（军用）两个系列，每个系列又有若干个子系列。第一代 TTL 包括 SN54/74 系列，两系列功能相同，电压和环境温度范围较宽，两者数据对比见表 10-11。表中，＋5V 等价于逻辑"1"，0V 等价于逻辑"0"。低功耗系列简称 LTTL，高速系列简称 HTTL。第二代 TTL 包括肖特基钳位系列（STTL）和低功耗肖特基系列（LSTTL）。第三代为采用等平面工艺制造的先进的 STTL（ASTTL）和先进的低功耗 STTL（ALSTTL）。由于 LSTTL 和 ALSTTL 的电路延时功耗积较小，STTL 和 ASTTL 速度很快，因此获得了广泛的应用。

表 10-11   74/54 系列对比

名称	电源电压	环境温度范围
74 系列	5V±5%	0～70℃
54 系列	5V±10%	−55～125℃

标准 TTL 系列属中速 TTL 器件，其平均传输延迟时间约为 10ns，平均功耗约为

10mW/每门。随后出现了低功耗 TTL 系列（LTTL）和高速 TTL 系列（HTTL），LTTL 系列中增加电阻阻值，将电路的平均功耗降低为 1mW/每门，但平均传输延迟时间为 33ns。TTL 系列中输出级采用了达林顿结构，减小了门电路输出高电平时的输出电阻，提高了带负载能力，加快了对负载电容的充电速度。此外，所有电阻的阻值降低了将近一半，缩短了电路中各节点电位的上升时间和下降时间，加速了三极管的开关过程。

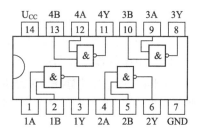

图 10-22　7400 与非门的引脚排列图

如图 10-22 所示的 7400 引脚排列图，它包括四个相同的 2 输入与非门。

TTL 门电路的基本门为与非门，结构如图 10-23 所示。电路从结构上分为输入级、中间级和输出级三个部分。输入级由多发射极三极管 VT_1 及电阻 R_{b1} 组成。多发射极三极管是将多个晶体管的集电极与基极分别接在一起，而每个晶体管的发射极为逻辑门电路的输入端，实现与的功能。中间级由 VT_2、R_{e2}、R_{c2} 组成，又称倒相级，由 VT_2 的发射极和集电极输出两个相位相反的信号，分别去驱动 VT_3 和 VT_4，使 VT_3 和 VT_4 工作于相反的状态。输出级由 VT_3、VT_4、VD 及 R_{c4} 组成推拉式输出电路，可提高电路的带负载能力。

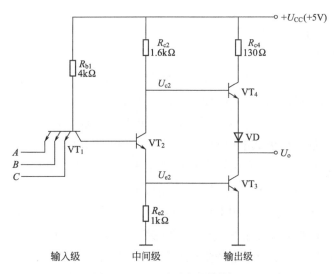

图 10-23　TTL 与非门电路结构图

由图 10-23 可知，当输入 A、B、C 全为高电平 3.6V 时，VT_2、VT_3 导通，$U_{b1}=0.7 \times 3 = 2.1(V)$，由于 VT_3 饱和导通，输出电压为 VT_3 集电极和发射极之间的电压，即 $U_o = U_{ce} = 0.3V$，这时 VT_2 也饱和导通，故有 $U_{c2} = U_{e2} + U_{ce2} = 1(V)$。使 VT_4 和二极管 VD 都截止，实现了与非门的逻辑功能之一，即输入全为高电平时，输出为低电平。

输入为低电平 0.3V 时，该发射结导通，$U_{b1} = 1V$。所以 VT_2、VT_3 都截止。由于 VT_2 截止，流过 R_{c2} 的电流较小，可以忽略，所以 $U_{b4} \approx U_{CC} = 5V$，使 VT_4 和 VD 导通，则有：$U_o \approx U_{CC} - U_{be4} - U_d = 5 - 0.7 - 0.7 = 3.6(V)$，实现了与非门的另一逻辑功能，输入有低电平

时，输出为高电平。综合上述两种情况，该电路满足与非的逻辑功能 $L = \overline{A \cdot B \cdot C}$。

TTL 集成逻辑门的性能参数主要包含以下几个方面。

（1）电压传输特性曲线

与非门的电压传输特性曲线是指与非门的输出电压与输入电压之间的对应关系曲线，即 $U = f(U_i)$，它反映了电路的静态特性，如图 10-24 所示。

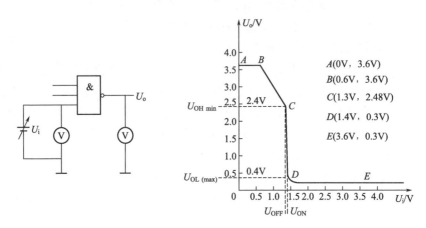

图 10-24　TTL 与非门电压传输特性

（2）输入和输出的高、低电平

由图 10-24 可知：

① 输出高电平电压 U_{OH}　表示在正逻辑体制中代表逻辑"1"的输出电压。U_{OH} 的理论值为 3.6V，产品规定输出高电压的最小值 $U_{OH}(min) = 2.4V$。

② 输出低电平电压 U_{OL}　表示在正逻辑体制中代表逻辑"0"的输出电压。U_{OL} 的理论值为 0.2V，产品规定输出低电压的最大值 $U_{OL}(max) = 0.4V$。

③ 输入低电平电压 U_{IL}　反相器中是指输出电压下降到 $U_{OH(min)}$ 时对应的输入电压，即输入为逻辑"0"的值，如 $U_{IL} = 0.4V$。产品规定 $U_{IL(max)} = 0.8V$。

④ 输入高电平电压 U_{IH}　反相器中是指输出电压下降到 $V_{OL(max)}$ 时对应的输入电压，即输入为逻辑"1"的值，如 $U_{IH} = 1.4V$。产品规定 $U_{IH(min)} = 2V$。

⑤ 阈值电压 U_{th}　电压传输特性的过渡区所对应的输入电压，即决定电路截止和导通的分界线，也是决定输出高、低电压的分界线。转折区中点对应的输入电压称为阈值电压或门槛电压。

（3）直流噪声容限

TTL 门电路的输出高低电平不是一个值，而是一个范围，同样，它的输入高低电平也有一个范围，在保证输出高、低电平基本不变的条件下，输入电平的允许波动范围称为输入端噪声容限。如图 10-24 所示，低电平噪声容限 $U_{NL} = U_{OFF} - U_{OL(max)} = 0.8V - 0.4V = 0.4V$；高电平噪声容限 $U_{NH} = U_{OH(min)} - U_{ON} = 2.4V - 2.0V = 0.4V$。

（4）扇出系数 N_o

扇出系数是指逻辑电路在正常工作条件下，一个输出端可以同时驱动同系列逻辑电路输入端数目的最大值。TTL 扇出系数指 TTL 数字电路输出驱动同类门电路的能力，反映输出驱动能力（负载能力），对于 TTL 与非门，$N_o > 8$。

（5）传输/时延时间

图 10-25 为集成芯片时延示意图，由图 10-25 可知，上升沿输入端高电平与低电平的中间值与输出端高电平与低电平的中间值的差值为 t_{pLH}，同理，下降沿为 t_{pHL}。所谓时延就是指分别去上升沿 t_{pLH} 和下降沿 t_{pHL} 的平均值，即

$$t_{pd} = (t_{pLH} + t_{pHL})/2 \tag{10-6}$$

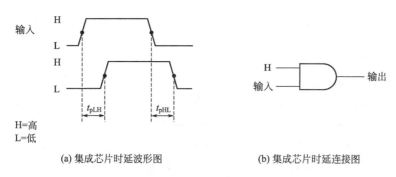

(a) 集成芯片时延波形图　　　　　　(b) 集成芯片时延连接图

图 10-25　集成芯片时延示意图

10.2.2　其他类型的 TTL 门电路

（1）集电极开路门

在工程实践中，有时需要将几个门的输出端并联使用，以实现与逻辑，称为线与。普通的 TTL 门电路不能进行线与。为此，专门生产了一种可以进行线与的门电路，即集电极开路门（Open Collector，OC 门），其外电路连接示意图如图 10-26 所示。

OC 门在使用时输出端与电源之间必须有一个上拉电阻。其具体应用有以下几个方面。

① 实现线与　OC 门的输出端可以直接连在一起实现"线与"逻辑，电路如图 10-27 所示，逻辑关系为 $L = L_1 \cdot L_2 = \overline{AB} \cdot \overline{CD}$。

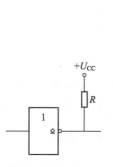

图 10-26　集电极开路门外电路连接示意图

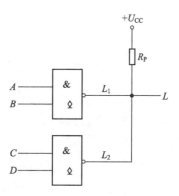

图 10-27　集电极开路门线与电路

② 电平转换　如图 10-28 所示，可使输出高电平变为 10V。

③ 用作驱动器　图 10-29 是用来驱动发光二极管的电路。

图 10-28　电平转换示意图　　　　　　　　图 10-29　驱动发光二极管示意图

(2) 三态输出门

三态输出门（Three State，TS 门）是一个电路的输出不仅有高电平和低电平两个状态，而且还有个高阻状态与外界隔离开。所谓高阻态，是指此时的电路看起来像个阻值很高的电阻，既不输出电流也不流入电流，对外界产生的影响很小。

图 10-30 为 TTL 三态输出与非门的逻辑符号，EN 为使能端。当 EN 端加有效电平时，相当于一个正常的二输入端与非门，称为正常工作状态。当 EN 端加无效电平时从输出端 L 看进去，呈现高阻，称为高阻态，或禁止态。

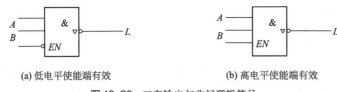

(a) 低电平使能端有效　　　　　　　　　　(b) 高电平使能端有效

图 10-30　三态输出与非门逻辑符号

三态门在计算机总线结构中有着广泛的应用，它可以组成单向总线，实现信号的分时单向传送，也可以组成双向总线，实现信号的分时双向传送，如图 10-31 所示。

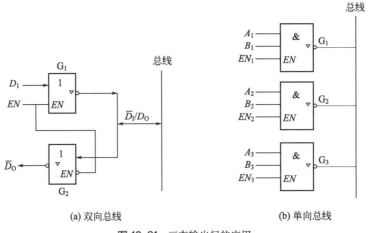

(a) 双向总线　　　　　　　　　　　　　(b) 单向总线

图 10-31　三态输出门的应用

总线上的三态门任意时刻只会有一个被使能工作。

10.3　逻辑代数

数字电路要研究的是电路的输入输出之间的逻辑关系，所以数字电路又称逻辑电路，相应的研究工具是逻辑代数（布尔代数）。在逻辑代数中，逻辑函数的变量只能取两个值（二值变量），即 0 和 1，逻辑代数遵循运算原则。

10.3.1　逻辑代数的运算法则

（1）逻辑代数基本运算规则

① 加运算规则　逻辑代数加法运算按照常量和变量的加法运算进行计算，分别为 $0+0=0$，$0+1=1$，$1+0=1$，$1+1=1$；$A+0=A$，$A+1=1$，$A+A=A$，$A+\overline{A}=1$。

② 乘运算规则　逻辑代数乘法运算按照常量和变量的乘法运算进行计算，分别为 $0 \cdot 0=0$，$0 \cdot 1=0$，$1 \cdot 0=0$，$1 \cdot 1=1$；$A \cdot 0=0$，$A \cdot 1=A$，$A \cdot A=A$，$A \cdot \overline{A}=0$。

③ 非运算规则　逻辑代数非运算按照常量和变量的非运算进行计算，分别为 $\overline{0}=1$，$\overline{1}=0$，$\overline{\overline{A}}=A$。

（2）逻辑代数运算规律

① 交换律

$$\begin{cases} A+B=B+A \\ A \cdot B=B \cdot A \end{cases} \tag{10-7}$$

② 结合律

$$\begin{cases} A+B+C=A+(B+C) \\ A \cdot B \cdot C=A \cdot (B \cdot C) \end{cases} \tag{10-8}$$

③ 分配律

$$\begin{cases} A \cdot (B+C)=A \cdot B+A \cdot C \\ A+B \cdot C=(A+B) \cdot (A+C) \end{cases} \tag{10-9}$$

④ 吸收律

$$\begin{cases} A \cdot B+A \cdot \overline{B}=A \\ (A+B) \cdot (A+\overline{B})=A \end{cases} \tag{10-10}$$

$$\begin{cases} A+A \cdot B=A \\ A \cdot (A+B)=A \end{cases} \tag{10-11}$$

$$\begin{cases} A \cdot (\overline{A}+B)=A \cdot B \\ A+\overline{A} \cdot B=A+B \end{cases} \tag{10-12}$$

⑤ 反演律（德摩根定理）

$$\begin{cases} \overline{A \cdot B}=\overline{A}+\overline{B} \\ \overline{A+B}=\overline{A} \cdot \overline{B} \end{cases} \tag{10-13}$$

（3）逻辑代数化简的三项基本规则

① 代入规则   任何一个含有变量 A 的等式，如果将所有出现 A 的位置都用同一个逻辑函数代替，则等式仍然成立。这个规则称为代入规则。例如，已知等式 $\overline{AB}=\overline{A}+\overline{B}$，用函数 $Y=AC$ 代替等式中的 A，根据代入规则，等式仍然成立，即有：$\overline{(AC)B}=\overline{AC}+\overline{B}=\overline{A}+\overline{B}+\overline{C}$。

② 反演规则   对于任何一个逻辑表达式 Y，如果将表达式中的所有 "·" 换成 "+"，"+" 换成 "·"，"0" 换成 "1"，"1" 换成 "0"，原变量换成反变量，反变量换成原变量，那么所得到的表达式就是函数 Y 的反函数 $\overline{Y}$（或称补函数），这个规则称为反演规则。

例如 $\overline{Y}=(\overline{A}+B)(\overline{C}+D+\overline{E})$ 可以化简为 $Y=A\overline{B}+C\overline{D}E$；$Y=A+B+\overline{C}+D+\overline{E}$ 化简为 $\overline{Y}=\overline{A}\cdot\overline{B}\cdot C\cdot\overline{D}\cdot E$。

③ 对偶规则   对于任何一个逻辑表达式 Y，如果将表达式中的所有 "·" 换成 "+"，"+" 换成 "·"，"0" 换成 "1"，"1" 换成 "0"，而变量保持不变，则可得到的一个新的函数表达式 Y'，Y' 称为函 Y 的对偶函数。这个规则称为对偶规则。$Y=A\overline{B}+C\overline{D}E$ 可以化简为 $Y'=(A+\overline{B})(C+\overline{D}+E)$，$Y=A+B+\overline{C}+D+\overline{E}$ 化简为 $Y'=A\cdot B\cdot\overline{C}\cdot D\cdot\overline{E}$。

对偶规则的意义在于如果两个函数相等，则它们的对偶函数也相等。利用对偶规则，可以使要证明及要记忆的公式数目减少一半。例如公式 $(A+B)\cdot(A+\overline{B})=A$ 化简为 $A\cdot B+A\cdot\overline{B}=A$，$A(B+C)=AB+AC$ 可以化简为 $A+BC=(A+B)(A+C)$。

在运用反演规则和对偶规则时，必须按照逻辑运算的优先顺序进行：先算括号，接着与运算，然后或运算，最后非运算，否则容易出错。

10.3.2   逻辑代数的化简

最简式就是变量数目最少，其中最简的与或表达式表示乘积项个数最少；每个乘积项中的变量个数也最少。$Y=\overline{A}B\overline{E}+\overline{A}B+A\overline{C}+ACE+B\overline{C}+BCD$ 可以化简为 $\overline{A}B+A\overline{C}$。表达式中的或项最少，从而实现最简的或项。常用的方法有并项法、吸收法、消去因子法、消去冗余项法和配项法。

（1）并项法

利用公式 $A+\overline{A}=1$，将两项合并为一项，并消去一个变量。首先运用分配律，若两个乘积项中分别包含同一个因子的原变量和反变量，而其他因子都相同时，则这两项可以合并成一项，并消去互为反变量的因子。

例如 $Y_1=ABC+\overline{A}BC+B\overline{C}=(A+\overline{A})BC+B\overline{C}$ 可以化简为 $BC+B\overline{C}=B(C+\overline{C})=B$，同理可得，$Y_2=ABC+A\overline{B}+A\overline{C}=ABC+A(\overline{B}+\overline{C})$ 可以化简为 $ABC+A\overline{BC}=A(BC+\overline{BC})=A$。

（2）吸收法

① 利用公式 $A+A\cdot B=A$，消去多余的项。例如，$Y_1=\overline{A}B+\overline{A}BCD(E+F)=\overline{A}B$。运用德摩根定律可得 $Y_2=A+\overline{\overline{B}+CD}+\overline{A}\overline{D}\overline{B}=A+BCD+AD+B=(A+AD)+(B+BCD)=A+B$。如果乘积项是另外一个乘积项的因子，则这另外一个乘积项是多余的。

② 利用公式 $A+A \cdot \overline{B}=AB$，消去多余的变量。例如 $Y=AB+\overline{A}C+\overline{B}$ 最终可以化简为 $AB+C$。$Y=A\overline{B}+C+\overline{A}CD+BCD$ 可以化简为 $AB+C$。如果一个乘积项的反是另一个乘积项的因子，则这个因子是多余的。

（3）消去因子法

利用公式 $A+\overline{A}B=A+B$，消去多余的因子。$Y=\overline{A}+AC+\overline{C}D=\overline{A}+C+\overline{C}D=A+C+D$。

（4）消去冗余项法

利用冗余律 $A\overline{B}+AC+B\overline{C}=A$，将冗余项 BC 消去。例如 $Y_1=A\overline{B}+AC+ADE+\overline{C}D$ 化简为 $=A\overline{B}+(AC+\overline{C}D+ADE)=A\overline{B}+AC+\overline{C}D$；$Y_2=AB+\overline{B}C+AC(DE+FG)=AB+\overline{B}C$。

（5）配项法

可利用公式 $AB+\overline{B}=A$，为某一项配上其所缺的变量，以便用其他方法进行化简。

【例 10-1】 化简 $Y=A\overline{B}+B\overline{C}+\overline{B}C+\overline{A}B$。

【解】 $Y=A\overline{B}+B\overline{C}+\overline{B}C+\overline{A}B$
$=A\overline{B}+B\overline{C}+(A+\overline{A})\overline{B}C+\overline{A}B(C+\overline{C})$
$=A\overline{B}+B\overline{C}+A\overline{B}C+\overline{A}\,\overline{B}C+\overline{A}BC+\overline{A}B\overline{C}$
$=A\overline{B}(1+C)+B\overline{C}(1+\overline{A})+\overline{A}C(\overline{B}+B)$
$=A\overline{B}+B\overline{C}+\overline{A}C$

利用公式 $A+\overline{A}=1$，为某项配上其所能合并的项。

【例 10-2】 化简 $Y=ABC+AB\overline{C}+A\overline{B}C+\overline{A}BC$

【解】 $Y=ABC+AB\overline{C}+A\overline{B}C+\overline{A}BC$
$=(ABC+AB\overline{C})+(ABC+A\overline{B}C)+(ABC+\overline{A}BC)$
$=AB+AC+BC$

10.3.3　逻辑函数的表示方法

（1）逻辑函数

逻辑表达式是指由逻辑变量和与、或、非 3 种运算符连接起来所构成的式子。在逻辑表达式中，等式右边的字母 A、B、C、D 等称为输入逻辑变量，等式左边的字母 Y 称为输出逻辑变量，字母上面没有非运算符的叫作原变量，有非运算符的叫作反变量。

逻辑函数是指如果对应于输入逻辑变量 A、B、C、…的每一组确定值，输出逻辑变量 Y 就有唯一确定的值，则称 Y 是 A、B、C、…的逻辑函数，记为 $Y=f(A,B,C\cdots)$。

与普通代数不同的是，在逻辑代数中，不管是变量还是函数，其取值都只能是 0 或 1，并且这里的 0 和 1 只表示两种不同的状态，没有数量的含义。

（2）逻辑代数的表示方法

任意一个逻辑函数，都可用真值表、逻辑表达式、逻辑图、波形图、卡诺图等方法进行描述。因此，其中一种表示形式，就可转换为其他几种表示形式。

① 真值表　真值表是由变量的所有可能取值组合及其对应的函数值所构成的表格，它指用 0 和 1 分别代表不同输入量的状态，列表表示输入与输出之间关系的表格。真值表列中每一个变量均有 0、1 两种取值，n 个变量共有 2^n 种不同的取值，将这 2^n 种不同的取

A	B	C	Y
0	0	0	0
0	0	1	0
0	1	0	0
0	1	1	1
1	0	0	0
1	0	1	0
1	1	0	1
1	1	1	1

图 10-32　真值表示意图

值按顺序（一般按二进制递增规律）排列起来，同时在相应位置上填入函数的值，便可得到逻辑函数的真值表。例如当 $A=B=1$、或者 $B=C=1$ 时，函数 $Y=1$；否则 $Y=0$，真值表如图 10-32 所示。

　　② 逻辑表达式　逻辑表达式（或称逻辑函数式，简称逻辑式或函数式），指把逻辑函数的输入与输出的关系写成与、或、非等逻辑运算的组合式。逻辑表达式是由逻辑变量和与、或、非 3 种运算符连接起来所构成的式子。

函数的标准与或表达式的列写方法：将函数的真值表中那些使函数值为 1 的最小项相加，便得到函数的标准与或表达式。

图 10-32 所表示的逻辑函数的标准与或式为

$$Y=\overline{A}BC+AB\overline{C}+ABC=\sum m(3,6,7) \qquad (10-14)$$

　　③ 逻辑图　逻辑图指的是将逻辑函数式中各变量之间的与、或、非等关系用相应的逻辑符号表示出来，逻辑图是由表示逻辑运算的逻辑符号所构成的图形。例如表达式 $Y=AB+BC$，逻辑图如图 10-33 所示。

　　④ 波形图　波形图是由输入变量的所有可能取值组合的高、低电平及其对应的输出函数值的高、低电平所构成的图形。设输入信号 A、B、C 的波形如图 10-34(a) 所示，则 $Y=AB+BC$ 的波形图如图 10-34(b) 所示。

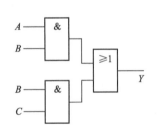

图 10-33　$Y=AB+BC$ 的逻辑图

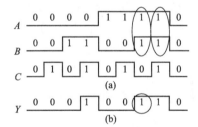

图 10-34　$Y=AB+BC$ 的波形图

10.4　组合逻辑电路分析与设计

　　由门电路组成的逻辑电路叫组合逻辑电路。任何时刻，它的输出状态只决定于同一时刻各输入状态的组合，而与先前状态无关的逻辑电路。其逻辑表达式为 $L_i=f(A_1,A_2,\cdots,A_n)$ $(i=1,2,\cdots,m)$，它的特点是输出、输入之间无反馈延迟通路；电路中不含记忆单元。

10.4.1　组合逻辑电路分析

　　所谓组合逻辑电路分析是指由逻辑电路确定逻辑功能，其分析步骤是首先由逻辑图写出各输出端的逻辑表达式；其次，化简和变换各逻辑表达式；再列出真值表，最后根据真值表和逻辑表达式对逻辑电路分析，确定其功能，如图 10-35 所示。

图 10-35　组合逻辑电路分析示意图

【例 10-3】 如图 10-36 所示的逻辑电路，分析其功能。

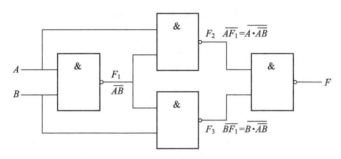

图 10-36　例 10-3 逻辑电路图

【解】（1）写出逻辑表达式

$$F=\overline{F_2 F_3}=\overline{\overline{A \cdot \overline{AB}} \cdot \overline{B \cdot \overline{AB}}}$$

（2）应用逻辑代数化简

$$F=\overline{\overline{A \cdot \overline{AB}}}+\overline{\overline{B \cdot \overline{AB}}}=A \cdot \overline{AB}+B \cdot \overline{AB}=A \cdot (\overline{A}+\overline{B})+B \cdot (\overline{A}+\overline{B})=A\overline{B}+\overline{A}B=A\oplus B$$

（3）列真值表（表 10-12）。

表 10-12　真值表

A	B	F
0	0	0
0	1	1
1	0	1
1	1	0

（4）分析逻辑功能

输入相同输出为"0"，输入相异输出为"1"，称为"异或"逻辑关系。这种电路称为"异或"门。

【例 10-4】 如图 10-37 所示的逻辑电路，分析其功能。

（1）写出逻辑式并化简

$$F=\overline{\overline{\overline{AB} \cdot A} \cdot \overline{\overline{AB} \cdot B}}=\overline{\overline{AB} \cdot A}+\overline{\overline{AB} \cdot B}=AB+\overline{A}\overline{B}=\overline{A\oplus B}$$

（2）列真值表（表 10-13）

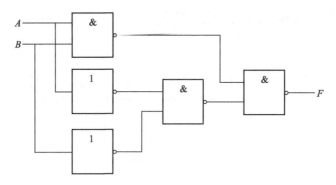

图 10-37 例 10-4 逻辑电路图

表 10-13 真值表

A	B	F
0	0	1
0	1	0
1	0	0
1	1	1

（3）分析逻辑功能

输入相同输出为"1"，输入相异输出为"0"，称为"判一致电路"（"同或门"），可用于判断各输入端的状态是否相同。

【例 10-5】如图 10-38 是一密码锁控制电路，试分析该电路的密码。开锁的条件是：要拨对密码；并将开锁控制开关 S 闭合。如果以上两个条件都得到满足，开锁信号为 1，报警信号为 0，锁打开而不发出报警信号。拨错密码，则锁打不开而警铃报警。

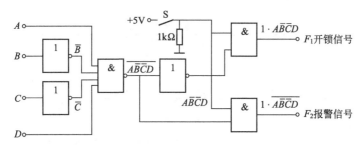

图 10-38 例 10-5 电路图

闭合 S 时，$F_1=1 \cdot A\bar{B}\bar{C}D=A\bar{B}\bar{C}D$，$F_2=1 \cdot \overline{A\bar{B}\bar{C}D}=\bar{F_1}$，当 $A=1$、$B=0$、$C=0$、$D=1$ 时，$F_1=1$，密码 1001，密码拨对时，$F_1=1$，$F_2=0$，密码拨错时，$F_1=0$，$F_2=1$，断开 S 时，$F_1=0$，$F_2=0$ 密码锁电路不工作。

10.4.2 组合逻辑电路设计

组合逻辑电路的设计是根据给出的条件，找出逻辑变量，并找到逻辑函数和逻辑变量之间的关系，再由关系写出逻辑表达式，最后根据逻辑表达式画出逻辑电路。组合逻辑电路由逻辑功能出发，实现电路的具体设计。组合逻辑电路设计遵循以下步骤：首先，根据对电路逻辑功能的要求，列出真值表；其次由真值表写出逻辑表达式；再次简化和变换逻辑表达式，确保最少的门电路和最少的集成电路器件和种类；最后画出逻辑电路图。

【例 10-6】设计一个三人表决电路。每人有一按键，如果赞同，按键，表示"1"；如不赞同，不按键，表示"0"。表决结果用指示灯表示，多数赞同，灯亮为"1"，反之灯不亮为"0"。

【解】用 A、B、C 表示三个人，F 表示表决结果。

（1）由逻辑功能，列出真值表。根据题中所要求的逻辑功能，可画出如表 10-14 所示的真值表。

表 10-14　例 10-6 真值表

A	B	C	F
0	0	0	0
0	0	1	0
0	1	0	0
0	1	1	1
1	0	0	0
1	0	1	1
1	1	0	1
1	1	1	1

（2）由真值表写出逻辑表达式

$$F = \overline{A}BC + A\overline{B}C + AB\overline{C}$$

取 F = "1" 的变量组合列逻辑式，若输入变量为 "1"，则取输入变量本身（如 A）；若输入变量为 "0" 则取其反变量（如 $\overline{A}$）。在一种组合中，各输入变量之间是 "与" 关系，各组合之间是 "或" 关系。可得：

$$F = \overline{A}BC + A\overline{B}C + AB\overline{C} = \overline{A}BC + A\overline{B}C + AB\overline{C} + ABC + ABC + ABC$$
$$= BC + AC + AB = AB + C(A + B)$$

（3）画出逻辑电路图：根据逻辑表达式，可画出如图 10-39 所示的逻辑电路图。

$$F = AB + C(A + B) \text{ 或 } F = BC + AC + AB$$

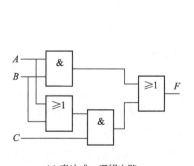

(a) 表达式一逻辑电路

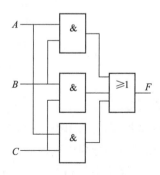

(b) 表达式二逻辑电路

图 10-39　例 10-6 组合逻辑电路图

10.5   常见组合逻辑电路

在数字电路中，常用的组合电路有加法器、编码器、译码器等。掌握典型组合逻辑电路的基本结构、工作原理和使用方法，对于组合电路的分析和设计至关重要。

10.5.1   加法器

实现二进制加法运算的电路称作加法器，按照是否考虑低位来的进位，加法器分为半加器和全加器。

(1) 半加器

设计一半加器，实现两个一位二进制数相加，且不考虑来自低位的进位。

① 根据逻辑功能列出真值表，设 A 为被加数，B 为加数，F 为本位和，C 为向高位的进位数，两个输入 A 和 B，两个输出 F 和 C，则真值表如表 10-15 所示。

表 10-15   半加器真值表

A	B	F	C
0	0	0	0
0	1	1	0
1	0	1	0
1	1	0	1

② 根据真值表写出逻辑表达式

$$F=\overline{A}B+A\overline{B}=A\oplus B（A \text{ 异或 } B）；C=AB（A \text{ 与 } B）$$

③ 根据逻辑表达式画出逻辑电路（图 10-40）

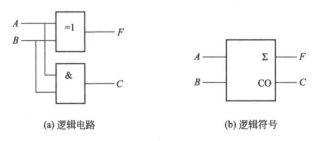

(a) 逻辑电路   (b) 逻辑符号

图 10-40   半加器逻辑电路

(2) 全加器

设计一全加器，实现两个一位二进制数相加，且考虑来自低位的进位。

① 根据逻辑功能列出真值表   设：A_i 和 B_i 表示两个同位相加的数，C_{i-1} 表示低位来的进位，F_i 表示本位和 C_i 表示向高位的进位。得表 10-16 所示的全加器真值表。

表 10-16　全加器真值表

A_i	B_i	C_{i-1}	F_i	C_i
0	0	0	0	0
0	0	1	1	0
0	1	0	1	0
0	1	1	0	1
1	0	0	1	0
1	0	1	0	1
1	1	0	0	1
1	1	1	1	1

② **根据真值表写出逻辑式**　本位和 $F_i = \overline{A}_i\overline{B}_iC_{i-1} + \overline{A}_iB_i\overline{C}_{i-1} + A_i\overline{B}_i\overline{C}_{i-1} + A_iB_iC_{i-1}$，
进位 $C_i = \overline{A}_iB_iC_{i-1} + A_i\overline{B}_iC_{i-1} + A_iB_i\overline{C}_{i-1} + A_iB_iC_{i-1}$。

化简得到：
$$F_i = \overline{A}_i\overline{B}_iC_{i-1} + \overline{A}_iB_i\overline{C}_{i-1} + A_i\overline{B}_i\overline{C}_{i-1} + A_iB_iC_{i-1}$$
$$= (\overline{A}_i\overline{B}_i + A_iB_i)C_{i-1} + (\overline{A}_iB_i + A_i\overline{B}_i)\overline{C}_{i-1}$$
$$= (\overline{A_i \oplus B_i})C_{i-1} + (A_i \oplus B_i)\overline{C}_{i-1}$$
$$= (A_i \oplus B_i) \oplus C_{i-1} = A_i \oplus B_i \oplus C_{i-1}$$
$$C_i = \overline{A}_iB_iC_{i-1} + A_i\overline{B}_iC_{i-1} + A_iB_i\overline{C}_{i-1} + A_iB_iC_{i-1}$$
$$= (\overline{A}_iB_i + A_i\overline{B}_i)C_{i-1} + A_iB_i(\overline{C}_{i-1} + C_{i-1})$$
$$= (A_i \oplus B_i)C_{i-1} + A_iB_i$$

③ **根据最简表达式画出逻辑电路**　如图 10-41 所示。

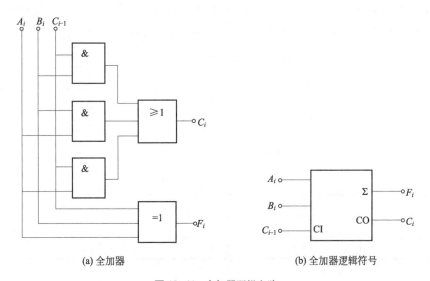

(a) 全加器　　　　　　　　(b) 全加器逻辑符号

图 10-41　全加器逻辑电路

实际中，用 4 个全加器构成一个四位二进制加法器，如 74LS83 芯片，如图 10-42
所示。

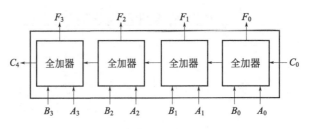

图 10-42　四位二进制全加器

10.5.2　编码器和译码器

(1) 编码器

在数字电路中需要把控制信息用二进制数表示，如键盘的每个键对应为计算机能识别的二进制数。编码是指将特定含义的信息用一个二进制代码表示。编码器（Encoder）是能实现把某种特定信息转换为机器识别的二进制代码的组合逻辑电路。

编码器分为普通编码器和优先编码器，普通编码器每次只允许输入一个控制信息，否则引起输出代码的混乱，它又分为二进制编码器和二-十进制编码器（BCD 码），优先编码器允许同时输入多个控制信息，但只对数码大的信号进行编码，输出对应代码。

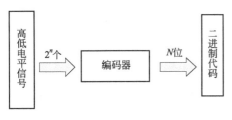

图 10-43　二进制编码器示意图

① 二进制编码器　二进制编码器是将输入信号编成二进制代码的电路，n 位二进制代码有 2^n 种组合，可以表示 2^n 个信息，若要表示 N 个信息，则应满足 $2^n \geqslant N$。图 10-43 为二进制编码器示意图。

【例 10-7】设计一 3-8 编码器：3 位二进制编码器有 8 个输入端，3 个输出端，所以常称为 8 线-3 线编码器，其真值表如表 10-17 所示，输入为高电平有效。

表 10-17　二进制编码器真值表

I_0	I_1	I_2	I_3	I_4	I_5	I_6	I_7	A_2	A_1	A_0
0	1	1	1	1	1	1	1	0	0	0
1	0	1	1	1	1	1	1	0	0	1
1	1	0	1	1	1	1	1	0	1	0
1	1	1	0	1	1	1	1	0	1	1
1	1	1	1	0	1	1	1	1	0	0
1	1	1	1	1	0	1	1	1	0	1
1	1	1	1	1	1	0	1	1	1	0
1	1	1	1	1	1	1	0	1	1	1

【解】由真值表写出各输出的逻辑表达式为：$A_2 = \overline{\overline{I_4}\,\overline{I_5}\,\overline{I_6}\,\overline{I_7}}$、$A_1 = \overline{\overline{I_2}\,\overline{I_3}\,\overline{I_6}\,\overline{I_7}}$、$A_0 = \overline{\overline{I_1}\,\overline{I_3}\,\overline{I_5}\,\overline{I_7}}$。

用门电路实现逻辑电路如图 10-44 所示。

② 二-十进制编码器　是将十进制数 0～9 编成二进制代码的电路。四位二进制代码可以表示十六种不同的状态，其中最常用的是取前面十个表示十进制数码 0～9，也称 8421 码，其示意图如图 10-45 所示，真值表如表 10-18 所示。逻辑电路图如图 10-46 所示。

表 10-18　二-十进制编码器输入/输出表

输入	输出			
	Y_3	Y_2	Y_1	Y_0
$0(I_0)$	0	0	0	0
$1(I_1)$	0	0	0	1
$2(I_2)$	0	0	1	0
$3(I_3)$	0	0	1	1
$4(I_4)$	0	1	0	0
$5(I_5)$	0	1	0	1
$6(I_6)$	0	1	1	0
$7(I_7)$	0	1	1	1
$8(I_8)$	1	0	0	0
$9(I_9)$	1	0	0	1

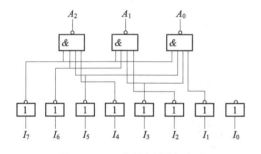

图 10-44　二进制编码器电路图

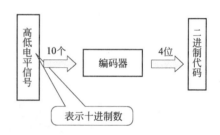

图 10-45　二-十进制编码器示意图

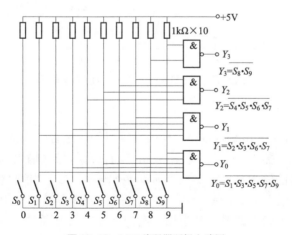

图 10-46　8421 编码器逻辑电路图

输入端十个按键分别为 $S_0 \sim S_9$，输出端为 $Y_0 \sim Y_3$，真值表如表 10-19 所示。

表 10-19　BCD 编码器真值表

S_0	S_1	S_2	S_3	S_4	S_5	S_6	S_7	S_8	S_9	Y_3	Y_2	Y_1	Y_0
0	1	1	1	1	1	1	1	1	1	0	0	0	0
1	0	1	1	1	1	1	1	1	1	0	0	0	1
1	1	0	1	1	1	1	1	1	1	0	0	1	0
1	1	1	0	1	1	1	1	1	1	0	0	1	1
1	1	1	1	0	1	1	1	1	1	0	1	0	0
1	1	1	1	1	0	1	1	1	1	0	1	0	1
1	1	1	1	1	1	0	1	1	1	0	1	1	0
1	1	1	1	1	1	1	0	1	1	0	1	1	1
1	1	1	1	1	1	1	1	0	1	1	0	0	0
1	1	1	1	1	1	1	1	1	0	1	0	0	1

按键 S 可以控制编码器的工作状态，当没有键按下时，与 S_0 键按下时，输出均为 0000，$S=\overline{\overline{S_0} \cdot \overline{Y_0+Y_1+Y_2+Y_3}}=\overline{S_0}+Y_0+Y_1+Y_2+Y_3$，当有键按下 $S=1$ 时则灯亮；当所有键未按下 $S=0$ 时，灯不亮。带 S 键控的十键 8421 编码器逻辑图如图 10-47 所示。

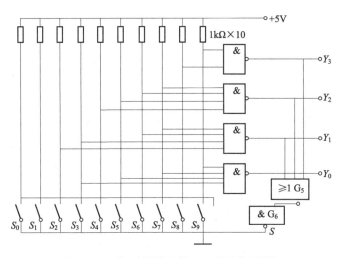

图 10-47　带 S 键控的十键 8421 编码器逻辑图

（2）译码器

译码器（Decoder/Demultiplexer），译码是编码的逆过程，它的功能是将每个二进制代码赋予的特定含义"翻译"过来，转换成相应的信息符号（输出信号）。译码器是指将输入代码转换成特定的输出信号，n 位二进制数码输入，2^n 个信号输出。国产数字集成电路产品中有 2 线-4 线、3 线-8 线、4 线-16 线等二进制译码器。图 10-48 是表 10-20 所示的 2 线-4 线译码器的逻辑电路图，其中输入端为 A_1、A_2；使能端 E；输出端为 F_1、F_2、F_3、F_4，输出低电平有效。则有 $F_1=\overline{\overline{E}\overline{A_1}\overline{A_2}}=E+A_1+A_2$，第二个输出 $F_2=\overline{\overline{E}\overline{A_1}A_2}=E+A_1+\overline{A_2}$，$F_3=\overline{\overline{E}A_1\overline{A_2}}=E+\overline{A_1}+A_2$，$F_4=\overline{\overline{E}A_1A_2}=E+\overline{A_1}+\overline{A_2}$。

表 10-20　译码器真值表

E	A_1	A_2	F_1	F_2	F_3	F_4
1	0	0	1	1	1	1
0	0	0	0	1	1	1
0	0	1	1	0	1	1
0	1	0	1	1	0	1
0	1	1	1	1	1	0

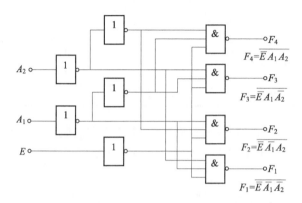

图 10-48　2 线-4 线二进制译码器电路图

74138 是常见的二进制译码器，如图 10-49 所示。A_2、A_1、A_0 为二进制译码输入端，为译码输出端（低电平有效），G_1、$\overline{G}_{2A}$、$\overline{G}_{2B}$ 为选通控制端。当 $G_1=1$、$\overline{G}_{2A}+\overline{G}_{2B}=0$ 时，译码器处于工作状态；当 $G_1=0$ 或 $\overline{G}_{2A}+\overline{G}_{2B}=1$ 时，译码器处于禁止状态。

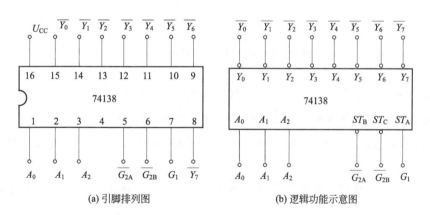

(a) 引脚排列图　　　　　　　　(b) 逻辑功能示意图

图 10-49　74138 译码器

表 10-21　74138 译码器真值表

输入					输出							
使能		选择										
G_1	$\overline{G}_2$	A_2	A_1	A_0	$\overline{Y}_7$	$\overline{Y}_6$	$\overline{Y}_5$	$\overline{Y}_4$	$\overline{Y}_3$	$\overline{Y}_2$	$\overline{Y}_1$	$\overline{Y}_0$
×	1	×	×	×	1	1	1	1	1	1	1	1

续表

输入					输出							
使能		选择										
0	×	×	×	×	1	1	1	1	1	1	1	1
1	0	0	0	0	1	1	1	1	1	1	1	0
1	0	0	0	1	1	1	1	1	1	1	0	1
1	0	0	1	0	1	1	1	1	1	0	1	1
1	0	0	1	1	1	1	1	1	0	1	1	1
1	0	1	0	0	1	1	1	0	1	1	1	1
1	0	1	0	1	1	1	0	1	1	1	1	1
1	0	1	1	0	1	0	1	1	1	1	1	1
1	0	1	1	1	0	1	1	1	1	1	1	1

74138 的真值表如表 10-21 所示，输入为自然二进制码，输出低电平有效。用两片 74138 可以扩展为 4 线-16 线译码器，如图 10-50 所示。

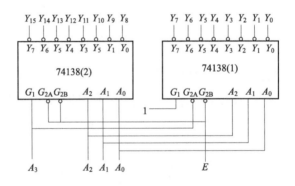

图 10-50　两片 74138 译码器扩展示意图

【例 10-8】试用译码器和门电路实现逻辑函数 $L = AB + BC + AC$。

【解】将逻辑函数转换成最小项表达式，再转换成与非-与非形式。

$L = \bar{A}BC + A\bar{B}C + AB\bar{C} + ABC$ 用一片 74138 加一个与非门就可实现该逻辑函数，如图 10-51 所示。

【例 10-9】某组合逻辑电路的真值表如表 10-22 所示，试用译码器和门电路设计该逻辑电路。

表 10-22　例 10-9 真值表

输入			输出		
A	B	C	L	F	G
0	0	0	0	0	1
0	0	1	1	0	0
0	1	0	1	0	1

续表

输入			输出		
0	1	1	0	1	0
1	0	0	1	0	1
1	0	1	0	1	0
1	1	0	0	1	1
1	1	1	1	0	0

写出各输出的最小项表达式，再转换成与非-与非形式，$L=\overline{A}\overline{B}C+\overline{A}B\overline{C}+A\overline{B}\overline{C}+ABC$，$F=\overline{A}BC+A\overline{B}C+AB\overline{C}$，$G=\overline{A}\overline{B}C+\overline{A}B\overline{C}+A\overline{B}C+AB\overline{C}$，用一片 74138 加三个与非门就可实现该组合逻辑电路。如图 10-52 所示。

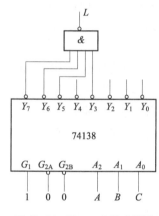

图 10-51　例 10-8 电路连接图

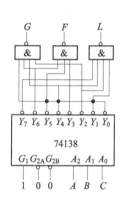

图 10-52　例 10-9 逻辑电路图

此外，在数字电路中，常常需要把运算结果用十进制数显示出来，这就要用显示译码器，显示译码器主要由数码显示器和译码器组成。常用的数码显示器是由发光二极管构成的七段显示器，七段 a、b、c、d、e、f、g 中的每一段都是一个发光二极管，在使用时有共阴极及共阳极两种接法，如图 10-53 所示。

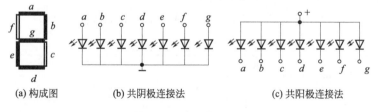

(a) 构成图　　　(b) 共阴极连接法　　　(c) 共阳极连接法

图 10-53　数码管示意图

共阴极接法的数码显示器需要高电平驱动相应字段的发光二极管，而共阳极接法的数码显示器需要低电平驱动相应字段的发光二极管。

显示译码器示意图如图 10-54 所示。图中，用于驱动显示器件的译码器，可以将数码或字符的二进制代码"还原"成相应数码或字符的驱动代码，驱动数码显示器的相应字段发光。

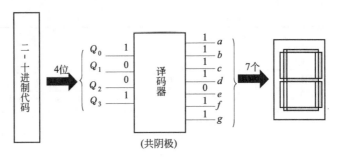

图 10-54 显示译码器示意图

10.5.3 数据分配器与数据选择器

(1) 数据分配器

数据分配器是指将一路输入数据根据地址选择码分配给多路数据输出中的某一路输出。将一个数据源来的数据根据需要送到多个不同的通道上去,如图 10-55 所示。

(2) 数据选择器

能根据选择控制信号从多路数据中任意选出所需要的一路数据作为输出的逻辑电路称为数据选择器。它的逻辑功能是从一组传输的数据信号中选择某一个输出,或称为多路开关电路。用数据选择器可以实现组合逻辑函数。首先列出逻辑函数的真值表后与数据选择器的真值表对照,即可得出数据输入端的逻辑表达式,然后根据表达式画出接线图。数据选择器示意图如图 10-56 所示。

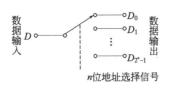

图 10-55 数据分配器示意图

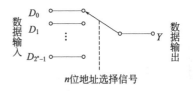

图 10-56 数据选择器示意图

4 选 1 数据选择器逻辑功能示意图如图 10-57 所示,根据表 10-23 所示的 4 选 1 数据选择器的功能表,可写出其输出逻辑表达式:

$$Y=(\overline{A_1}\,\overline{A_0}D_0+\overline{A_1}A_0D_1+A_1\overline{A_0}D_2+A_1A_0D_3) \cdot \overline{G} \tag{10-15}$$

表 10-23　4 选 1 数据选择器功能表

输入				输出
G	D	A_1	A_0	Y
1	×	×	×	0
0	D_0	0	0	D_0
0	D_1	0	1	D_1
0	D_2	1	0	D_2
0	D_3	1	1	D_3

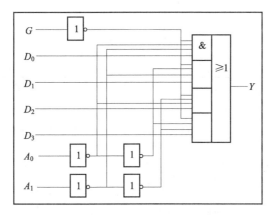

图 10-57　4 选 1 数据选择器逻辑图

选通控制端 G 为低电平有效，即 $G=0$ 时芯片被选中，处于工作状态；$G=1$ 时芯片被禁止，$Y\equiv0$。

8 选 1 集成数据选择器 74LS151 如图 10-58 所示。

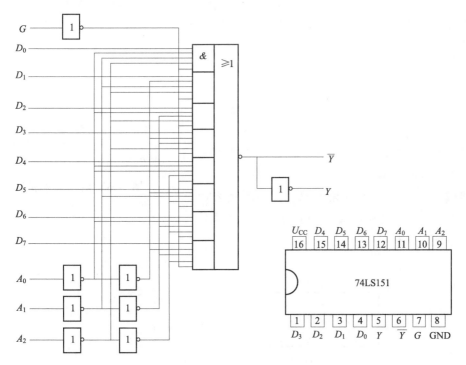

图 10-58　集成数据选择器 74LS151

集成数据选择器 74LS151 可以进行扩展，用两片 74LS151 组成"16 选 1"数据选择器，如图 10-59 所示。

当逻辑函数的变量个数和数据选择器的地址输入变量个数相同时，可直接用数据选择器来实现逻辑函数。

【例 10-10】试用 8 选 1 数据选择器 74LS151 实现逻辑函数 $L=AB+BC+AC$。

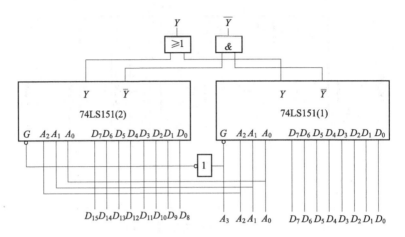

图 10-59　两片 74LS151 组成的 "16 选 1" 的数据选择器

【解】写出 8 选 1 数据选择器的输出函数

$$Y=\overline{A}_2\overline{A}_1\overline{A}_0D_0+\overline{A}_2\overline{A}_1A_0D_1+\overline{A}_2A_1\overline{A}_0D_2+\overline{A}_2A_1A_0D_3$$
$$+A_2\overline{A}_1\overline{A}_0D_4+A_2\overline{A}_1A_0D_5+A_2A_1\overline{A}_0D_6+A_2A_1A_0D_7$$

将逻辑函数转换成最小项表达式 $L=\overline{A}BC+A\overline{B}C+AB\overline{C}+ABC$

将 L 与 Y 做比较，令 $A_2=A$，$A_1=B$，$A_0=C$，$Y=L$，可得

$D_0=D_1=D_2=D_4=0$，$D_3=D_5=D_6=D_7=1$

接线图如图 10-60 所示。

【例 10-11】试用 4 选 1 数据选择器实现逻辑函数 $L=AB+BC+A\overline{C}$。

【解】A、B 接到地址输入端，C 加到适当的数据输入端。作出逻辑函数 L 的真值表，根据真值表画出连线图，如图 10-61 所示。

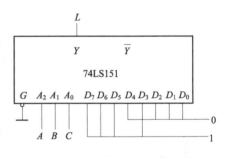

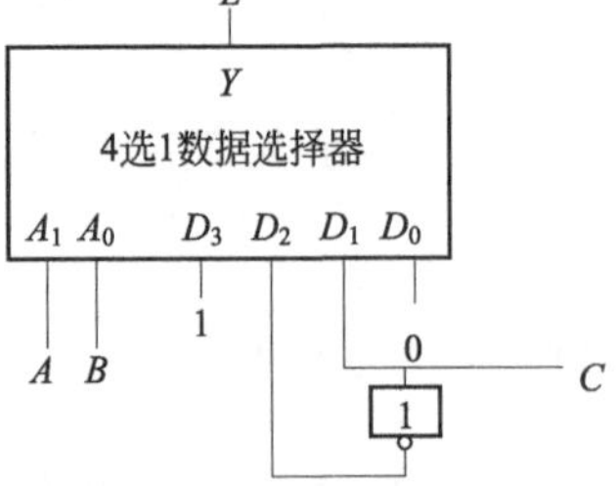

图 10-60　例 10-10 电路图

图 10-61　例 10-11 电路图

(a) 电路图　　　(b) 真值表

A	B	C	L
0	0	0	0
0	0	1	0
0	1	0	0
0	1	1	1
1	0	0	1
1	0	1	0
1	1	0	1
1	1	1	1

L的真值表

10.5.4 数据比较器

用来完成两个二进制数大小比较的逻辑电路称为数值比较器。比较器分为比较是否相同和比较大小两种类型，按照位数可以分为一位和多位数值比较器。

表 10-24 一位数值比较器功能

输入		输出		
A	B	$A>B$	$A=B$	$A<B$
0	0	0	1	0
0	1	0	0	1
1	0	1	0	0
1	1	0	1	0

一位数值比较器的功能如表 10-24 所示，电路图及逻辑符号如图 10-62 所示，图中逻辑输出 "$A>B$"$=A\overline{B}$，"$A=B$"$=\overline{A}\,\overline{B}+AB$，"$A<B$"$=\overline{A}B$。

多位数值比较器按照先从高位比起，高位大的数值一定大，若高位相等，则再比较低位数，最终结果由低位的比较结果决定。

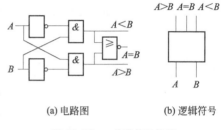

(a) 电路图   (b) 逻辑符号

图 10-62 一位数值比较器

10.6 触发器

单稳态电路只有一个稳定的状态，即只有一种输出是稳定的，当电路由于某种原因使得输出改变时，总会在一定的时间后恢复到稳定的状态，比如弹簧、声控灯。双稳态电路有两个稳定的输出状态，具有记忆功能，可以储存 1 位二进制数码。在一定输入信号作用下，电路可以从一个稳定状态转变为另一个稳定状态，若没有新的外来信号作用，它将长期处于这个状态不变，也就是记下了信号输入的状态。双稳态的两个稳定状态，一个称为 "1" 状态，一个称为 "0" 状态。而通过输入脉冲的触发，电路可以改变其输出状态，工作在两个稳定状态的任意一个状态。对于双稳态触发器，它具有如下特点：

① 有两个互补的输出端 Q 和 $\overline{Q}$。

② 有两个稳定状态。通常将 $Q=1$ 和 $\overline{Q}=0$ 称为 "1" 状态，而把 $Q=0$ 和 $\overline{Q}=1$ 称为 "0" 状态。当输入信号不发生变化时，触发器状态稳定不变。

③ 在一定输入信号作用下，触发器可以从一个稳定状态转移到另一个稳定状态。通常把输入信号作用之前的状态称为 "现态"，记作 Q^n 和 $\overline{Q^n}$，而把输入信号作用后的状态称为触发器的次态，记作 Q^{n+1} 和 $\overline{Q^{n+1}}$。

10.6.1 基本 RS 触发器

基本 RS 触发器由两个与非门交叉耦合而成，如图 10-63 所示。

它有两个输出端 Q 和 $\overline{Q}$，二者的逻辑状态应相反。$Q=1$ 和 $\overline{Q}=0$ 称为置位状态（1

态）；$Q=0$ 和 $\overline{Q}=1$ 称为复位状态（0 态）。输出与输入的逻辑关系如下：

① $\overline{R}_D=0$，$\overline{S}_D=1$。所谓 $\overline{S}_D=1$，即将 $\overline{S}_D$ 端保持高电位；$\overline{R}_D=0$ 是在 $\overline{R}_D$ 端加一负脉冲，此时，不论触发器的初始状态是 1 态，还是 0 态，均有 $\overline{Q}=\overline{\overline{R}_D \cdot Q}=1$，$Q=\overline{\overline{S}_D \cdot \overline{Q}}=0$，即将触发器置 0 或保持 0 态，$\overline{R}_D$ 称为直接置 0 端。

② $\overline{R}_D=1$，$\overline{S}_D=0$。当 $\overline{S}_D$ 端加负脉冲时，不论触发器的初始状态是 1 态，还是 0 态，均有 $Q=1$，$\overline{Q}=0$，即将触发器置 1 或保持 1 态，$\overline{S}_D$ 称为直接置 1 端。

③ $\overline{R}_D=1$，$\overline{S}_D=1$。这种情况 $Q=\overline{\overline{S}_D \cdot \overline{Q}}=\overline{1 \cdot \overline{Q}}=Q$，$\overline{Q}=\overline{\overline{R}_D \cdot Q}=\overline{1 \cdot Q}=\overline{Q}$，即将触发器保持原状态不变。

④ $\overline{R}_D=0$，$\overline{S}_D=0$。这种输入状态下，当负脉冲除去后，将由各种偶然因素决定触发器的最终状态，因而禁止出现。此时，Q 和 $\overline{Q}$ 均为高电平，状态不定。

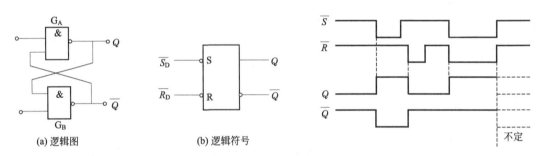

图 10-63　基本 RS 触发器　　　　　　图 10-64　基本 RS 触发器波形图

由以上分析可知：基本 RS 触发器有两个状态，它可以直接置位或复位，并具有存储和记忆功能。基本 RS 触发器的逻辑状态表如表 10-25 所示。图 10-64 为基本 RS 触发器的波形图。

表 10-25　基本 RS 触发器功能

$\overline{R}$	$\overline{S}$	Q^{n+1}	$\overline{Q}^{n+1}$
0	0	不定	不定
0	1	0	1
1	0	1	0
1	1	Q^n	$\overline{Q}^n$

【**例 10-12**】图 10-65（a）所示为一个防抖动输出的开关电路。当拨动开关 S 时，由于开关触点接触瞬间发生抖动，$\overline{S}_D$ 和 $\overline{R}_D$ 的电压波形如图 10-65（b）所示，试画出 Q 和 $\overline{Q}$ 端对应的电压波形。

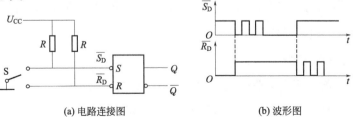

(a) 电路连接图　　　　　　(b) 波形图

图 10-65　例 10-12 电路及输入波形图

【**解**】根据基本 RS 触发器的功能及电路特点，可画出 Q 和 $\overline{Q}$ 的波形如图 10-66 所示。

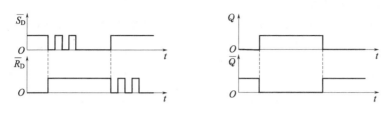

图 10-66　例 10-12 输出波形图

10.6.2　同步 RS 触发器

同步 RS 触发器，即钟控触发器，它指有时钟脉冲的触发器，按逻辑功能的不同，钟控触发器可分为同步 RS 触发器、JK 触发器、D 触发器和 T 触发器等。

图 10-67 所示为同步 RS 触发器。当时钟脉冲 CP 来到之前，即当 $CP=0$ 时，不论 R 和 S 端的电平如何变化，G_3 门和 G_4 门的输出均为 1，基本触发器保持原状态不变。只有当时钟脉冲来到后，即 $CP=1$ 时，触发器才按 R、S 端的输入状态来决定其输出状态。$\overline{S}_D$ 和 $\overline{R}_D$ 是直接置 0 和直接置 1 端，即不受时钟脉冲的控制，可以对基本触发器置 0 或置 1，一般用于置初态，在工作过程中它们处于 1 态（高电平）。触发器次态与输入信号和电路原状态（现态）之间的关系如表 10-26 所示。

表 10-26　同步 RS 触发器功能

CP	R	S	Q^n	Q^{n+1}	逻辑功能
0	$\times$	$\times$	$\times$	Q^n	$Q^{n+1}=Q^n$ 保持
1	0	0	0	0	
1	0	0	1	1	$Q^{n+1}=Q^n$ 保持
1	0	1	0	1	
1	0	1	1	1	$Q^{n+1}=1$　置 1
1	1	0	0	0	
1	1	0	1	0	$Q^{n+1}=0$　置 0
1	1	1	0	不用	
1	1	1	1	不用	不允许

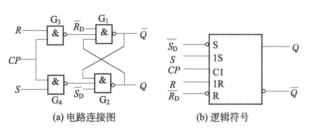

(a) 电路连接图　　　(b) 逻辑符号

图 10-67　同步 RS 触发器

每来一个 CP 脉冲，输出状态只能翻转一次的要求。此时，时钟脉冲失去控制作用，这种现象称为"空翻"。为了克服该问题，需对触发器电路做进一步改进，进而产生了主从触发型、边沿触发型等各种类型触发器。

【**例 10-13**】 由与非门构成的同步 RS 触发器，已知输入 CP、R、S 波形如图 10-68(a) 所示，画出输出 Q 端的波形。

【**解**】 根据同步 RS 触发器的功能，可得 Q 端的输出波形如图 10-68(b) 所示。

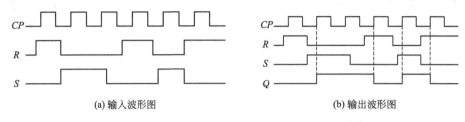

(a) 输入波形图　　　　　　　　　　　(b) 输出波形图

图 10-68　例 10-13 波形图

10.6.3　JK 触发器

主从型 JK 触发器的逻辑图和图形符号如图 10-69 所示，它由两个可控 RS 触发器串联组成，两者分别为主触发器和从触发器。主触发器的输出端 Q 与从触发器的 S 端相连，$\overline{Q}$ 端与从触发器的 R 端相连。非门的作用是使两个触发器的时钟脉冲信号反相。主从型 JK 触发器的功能如表 10-27 所示。

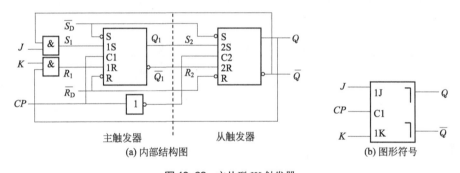

(a) 内部结构图　　　　　　　　　　(b) 图形符号

图 10-69　主从型 JK 触发器

表 10-27　主从型 JK 触发器功能

CP	J	K	Q^n	Q^{n+1}	功能说明
⊓↓	0	0	0	0	$Q^{n+1}=Q^n$ 保持
	0	0	1	1	
⊓↓	0	1	0	0	$Q^{n+1}=0$ 置 0
	0	1	1	0	
⊓↓	1	0	0	1	$Q^{n+1}=1$ 置 1
	1	0	1	1	
⊓↓	1	1	0	1	$Q^{n+1}=\overline{Q^n}$ 翻转
	1	1	1	0	

当 $CP=1$ 时，$\overline{CP}=0$，从触发器被封锁，则触发器的输出状态 Q 维持不变；此时主触发器被打开，主触发器的状态受 J、K 端输入信号状态的控制。当 $CP=0$ 时，$\overline{CP}=1$，主触发器被封锁，不接收 J、K 端输入信号，主触发器状态维持不变；而从触发器解除封锁，由于 $S_2=Q_1$、$R_2=\overline{Q_1}$，所以当主触发器 $Q_1=1$ 时，$S_2=1$、$R_2=0$，从触发器

置 1；当主触发器 $Q_1=0$ 时，$S_2=0$、$R_2=1$，从触发器置 0。主触发器的状态决定从触发器的状态，即 $Q_从=Q_主$。

　　由此可见，主从 JK 触发器的状态转换分两步完成：$CP=1$ 时，接收输入信号并决定主触发器的输出状态；$CP=0$ 时，从触发器接收主触发器输出，状态的翻转发生在 CP 脉冲的下降沿。

　　JK 触发器不但具有记忆（保持）和置数（置 0 和置 1）功能，而且还具有计数功能。所谓计数，就是每来一个脉冲，触发器就翻转一次，从而记下脉冲的数目。JK 触发器在 $J=1$、$K=1$ 时，若将 CP 脉冲改作计数脉冲，便可实现计数。在 CP 为规定的电平时，主触发器接收输入信号，当 CP 再跳变时，从触发器输出相应状态的触发方式称为主从触发。主从触发按输出状态变换时间的不同分为后沿（下降沿）主从触发和前沿（上升沿）主从触发两种，如图 10-70 所示。

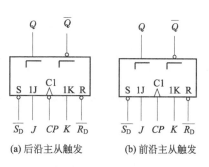

(a) 后沿主从触发　　(b) 前沿主从触发

图 10-70　边沿主从触发

　　【例 10-14】 已知后沿主从触发的 JK 触发器 J、K、CP 波形图如图 10-71(a) 所示，试画出 Q 的波形图，设 Q 的初始状态为 1。

　　【解】 根据触发器的功能，可得 Q 端的输出波形如图 10-71(b) 所示。

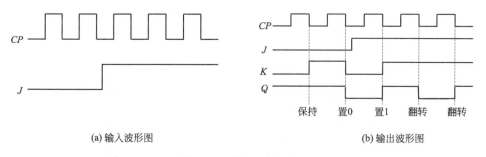

(a) 输入波形图　　　　　　　　(b) 输出波形图

图 10-71　例 10-14 波形图

10.6.4　D 触发器

　　D 触发器也是一种应用非常广泛的触发器，其逻辑符号如图 10-72(a) 所示。输出与输入之间的关系如图 10-72(b) 所示，其逻辑功能为触发器的输出状态仅决定于到达前输入端的状态，而与触发器现态无关，即 $Q^{n+1}=D$。图 10-72(c) 为由 JK 触发器构成的 D 触发器。

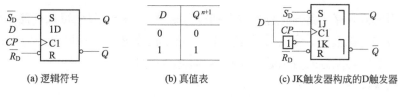

(a) 逻辑符号　　　　　　(b) 真值表　　　　　(c) JK触发器构成的D触发器

D	Q^{n+1}
0	0
1	1

图 10-72　D 触发器

10.6.5　T 和 T′ 触发器

T 触发器又称受控翻转型触发器。这种触发器的特点是：$T=0$ 时，触发器由 CP 脉冲触发后，状态保持不变；$T=1$ 时，每来一个 CP 脉冲，触发器状态就改变一次，其功能如表 10-28 所示。

表 10-28　T 触发器功能

T	Q^{n+1}
0	Q^n
1	$\overline{Q}^n$

T 触发器可由 JK 触发器构成，如图 10-73 所示。

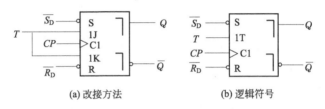

(a) 改接方法　　　　　(b) 逻辑符号

图 10-73　由 JK 触发器构成的 T 触发器

T′ 触发器又称为翻转型（计数型）触发器，其功能是在脉冲输入端每收到一个 CP 脉冲，触发器输出状态就改变一次。图 10-74(a)、(b) 分别为由 JK 触发器和 D 触发器构成的 T′ 触发器。

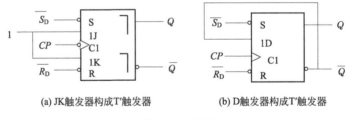

(a) JK 触发器构成 T′ 触发器　　　　　(b) D 触发器构成 T′ 触发器

图 10-74　T′ 触发器

10.7　常见时序逻辑电路

10.7.1　寄存器

寄存器用来暂时存放参与运算的数据和运算结果。一个触发器可以存储 1 位二进制信号；寄存 n 位二进制数码，需要 n 个触发器。按存放数码的方式可以分为串行寄存器和并行寄存器，按照功能方式分为数码寄存器和移位寄存器。

（1）数码寄存器

数码寄存器指存储二进制数码的时序逻辑电路组件，它具有接收和寄存二进制数码的逻辑功能。各种集成触发器就是一种可以存储一位二进制数的寄存器，用 n 个触发器就可以存储 n 位二进制数。以集成四路锁存器 74LS175 为例，其功能如表 10-29 所示。

表 10-29　74LS175 功能

清零	时钟	输入				输出				工作模式
$\overline{R}_D$	CP	D_0	D_1	D_2	D_3	Q_0	Q_1	Q_2	Q_3	
0	×	×	×	×	×	0	0	0	0	异步清零
1	↑	D_0	D_1	D_2	D_3	D_0	D_1	D_2	D_3	数码寄存
1	1	×	×	×		保持				数据保持
1	0	×	×	×		保持				数据保持

（2）移位寄存器

移位寄存器不仅具有存储功能，而且存储的数据能够在时钟脉冲控制下逐位左移或者右移。根据移位方式的不同，移位寄存器分为单向移位寄存器和双向移位寄存器两大类。

① 单向移位寄存器　分为左移寄存器和右移寄存器。图 10-75 为由 D 触发器构成的单向移位寄存器。

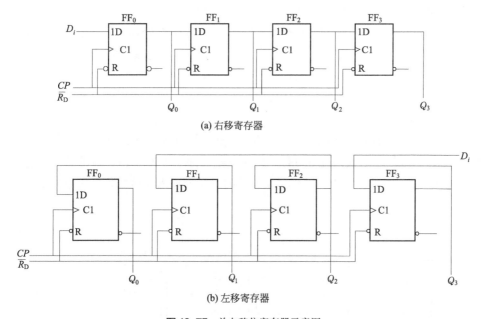

(a) 右移寄存器

(b) 左移寄存器

图 10-75　单向移位寄存器示意图

② 双向移位寄存器　利用 D 触发器组成，如图 10-76 所示。每个触发器的数据输入端 D 同与或非门及缓冲门组成的转换控制门相连，移位的方向取决于移位控制端 S 的状态。

其中，D_{SR} 为右移串行输入端，D_{SL} 为左移串行输入端。当 $S=1$ 时，与或非门左门打开，右边与门封锁，$D_0=D_{SR}$、$D_1=Q_0$、$D_2=Q_1$、$D_3=Q_2$，即 FF_0 的 D_0 端与右端串行输入端 D_{SR} 端连通，FF_1 的 D_1 端与 Q_0 端连通……在 CP 脉冲作用下，由 D_{SR} 端输入的数据将实现右移操作；当 $S=0$ 时，$D_0=Q_1$、$D_1=Q_2$、$D_2=Q_3$、$D_3=D_{SL}$，在 CP 脉冲作用下，便可实现左移操作。

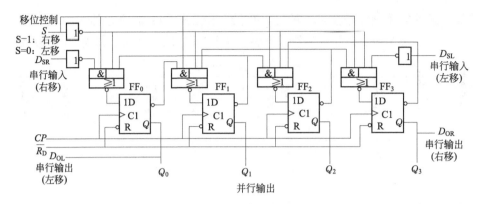

图 10-76 双向移位寄存器示意图

(3) 集成寄存器

目前，许多寄存器已做成单片集成电路。集成寄存器按结构来分有单一寄存器和寄存器堆两种。单一寄存器是指在一个单片集成电路上只有一个寄存器。而寄存器堆在单片集成电路上则有几个寄存器组成寄存器阵列，可存放多个多位二进制码。

10.7.2　计数器

计数器是用来对 CP 时钟脉冲进行计数的，还可以用作分频、定时和数学运算等，广泛应用于各种数字运算、测量、控制及信号产生电路中。它按照数制分类，分为二进制计数器、十进制计数器、任意进制计数器；按照计数功能分类，可以分为加法计数器、减法计数器、加/减计数器；按触发器翻转方式分类，分为同步计数器和异步计数器。

(1) 二进制计数器

如图 10-77 所示为由 4 个下降沿触发的 JK 触发器组成的 4 位异步二进制加法计数器的逻辑电路图。其中，JK 触发器都接成 T' 触发器（即 $J=K=1$），最低位触发器 FF_0 的时钟脉冲输入端接计数脉冲 CP，其他触发器的时钟脉冲输入端接相邻低位触发器的 Q 端。

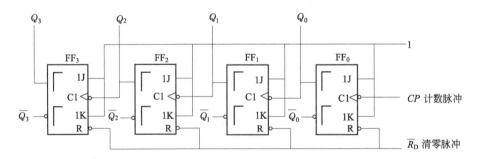

图 10-77 由 JK 触发器组成的 4 位异步二进制加法计数器的逻辑电路图

触发器 FF_0 在每个 CP 脉冲下降沿到来时都应翻转，其波形图如图 10-78 中 Q_0 所示。触发器 FF_1 的 CP 端接至 Q_0 端，即 Q_0 的输出就是 FF_1 的时钟脉冲。因而，每当 Q_0 的脉冲下降沿来到时，FF_1 的输出 Q_1 翻转，其波形图如图 10-78 所示。同理，触发器 FF_2 和 FF_3 的翻转时间分别在 Q_1 和 Q_2 的脉冲下降沿到来之时，其波形图如图 10-78 中 Q_2 和 Q_3 所示。

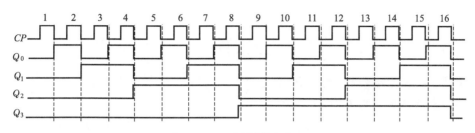

图 10-78 二进制计数器波形图

由波形图还可以看到，每经过一个触发器，脉冲的周期就增加了一倍，频率减为一半，于是从 Q_1 端引出的波形为二分频，从 Q_2 端引出的波形为四分频，因此类推，从 Q_n 端引出的波形为 $2n$ 分频。因此计数器又常用作分频器。

这种二进制计数器计数脉冲 CP 不是同时加到各个触发器上的，而只是加到最低位的触发器上，其他触发器的时钟控制端是与相邻的低位触发器的输出端相连，各触发器的动作有先有后，所以称为异步计数器。在异步计数器中，高位触发器的状态翻转必须在相邻触发器产生进位信号（加计数）或借位信号（减计数）之后才能实现，所以异步计数器的工作速度较低，为了提高计数速度，可采用同步计数器。

（2）十进制计数器

如图 10-79 所示为由 4 个下降沿触发的 JK 触发器组成的 8421BCD 码十进制同步加法计数器的逻辑图，其时钟脉冲是同时作用于 4 个触发器的时钟脉冲输入端的，故称同步计数器。其工作波形图如图 10-80 所示。

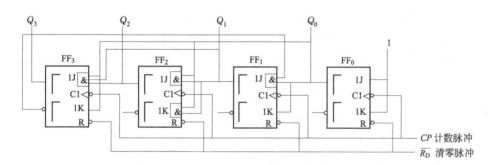

图 10-79 十进制计数器逻辑图

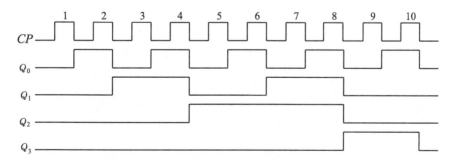

图 10-80 十进制计数器波形图

习 题

10-1 简述模拟信号与数字信号的区别。

10-2 模拟电路与数字电路的区别是什么？

10-3 三个开关串联的与电路，写出其表达式，列真值表，画出逻辑符号图。

10-4 画出三个开关串联电路的波形图。

10-5 逻辑变量的取值为什么只有 0 和 1 两种可能？会不会出现第三种可能？

10-6 逻辑代数最基本的 3 种逻辑运算是什么？分别举一个日常生活中的例子说明。

10-7 何谓编码？何谓译码？二进制编码和二-十进制编码有何不同？

10-8 什么是集成电路？它有什么优点？

10-9 简述集成逻辑门电路的分类。

10-10 什么是组合型逻辑电路？

10-11 集成逻辑门推挽式输出端可以直接相连吗？为什么？

10-12 TTL 与非门电路结构包括几部分？其外特性和主要参数是什么？

10-13 简述 TTL 与非门工作原理。

10-14 如何使用集电极开路门电路和三态输出门？

10-15 简述 CMOS 门电路的结构、工作原理和外部特性。

10-16 将下列函数化简为最简与或式。

(1) 用代数法化简 $Y = A\bar{B} + AC + ABD$

(2) 用卡诺图法化简 $Y(A,B,C) = \sum m(0,2,3,7) + \sum d(4,6)$

10-17 试比较二进制译码器与显示译码器的异同。

10-18 利用四选一选择器实现如下逻辑函数。

(1) $Y = \bar{R}\bar{A}G + \bar{R}AG + R\bar{A}G + AG$

(2) $Y = \bar{R}(\bar{G}\bar{A}) + \bar{R}(\bar{G}A) + R(G\bar{A}) + 1 \cdot (GA)$

10-19 什么是触发器？它有哪些类型？

10-20 数码寄存器和移位寄存器有什么区别？

第11章
模拟量与数字量的转换

将模拟量变换为数字量的过程称为 A/D 转换，将数字量转换成模拟量的过程称为 D/A 转换。完成模拟信号数字化的器件称为 A/D 转换器，完成数字信号模拟化的器件称为 D/A 转换器。

11.1 A/D 转换器

在 A/D 转换的过程中，输入的模拟信号在时间上是连续的，而输出的数字量是离散的，所以模-数转换是在一系列选定的瞬时（即时间坐标轴上的某些规定点）对输入的模拟信号采样，对采样值进行量化，再编码成相应的数字量。模拟-数字转换过程见图 11-1。

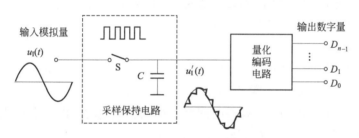

图 11-1　A/D 转换过程示意图

采样是指把时间连续变化的信号变换为时间离散的信号；保持采样信号，使有充分时间转换为数字信号，这个过程称作保持；把采样信号经过舍入变为只有有限个有效数字的数，这一过程称为量化；用一些幅度不连续的数字来近似表示信号幅值的过程称为幅值量化，然后再用一组二进制代码来描述已量化的幅值，即编码。有些转换过程中，第二步保持可与采样同时进行，因此，常用的 A/D 转换的步骤是采样、量化和编码。

因此，采样定理指出当采样频率不小于输入模拟信号频谱中最高频率的 2 倍时，采样信号可以不失真地恢复为原模拟信号。对于 A/D 转换器，其性能指标有以下几个方面：

① 绝对精度　指对应于一个给定的数字量的实际模拟量输入与理论模拟量输入之差。实际上对应于同一个数字量，其模拟量输入不是固定值，而是一个范围。常用数字量的位数作为度量绝对精度的单位。

② 相对精度　在整个转换范围内，任一数字量所对应的模拟输入量实际值与理论值之差。

③ 转换时间和转换率　完成一个 A/D 转换所需的时间，大多数情况下，转换率是转换时间的倒数。例如，转换时间是 200ns，转换率则为 5MHz。

④ **电源灵敏度**　A/D 转换芯片的供电电压发生变化时，相当于引入了一个模拟输入量的变化，从而产生误差。A/D 转换芯片对电源变化的灵敏度用相当的模拟输入量的百分数表示。

11.1.1　A/D 转换器的分类

A/D 转换器的类型也有多种，可以分为直接 A/D 转换器和间接 A/D 转换器两大类。在直接 A/D 转换器中，输入的模拟电压信号直接被转换成相应的数字信号；而在间接 A/D 转换器中，输入的模拟信号首先被转换成某种中间变量（例如时间、频率等），然后再将这个中间变量转换为输出的数字信号。

(1) 直接转换型

直接转换分为并联比较型和反馈比较型两种。并联比较型 A/D 转换器的转换速度最快，故又有快闪（Flash）A/D 转换器之称。由于所用的电路规模庞大，所以只用在超高速 A/D 转换器中。在反馈比较型中又有计数型和逐次渐近型两个方案，逐次渐近型 A/D 转换器兼顾转换速度和价格，因此逐次渐近型在集成 A/D 转换器产品中用得最多。逐次渐近型也称比较型，其原理是将输入电压与基准电压比较，在比较过程中输入电压被量化为数字量，其特点是：

① 测量速度快。

② 测量精度取决于标准电阻与基准源的精度，精度可以做得很高。

③ 因为是瞬时值转换，所以抗串模干扰的能力差。

(2) 间接转换型

间接 A/D 转换器有电压/时间（U/T）变换和电压/频率（U/F）变换，应用较多的方案为双积分型（U/T 变换），特点是：

① 积分器具有滤波作用，当积分时间为工频的整周期时，混杂在直流里的电源频率及其谐波干扰被滤除，抗干扰能力强。

② 由于两次积分，抵消了积分参数的影响，使转换精度与积分参数、时钟脉冲无关，因此转换精度较高。

③ 因为存在积分过程，测量速度较慢。U/F 变换型也是一种低速的 A/D 转换器，它是将输入模拟信号变成调频波，由于调频信号具有很强的抗干扰能力，故 U/F 变换型 A/D 转换器多用在遥测、遥控系统中。

11.1.2　A/D 转换器的基本方案

(1) 逐次逼近比较型

逐次逼近比较型 A/D 转换器属于直接转换式，方案的基本组成如图 11-2 所示。它以比较原理为基础，其工作过程可与天平称重物类比，图中的电压比较器相当于天平，输入电压 U_i 相当于重物，基准电压 U_r 相当于电压砝码。该方案具有各种规格的按 8421 编码的二进制电压砝码，根据 $U_i<U_r$ 和 $U_i>U_r$，比较器有不同的输出以打开或关闭逐次逼近寄存器的各位，逐次逼近寄存器直接输出二进制编码；另一方面，输出的编码作为地址码，打开权电阻解码开关，以产生基准电压砝码，与输入电压比较。从这个意义上讲，逐次逼近比较型 A/D 是闭环系统。

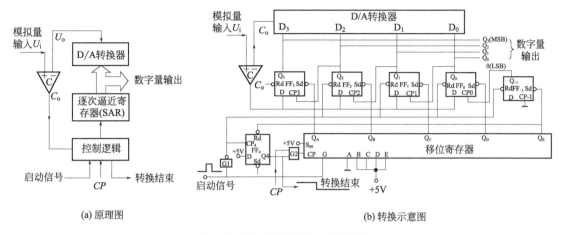

(a) 原理图　　　　　　　　　　　　　(b) 转换示意图

图 11-2　逐次逼近比较型 A/D 转换器

从 20 世纪 70 年代后期，电子市场上已开始流行单片集成化的逐次逼近比较式 A/D 转换器，有双极型和 CMOS 型两类产品。双极型转换速度高，一般在 $1\sim40\mu s$；CMOS 转换速度低，一般在 $20\sim50\mu s$。典型的型号：8 位的全 MOS 型有 ADC0801～ADC0805、ADC0808、ADC0809；12 位混合型有 AD574A 高速 A/D 变换器；16 位 CMOS 型有 ADC1140 快速 A/D 转换器等。这些芯片中的 ADC0808/0809 应用居多。它与 ADC0801～ADC0805 相比，ADC0801～ADC0805 仅有 1 个模拟通道，而 ADC0808/0809 有 8 个模拟通道，适合于作多路信号采集。为实现 8 路模拟信号采集，芯片中设置 8 路模拟选通开关，用 3 位地址码选通。

(2) 双积分型

双积分型 A/D 属于 U/T 变换式，其基本原理是在一个工作周期内，首先对输入电压 U_i 在确定的时间内（采样时间）进行积分，积分时间为 T_1，也称定时积分；然后切断 U_i，在积分器的输入端加与 U_i 极性相反的标准电压 U_r，由于 U_r 一定，所以称定值积分，但积分方向相反，直到积分输出达到起始电平为止，积分时间为 T_2，从而将电压转换成时间间隔。而对时间间隔的测量技术已很成熟，只要用电子计数器累计此时间间隔的脉冲数，即为 U_i 之值。双积分式的电路模型与工作波形如图 11-3 所示。

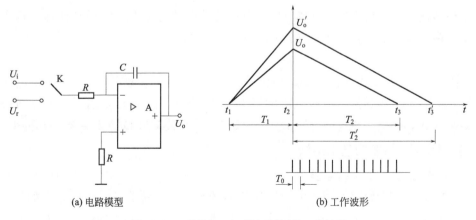

(a) 电路模型　　　　　　　　　　　(b) 工作波形

图 11-3　双积分式 A/D 的电路模型与工作波形

设 U_i 为负的直流电压，当 $t=t_1$ 时接入 U_i，于是开始第一次积分，即对 U_i 定时积分，定时时间为 $t_1 \sim t_2$ 段，记为 T_1，积分输出为

$$U_o = -\frac{1}{RC} \int_{t_1}^{t_2} (-U_i) \, dt = \frac{T_1}{RC} U_i \tag{11-1}$$

当 $t=t_2$ 时接入 U_r，发生第二次积分，对 U_r 定值积分，积分时间 $t_2 \sim t_3$ 段，记为 T_2，积分输出为

$$U_o = -\frac{1}{RC} \int_{t_2}^{t_3} U_r \, dt = -\frac{T_2}{RC} U_r \tag{11-2}$$

两次积分后 $U_o = 0$，则

$$\frac{T_1}{RC} U_i = \frac{T_2}{RC} U_r \tag{11-3}$$

解得

$$U_i = \frac{T_2}{T_1} U_r \tag{11-4}$$

若用计数器在 T_1、T_2 时间间隔内计数，计数脉冲周期为 T_0，计数值分别为 N_1、N_2，则

$$U_i = \frac{N_2 T_0}{N_1 T_0} U_r = \frac{N_2}{N_1} U_r \tag{11-5}$$

其中，N_1 为定时时间的计数值；U_r 为基准电压；N_1、U_r 均为常数；则 N_2 代表了 U_i 的大小。当 U_i 变化时，例如 U_i 变成 U_i'，且 U_i' 的绝对值大于 U_i 的绝对值，则定时积分 T_1 段的输出变为 U_o'；在定值积分的 T_2 段，积分起始点从 U_o' 开始反向积分，而基准电压 U_r 不变，积分的斜率不变，所以积分时间由 T_2 变成 T_2'。

目前，双积分式 A/D 变换器普遍实现了单片集成化，常见的型号：3 位半的有 ICL7106、ICL7107、ICL7116、ICL7126、ICL7136、MC14433、MAX138、MAX139、MAX140；4 位半的有 ICL7135、ICL7129 等。

11.2 D/A 转换器

数-模转换器是把数字量转换成电压、电流等模拟量的装置。数-模转换器的输入为数字量 D 和模拟参考电压 E，其输出模拟量 A 可表示为

$$A = DE_1 \tag{11-6}$$

式中，E_1 为数字量最低有效数位对应的单位模拟参考电压；数字量 D 为一个二进制数。

目前常见的 D/A 转换器有权电阻网络 D/A 转换器、倒 T 形电阻网络 D/A 转换器、权电流型 D/A 转换器、权电容网络 D/A 转换器以及开关树形 D/A 转换器等几种类型。

11.2.1 D/A 转换器的基本结构

(1) 权电阻网络 D/A 转换器

一个多位二进制数中每一位的"1"所代表的数值大小称为这一位的权。如果一个 n 位二进制数用 $D_n = D_{n-1} D_{n-2} \cdots D_1 D_0$ 表示，最高位（MSB）到最低位（LSB）的权将依

次为 $2^{n-1}2^{n-2}\cdots 2^{1}2^{0}$。按照这一思路，给出 4 位权电阻网络 D/A 转换器如图 11-4 所示。

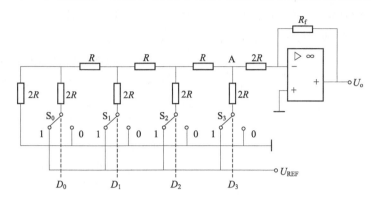

图 11-4　4 位权电阻网络 D/A 转换器

S_0、S_1、S_2、S_3 是 4 个电子开关，它们的状态分别受输入代码 D_0、D_1、D_2、D_3 的取值控制。代码为 1 时开关接到参考电压 U_{REF} 上，代码为 0 时开关接地。求和放大器是一个接成负反馈的运算放大器，在求和端有

$$U_o = -R_f i_\Sigma = -R_f (I_3 + I_2 + I_1 + I_0) \tag{11-7}$$

各支路电流为 $I_3 = \dfrac{U_{REF}}{R}D_3$、$I_2 = \dfrac{U_{REF}}{2R}D_2$、$I_1 = \dfrac{U_{REF}}{2^2 R}D_1$、$I_0 = \dfrac{U_{REF}}{2^3 R}D_0$。当反馈电阻为 $R_f = \dfrac{R}{2}$ 时，有

$$U_o = -R i_\Sigma = -\frac{U_{REF}}{2^4}(D_3 2^3 + D_2 2^2 + \cdots + D_1 2^1 + D_0 2^0) \tag{11-8}$$

当权电阻网络为 n 位时，得到通式

$$U_o = -\frac{U_{REF}}{2^n}(D_{n-1} 2^{n-1} + D_{n-2} 2^{n-2} + \cdots + D_1 2^1 + D_0 2^0) = -\frac{U_{REF}}{2^n}D_n \tag{11-9}$$

该电路结构比较简单，所用的电阻元件数很少。它的缺点是各个电阻的阻值相差较大，当输入信号的位数较多时，例如当输入信号增加到 8 位时，如果取最小电阻为 $R = 10\text{k}\Omega$，那么最大的电阻将是它的 128 倍，达到 1.28MΩ，在这样宽的范围内保证每个电阻都有很高的精度是十分困难的，尤其对制作集成电路更加不利。

为了克服这个缺点，实用中都采用双级权电阻网络（电路图从略）。在双级权电阻网络中，每一级仍然只有 4 个电阻，它们之间的阻值之比还是 1∶2∶4∶8。可以证明，只要取两级间的串联电阻为 8R，即可得到与式(11-9) 相同的结果。

【**例 11-1**】设 $U_{REF} = 10\text{V}$，$R = 10\text{k}\Omega$，当 $D_3 D_2 D_1 D_0 = 1011$ 时，求总输出。

【**解**】$u_o = u_{o0} + u_{o1} + u_{o2} + u_{o3}$

$$= -\left(\frac{U_{REF}}{2R}D_3 + \frac{U_{REF}}{4R}D_2 + \frac{U_{REF}}{8R}D_1 + \frac{U_{REF}}{16R}D_0\right)$$

$$= -\frac{U_{REF}}{16R}(8D_3 + 4D_2 + 2D_1 + 1D_0)$$

$$= -\frac{10}{16 \times 10}(8 + 2 + 1) = -\frac{11}{16}(\text{V})$$

（2）倒 T 形电阻网络 D/A 转换器

倒 T 形电阻网络 D/A 转换器如图 11-5 所示，由图可见，电阻网络中只有 R、$2R$ 两种阻值的电阻，为集成电路的设计和制作带来了很大的方便。

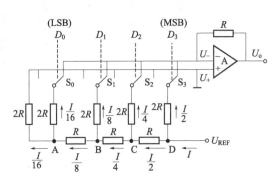

图 11-5　倒 T 形电阻网络 D/A 转换器

由"虚地"概念可知，求和放大器反相输入端 U_- 的电位始终接近于零，无论开关 S_0、S_1、S_2、S_3 合到哪一边，都相当于接到了"地"电位上，流过每个支路的电流也始终不变。不难看出，从 A、B、C、D 每个端口向左看过去的等效电阻都是 R，因此从参考电源流入倒 T 形电阻网络的总电流为 $I = \dfrac{U_{\text{REF}}}{R}$，而每个支路的电流依次为 $\dfrac{I}{2}$、$\dfrac{I}{4}$、$\dfrac{I}{8}$、$\dfrac{I}{16}$。求和点的电流

$$i_\Sigma = \frac{I}{2}D_3 + \frac{I}{4}D_2 + \frac{I}{8}D_1 + \frac{I}{16}D_0 \tag{11-10}$$

在求和放大器的反馈电阻阻值等于 R 的条件下，有

$$U_\text{o} = -i_\Sigma R_\text{F} = -\frac{U_{\text{REF}}}{2^4}(D_3 2^3 + D_2 2^2 + D_1 2^1 + D_0 2^0) \tag{11-11}$$

上式说明输出的模拟电压与输入的数字量成正比，而且和权电阻网络 D/A 转换器输出电压的计算公式具有相同的形式。

在集成 D/A 转换器产品中，电阻网络型、权电流型、倒 T 形电阻网络型、权电容网络型以及开关树形的 D/A 转换器都有应用，双极型的 D/A 转换器中权电流型电路用得比较多；在 CMOS 集成 D/A 转换器中则以倒 T 形电阻网络和开关树形较为常见。

11.2.2　D/A 转换技术指标

（1）精度

精度包括绝对精度和相对精度。绝对精度指对应于给定的满刻度数字量，D/A 转换电路实际输出与理论值之间的误差。该误差是由于 D/A 的增益误差、零点误差、线性误差和噪声引起的。一般应低于 $2-(n+1)$，其中 n 为 D/A 转换器的量化位数。相对精度指满刻度已校准的情况下，在整个刻度范围内，对应于任一数字的模拟量输出与它的理论值之差。对于线性 D/A 转换器，相对精度就是非线性度。有两种方法校对精度，一种是将偏差用数字最低有效位的位数 LSB 表示，另一种是用该偏差相对满刻度的百分比表示。

（2）分辨率

分辨率是 D/A 转换器对微小输入量变化的敏感程度的描述，用数字量的位数来表示，如 8 位、10 位等。对于一个分辨率为 n 位的转换器，它能对刻度的输入做出反应。

（3）建立时间

建立时间指数据变化满刻度时，达到终值时所需的时间。输出形式是电流的，其 D/A 转换器的建立时间很短；输出形式是电压的，D/A 转换器的主要建立时间是运放所需的时间。

（4）线性误差

相邻两个数码之差应是 1LSB，即理想的转换特性是线性的，在满刻度范围内偏离理想的转换特性的最大值称为非线性误差。如果线性误差大于 1LSB 时，将引起非单值性 D/A 转换，对 A/D 转换器将引起漏码。

（5）温度系数

在规定的温度范围内，相应于每变化 1℃时，增益、线性度、零点及偏移（对双极性 D/A）等参数的变化量。它们分别是增益温度系数、线性度温度系数、零点温度系数，偏移温度系数。温度系数直接影响着转换精度。

11.2.3　DAC0832 及应用

DAC0832 是美国数据公司的 8 位 D/A 转换器，与微处理器完全兼容。器件采用先进的 CMOS 工艺，因此功耗低，输出漏电流误差较小。DAC0832 的引脚图及内框图如图 11-6 所示，它可与所有的单片机或微处理器直接接口，电流稳定时间为 $1\mu s$，可双缓冲、单缓冲或直通数据输入，功耗低，约为 200mW，逻辑电平输入与 TTL 兼容，单电源供电（＋5～＋15V）。

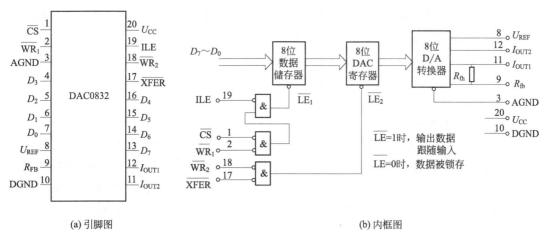

(a) 引脚图　　　　　　　　　　　　　　　　(b) 内框图

图 11-6　DAC0832 的引脚图和内框图

由于 D/A 转换芯片输入是数字量，输出为模拟量，模拟信号很容易受到电源和数字信号等干扰而引起波动。为提高输出的稳定性和减小误差，模拟信号部分必须采用高精度基准电源 U_{REF}，一般把数字地和模拟地各自分开，集中接地，当然最后还要连到一起。模拟地是模拟信号及基准电源的参考地；其余信号的参考地，包括工作电源地，数据、地址、控制等数字逻辑地都是数字地。

DAC0832 的内部具有两级输入数据缓冲器，和一个 $R/2R$ 倒 T 形电阻网络组成的 8 位 D/A 转换器，使用两个寄存器（输入寄存器和 DAC 寄存器）的好处是可以进行两次缓冲器操作，通过两个数据锁存器的协调工作，可以实现多个 DAC0832 芯片同步输出，使操作具有更大的灵活性。图 11-6 中，$\overline{LE_1}$ 和 $\overline{LE_2}$ 是寄存器控制信号，当 $\overline{LE_1}＝1$ 时，输入寄存器的输出随输入变化；$\overline{LE_1}＝0$ 时，数据锁存在寄存器中，不再随数据总线上的数据变化而变化。ILE 为高电平，$\overline{CS}$ 与 $\overline{WR_1}$ 同时为低时，使得 $\overline{LE_1}=1$；当 $\overline{WR_1}$ 变高时，8 位输入寄存器便将输入数据锁存。$\overline{XFER}$ 与 $\overline{WR_2}$ 为低时，使得 $\overline{LE_2}=1$，8 位 DAC 寄存器的输出随寄存器的输入变化。$\overline{WR_2}$ 下降沿将输入寄存器的信息锁存在 DAC 寄存器中。R_{fb}（15kΩ）是片内电阻，为外部运算放大器提供反馈电阻，用以提供适当的输出电压；U_{REF} 端由外部电路提供$-10V\sim+10V$ 的参考电源；I_{OUT1} 与 I_{OUT2} 是两个电流输出端。

输入数据的流向由 ILE、$\overline{CS}$、$\overline{WR_1}$、$\overline{WR_2}$、XFER 共同控制，D/A 转换单元完全由数据锁存器 2 的输出控制。DAC0832 的两个电流输出端的电流可由下式计算：

$$I_{OUT1}=\frac{U_{REF}}{15k\Omega}\times\frac{输入数字量}{256}$$
$$I_{OUT2}=\frac{U_{REF}}{15k\Omega}\times\frac{255-输入数字量}{256}$$

(11-12)

DAC0832 采用二次缓冲方式，这样可以在输出的同时，采集下一个数据，从而提高转换速度；更重要的是能够在多个转换器同时工作时，实现多通道 D/A 的同步转换输出。

(1) 单缓冲器方式接口

如果应用系统中只有一路 D/A 转换，或虽然是多路转换，但并不要求同步输出时，可采用单缓冲器方式接口，如图 11-7 所示。让 ILE 端口接$+5V$，寄存器选择信号及数据传送信号都与地址选择线相连，两级寄存器的写信号都由单片机的 $\overline{WR}$ 端控制。当地址线选通 DAC0832 后，只要输出控制信号，DAC0832 能完成数字量的输入锁存和 D/A 转换输出。由于 DAC0832 具有数字量的输入锁存功能，故数字量可以直接从控制器的 P_0 端送入。

(2) 双缓冲器方式接口

对于多路 D/A 转换接口，要求同步进行 D/A 转换输出时，必须采用双缓冲器同步方式接法。DAC0832 采用这种接法时，数字量的输入锁存和 D/A 转换输出是分两步完成的，即 CPU 的数据总线分时地向各路 D/A 转换器输入要转换的数字量，并锁存在各自的输入寄存器中，然后 CPU 对所有的 D/A 转换器发出控制信号，使各个 D/A 转换器输入寄存器中的数据同时打入 DAC 寄存器，实现同步转换输出。图 11-8 是两路同步输出的 D/A

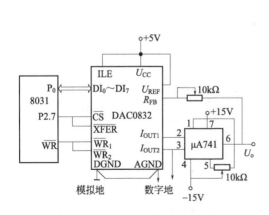

图 11-7　DAC0832 单缓冲器方式接口

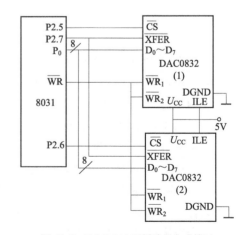

图 11-8　DAC0832 双缓冲器方式接口

转换接口电路。单片机的 P2.5 和 P2.6 分别选择两路 D/A 转换器的输入寄存器,控制输入锁存;P2.7 连到两路 D/A 转换器 $\overline{\text{XFER}}$ 端,控制同步转换输出;$\overline{\text{WR}}$ 与 $\overline{\text{WR}_1}$、$\overline{\text{WR}_2}$ 端相连,执行语句中,单片机自动输出 $\overline{\text{WR}}$ 信号。

11.3 常见传感器

11.3.1 压力检测传感器

金属电阻应变片有丝式和箔式两种。其工作原理都是基于在发生机械变形时,电阻值发生变化。如图 11-9 所示,金属丝式应变片是由直径约为 0.025mm 的高电阻率电阻丝制成的敏感栅,粘贴在绝缘的基片与覆盖层之间,并由引出线引出。

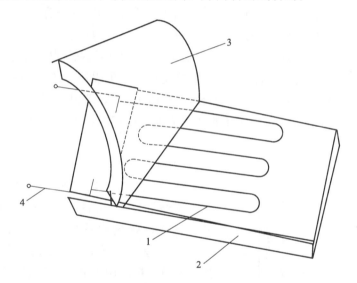

图 11-9 电阻丝应变片
1—敏感栅;2—基片;3—覆盖层;4—引出线

金属箔式应变片的箔栅采用光刻技术,其线条均匀,尺寸准确,阻值一致性好。箔栅的粘贴性能、散热性能均优于电阻丝式,允许通过较大电流。因此目前大多使用金属箔式应变片。

当敏感栅在工作中产生变形时,其电阻值发生相应变化。由于 $R = \rho l / A$,敏感栅变形,则电阻丝(或箔栅线条)的长度 l、截面积 A 和电阻率 ρ 发生变化。当每一可变因素分别有一增量 $\mathrm{d}l$、$\mathrm{d}A$ 和 $\mathrm{d}\rho$ 时,所引起的电阻增量为

$$\mathrm{d}R = \frac{\partial R}{\partial L}\mathrm{d}l + \frac{\partial R}{\partial A}\mathrm{d}A + \frac{\partial R}{\partial \rho}\mathrm{d}\rho \tag{11-13}$$

式中,$A = \pi r^2$,r 为电阻丝半径。

所以电阻相对变化为

$$\frac{\mathrm{d}R}{R} = \frac{\mathrm{d}l}{l} - 2\frac{\mathrm{d}r}{r} + \frac{\mathrm{d}\rho}{\rho} \tag{11-14}$$

式中　$dl/l = \varepsilon$——电阻丝轴向相对变形，或称纵向应变；

　　　　dr/r——电阻丝径向相对变形，或称横向应变。

11.3.2　霍尔传感器

霍尔传感器是利用半导体霍尔元件的霍尔效应实现磁电转换的一种传感器。霍尔效应自 1879 年霍尔（E. H. Hall）首次发现以来，首先用于磁场测量，由于微电子技术的发展，霍尔效应得到了极大的重视和应用，研究开发出多种霍尔器件。霍尔传感器具有灵敏度高、线性度好、稳定性好、体积小和耐高温等特性，广泛应用于非电量电测、自动控制、计算机装置和现代军事技术等各个领域。

磁场检测仪采用的核心部件是 3503 线性霍尔传感器，它集成了霍尔感应元件、电压调整器、线性放大器和射极跟随器，将磁场信号、电压信号的转换和放大电路集成在一起。3503 线性霍尔集成传感器的磁场灵敏度高，输出噪声低，供电电压为 4.5～6.0V，没有磁场时的输出电压为供电电压的一半（即 $0.5U_{CC}$。当有磁场存在且芯片的正面面对磁场时，输出电压会大于供电电压的 1/2（即 $>0.5U_{CC}$），反之，输出电压会小于供电电压的 1/2（即 $<0.5U_{CC}$），且增加的电压或减少的电压大小随磁场强弱的变化而线性变化。因此，利用 3503 线性霍尔传感器输出电压的变化，就可以检测磁场磁感应强度的大小。如前所述，霍尔集成传感器 3503 在进行磁场强度检测时，若没有磁场存在，输出电压为 $0.5U_{CC}$；若磁场存在，则在 3503 霍尔芯片正面面对磁场时，其增加量与磁场强弱的变化呈线性关系。

$$B = U_{im} - 0.5U_{CC}/S \tag{11-15}$$

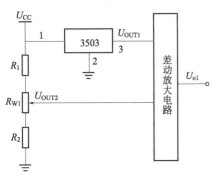

图 11-10　磁场强度检测电路

式中，S 为霍尔集成传感器 3503 的灵敏度，其取值通常为 1.30mV/G。采用一片 3503 霍尔芯片，在进行磁场磁感应强度检测时，必然存在 $0.5U_{CC}$ 的基准电压。在具体测量时采用图 11-10 所示电路，R_{W1} 用于灵敏度调节，将分压后的电压 U_{OUT2} 作为一路输出，输入到差动放大电路，完成输入信号相减，解决了基准电压问题，得到了输出电压和磁感应强度的线性关系，确保测量系统在无磁场时的输出压差为零，以提高磁场强度测量的灵敏度和系统的抗干扰能力。

11.3.3　光电传感器

光电传感器是利用光线检测物体的传感器的统称，是由传感器的发射部分发射光信号并经被检测物体的反射、阻隔和吸收，再被接收部分检测并转换为相应电信号来实现控制的装置。常用的包括光敏电阻、光电开关、光电耦合器。

(1) 光敏电阻的工作原理

在光敏电阻两端的金属电极之间加上电压，其中便有电流通过，受到适当波长的光线照射时，电流就会随光强的增加而变大，从而实现光电转换。光敏电阻没有极性，纯粹是一个电阻器件，使用时既可加直流电压，也可以加交流电压。

光敏电阻是采用半导体材料制作，利用内光电效应工作的光电元件。它在光线的作用下其阻值往往变小，这种现象称为光导效应，因此，光敏电阻又称光导管，光敏电阻实物如图 11-11 所示，其特性如表 11-1 所示。

表 11-1　光敏电阻特性

2V 供电	日常光照下光敏电阻阻值
亮点阻	13.52kΩ
暗电阻	0.05MΩ

（2）光电开关工作原理

光电开关（光电传感器）是光电接近开关的简称，它是利用被检测物对光束的遮挡或反射，由同步回路选通电路，从而检测物体有无的。物体不限于金属，所有能反射光线的物体均可被检测。当有被检测物体经过时，物体将光电开关发射器发射的足够量的光线反射到接收器，于是光电开关就产生了开关信号。利用光电开关连接的电路实物图如图 11-12 所示，当有金属接近传感器时，电路接通，电机开始旋转，因此，可以将光电开关是否有物体接近转换为高低电平，进而作为单片机引脚的输入信号，实现控制过程。

图 11-11　光敏电阻实物图

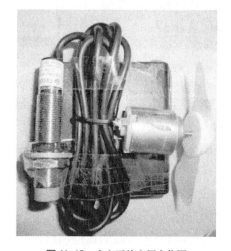

图 11-12　光电开关应用实物图

（3）光电耦合器

光电耦合器是以光为媒介传输电信号的一种电-光-电转换器件。它由发光源和受光器两部分组成。把发光源和受光器组装在同一密闭的壳体内，彼此间用透明绝缘体隔离。发光源的引脚为输入端，受光器的引脚为输出端。常见的发光源为发光二极管，受光器为光敏二极管、光敏三极管等。

在发光二极管上提供一个偏置电流，再把信号电压通过电阻耦合到发光二极管上，这样光电晶体管接收到的是在偏置电流上增、减变化的光信号，其输出电流将随输入的信号电压做线性变化。光电耦合器也可工作于开关状态，传输脉冲信号。在传输脉冲信号时，输入信号和输出信号之间存在一定的延迟时间，不同结构的光电耦合器输入、输出延迟时间相差很大。

11.3.4 红外传感器

PRP220 是一体化反射型光电探测器，其发射器是一个砷化镓红外发光二极管，而接收器是一个高灵敏度的硅平面光电三极管，其外观如图 11-13 所示。

它采用 DIP4 封装，发射器和接收器都有两根引脚引出，其中长脚为正极，短脚为负极，其单对外电路连接图如图 11-14 所示。

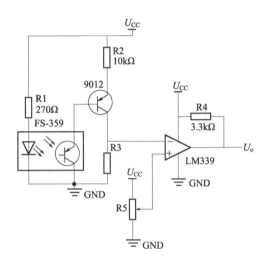

图 11-13 PRP220 外观图　　　　　图 11-14 PRP220 连接外电路

图 11-14 中，比较模块主体为 LM339（或 LM324），其内部为四运放集成电路，采用 14 脚双列直插塑料封装。其电路功耗小，工作电压范围宽，可用正电源 3～30V，或正负双电源 ±1.5～±15V 工作。它的输入电压可低到低电位，而输出电压范围为 0～U_{CC}。它的内部包含四组形式完全相同的运算放大器，除电源共用外，四组运放相互单独。每一组运算放大器有 5 个引出脚，其中"＋""－"为两个信号输入端，"U_{CC}""GND"为正、负电源端，"U_o"为输出端，两个信号输入端中，"－"为反相输入端，表示运放输出端 U_o 的信号与该输入端的相位相反；"＋"为同相输入端，表示运放输出端 U_o 的信号与该输入端的相位相同。

11.3.5 物位传感器

物位是指各种容器设备中液体介质液面的高低、两种不相容的液体介质的分界面的高低和固体粉末状物料的堆积高度等的总称。具体来说，常把储存于各种容器中的液体所积存的相对高度或自然界中江、河、湖、水库的表面称为液位；在各种容器中或仓库、场地上堆积的固体的高度或表面位置称为料位；在同一容器中由于两种密度不同且相互不相容的液体间或液体与固体之间的分界面（相界面）位置称为界位。上述液位、料位和界位总称为物位。将物位的变化转换为某些电学参数的变化而进行间接测量的物位仪表。根据电学参数的不同，可分为电阻式、电容式、电感式及压磁式等。

【例 11-2】图 11-15 是由多谐振荡器构成的水位监控报警电路，试分析其工作原理。

【解】水位正常情况下，电容 C 被短接，扬声器不发音；水位下降到探测器以下时，多谐振荡器开始工作，扬声器发出报警。

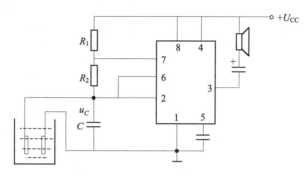

图 11-15　水位监控报警电路

11.3.6　气敏传感器

QM-N5 型气体传感器是以金属氧化物 SnO_2 为主体材料的 N 型半导体气敏元件，当元件接触还原性气体时，其电导率随气体浓度的增加而迅速升高。适用于天然气、煤气、氢气、烷类气体、烯类气体、汽油、煤油、乙炔、氨气、烟雾等的检测，属于 N 型半导体元件。灵敏度较高，稳定性较好，响应和恢复时间短。用它做成的报警器完全可以达到 UL2034 标准，不需温、湿度补偿。

气敏元件的灵敏度特性，是表征气敏器件对检测气体敏感程度的指标。半导体气敏元件对多种可燃性气体和液体蒸气都有敏感性能，其灵敏度视气体和液体蒸气不同而有所不同。器件灵敏度虽各有差异，但它们都遵循共同规律，即气敏元件阻值与检测气体浓度成对数关系变化

$$\lg R_c = m \lg C + n \tag{11-16}$$

式中，R_c 为气敏元件的阻值；C 为被测气体浓度；m 为气体分离度，取值在 $1/3 \sim 1/2$ 之间；n 是元件材料、气体种类及灵敏度相关的值。

根据 QM-N5 的性能参数以及以上所述参数，可知将信号采集放大的关键是将 QM-N5 的可变阻值转变为电压输出

$$U_o = -\frac{U_n}{R_n} R_c \tag{11-17}$$

式中，U_n 为放大器反向输入端的输入电压；R_n 为输入电阻。

所以当 U_o 再经过第二级反相放大后，可求得传感器的阻值为

$$R_c = \frac{U_o}{U_n} R_n \tag{11-18}$$

$$\lg C = \frac{\lg \dfrac{U_o}{U_n} R_n - n}{m} \tag{11-19}$$

即可求出检测气体的浓度 C，根据 QM-N5 传感器的阻值范围为 $0 \sim 2000 \mathrm{k\Omega}$，以及它在加热到正常工作状态时在纯净空气中的阻值为 $20\mathrm{k\Omega}$。因此，为了充分体现采集信号的精度，本设计选用了 $R_n = 20\mathrm{k\Omega}$ 的电阻作为比例电阻，并使用了 $2\mathrm{k\Omega}$ 的输出电阻使传感

器以电压的形式输出。但是输出电压 U_o 是负的，所以必须要经过一个反相运算放大器使它变成正的，这样才可以送入 ADC0809 进行模数转换，信号采集放大电路如图 11-16 所示。

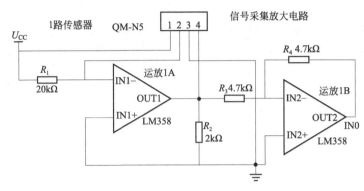

图 11-16　信号采集放大电路

11.3.7　温度传感器

（1）热电偶温度计

热电偶温度计是目前最普遍使用的温度测量仪表，从结构上看热电偶是十分简单的，但其理论却比较复杂，它是一种能获得高测量准确度的仪器，但也是一种容易出现误差的仪器。对热电温度计的理论和特性如果不做较深入的了解，不仅其潜力不能充分发挥，往往还会发生选配错误和使用不当，造成较大的测量误差。故本小节重点介绍了研究对象的测温原理。

热电偶是热电偶温度传感器的敏感元件，它测温的基本原理是热电效应，热电效应产生的电势是由三种不同的效应引起的，即贝赛尔效应、帕尔帖效应和汤姆逊效应。

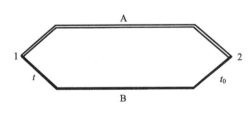

图 11-17　贝赛尔效应示意图

贝赛尔效应如图 11-17 所示，把两种不同的导体（或半导体）A 和 B 连接成闭合回路，当两接点 1 与 2 的温度不同时，如 $t>t_0$，则回路中就会产生热电势 $E(t，t_0)$。导体 A 和 B 叫做热电极。两个热电极 A 和 B 的组合称作热电偶。在两个接点中，接点 1 是将两电极焊接在一起，测温时将它放入被测对象中感受被测温度，故称之为测量端、热端或工作端；接点 2 处于环境中，要求温度恒定，故称之为参考端、冷端或自由端。

热电偶就是通过测量热电势来实现测量温度的，该热电势由两部分组成：接触电势与温差电势。接触电势是基于帕尔帖效应产生的，即两种不同导体接触时，自由电子由密度大的导体向密度小的导体扩散，直至达到动态平衡时形成的热电势。电子扩散的速率与自由电子的密度和其所处的温度成正比。设导体 A 和 B 的电子密度分别为 N_A、N_B，并且 $N_A>N_B$，则在单位时间内，由导体 A 扩散到导体 B 的电子数比由导体 B 扩散到导体 A 的电子数多，导体 A 因失去电子而带正电，导体 B 因获得电子而带负电，因此，在导体 A 和 B 之间形成了电势差。这个电势在导体 A、B 接触处形成了一个静电场，静电场阻碍

扩散作用的继续进行。在某一温度下，电子扩散能力与静电场的阻力达到动态平衡，此时在接点处形成接触电势为

$$E_{AB}(T)=\frac{KT}{e}\ln\frac{N_{AT}}{N_{BT}},E_{AB}(T_0)=\frac{KT}{e}\ln\frac{N_{AT_0}}{N_{BT_0}} \tag{11-20}$$

式中，e 为单位电荷，$e=1.16\times10^{-19}$C，K 为玻耳兹曼常数，$K=1.38\times10^{-23}$J/K；$E_{AB}(T)$，$E_{AB}(T_0)$ 分别为导体 A 和 B 的两个接点在温度 T 和 T_0 时的电位差；N_{AT}、N_{AT_0} 即导体 A 在温度分别为 T 和 T_0 时的电子密度，N_{BT}、N_{BT_0} 即导体 B 在温度分别为 T、T_0 时的电子密度。接触电势的大小与该接点温度的高低以及导体 A 和 B 的电子密度的比值有关，温度越高，接触电势越大，两种导体电子密度的比值越大，接触电势也越大。

　　热电偶传感器采集到的模拟温度转换的模拟电压值往往很小，无法直接送至数字电路处理，需将其放大，集成运放 OP-07 具有极低的输入失调电压，极低的失调电压温漂，长期的稳定性，能精确地对信号进行放大等，如图 11-18 所示，J2 口接热电偶传感器，热电偶的负端接地，加一个滑动变阻器，当 2、3 端都对地进行短接时，调节滑动变阻器使其调零，采用直流同相放大的方式。

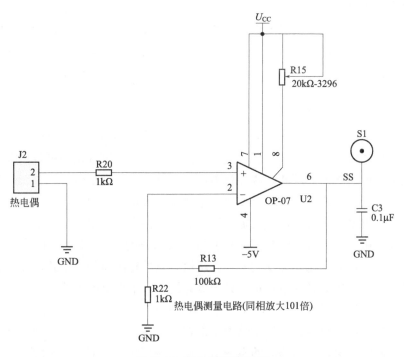

图 11-18　热电偶检测示意图

　　从热电偶检测变换来的电压范围是 0～54.807mV，放大 100 倍，达到伏级，以供数字电路使用。

(2) 热电阻温度计

　　一些材料的电阻随温度而变化的性质，因此可凭借测量电阻感温件的电阻来确定被测温度。整套电阻温度计包括热电阻感温件和相配用的温度显示仪表。

　　电阻温度计的测量精度很高，目前它的测量范围为 -200～650℃。使用电阻温度计测

能够接近室温的温度或小幅度的温度变化时，都能得到准确的测量结果。电阻温度计对于热电偶温度计来说缺点就是价格比较贵，耐振性也比较差。由于电阻感温件有一定体积，使用电阻温度计测出的温度为感温件所占区域的平均温度，它不太适合于某个点的温度测量。

我国通用的热电阻感温件材料有铂丝和铜丝两种。铜丝热电阻的测量范围为$-50\sim150℃$，铜丝热电阻的价格低廉，测量准确度高。工业上使用铜丝热电阻由直径为$0.1mm$的漆铜丝分层绕在塑料骨架上，每层涂以绝缘漆，烘干后置于保护套管中，用$0.5mm$铜线做引出线，引出线一端接至套管端部的接线板上。铜热电阻的套管和热电偶温度计的包套管相同，材料多为钢或铜。

铂热电阻材料具有性能稳定、抗氧化能力强、测量准确度高等优点，铂热电阻应用也十分广泛。它的测量范围为$-200\sim650℃$。我国标准化的铂热电阻有 BA1、BA2、BA3三种，还有 Pt50 和 Pt100 两种分度号。工业上使用的铂热电阻由直径为 $0.07mm$ 未加绝缘的铂丝绕在两侧有锯齿的云母骨架上，再用两片云母片夹持，用银带束紧。铂电阻用直径为 $1.0mm$ 的银丝做引出线，接到套管端部的接线板上。

（3）数字式温度计

近十多年来，数字式仪表发展迅速，数字式温度计也不例外。目前国内外已有不少厂商生产系列数字式温度计。数字式仪表的特点是准确度高、读数直观、不易误读，特别是分辨率很高，在测量小的变化量时比较精准；另外它能很方便地和现代数字技术配合，例如和电子计算机或微机等组成现代测量系统。

热电偶数字式温度计是最早出现的一种数字式温度计，它实质上是由数字式毫伏计、线性化器件和热电偶组成。线性化器件的作用在于将热电偶的非线性热电关系补偿为线性关系。线性化后的输出电压和被测温度成正比。此电压由数字毫伏表测量，并由数码管直接显示出被测温度的数值。因此，线性化器件的构造和准确度是仪表的关键问题。近十年来，由于出现了满意的线性化技术，使得数字测温仪表得到了很快的发展。

热电偶数字温度表出现后，采用恒流源或恒压源供电的电阻数字温度计相继出现。随后一些半导体热敏电阻，PN 结半导体感温件的线性补偿技术也得到了解决，使得这些感温器件都能实现显示数字化。与此同时，直接输出脉冲量的新型数字式温度传感器也有所发展，这种传感器输出的脉冲量直接由计数器累计并显示出温度数值。

显示数字化的数字式温度计由感温件、测量电路、放大器、模数转换器、线性化器、计数器、数字显示器等组成。对于多路测量的数字温度计，其输入部分有自动切换装置。测量电路把被测温度值转换为相应的电压值，此电压值由放大器放大后输出至线性化器，经线性化后的电压正比于被测温度。此电压经模数转化器转换为脉冲数字量，最后由计数器和显示器累计脉冲数，并显示出相应的温度值。

K 型热电偶，它的测温范围为 $0\sim600℃$，能够较精准地测量高温区的温度。由于热电偶的分度表所示的冷端（参考端）温度为 $0℃$，通常热电偶的热端（测量端）置于被测现场，冷端置于本地温度下（通常为室温），这样就会对测量结果产生偏差，所以需要对冷端信号进行补偿。这里就用到了 LM35 对热电偶进行冷端补偿，并用 LM35 测量室温，它的测温范围为 $-55\sim150℃$，能够比较精准地测量低温区的温度。

11.3.8 烟雾传感器

MQ-2/MQ-2S 气体传感器所使用的气敏材料是在清洁空气中电导率较低的二氧化锡（SnO_2）。当传感器所处环境中存在可燃气体时，传感器的电导率随空气中可燃气体浓度的增加而增大。使用简单的电路即可将电导率的变化转换为与该气体浓度相对应的输出信号。

MQ-2/MQ-2S 气体传感器对液化气、丙烷、氢气的灵敏度高，对天然气和其他可燃蒸气的检测也很理想。这种传感器可检测多种可燃性气体，是一款适合多种应用的低成本传感器，如图 11-19 所示。

(a) MQ-2实物图

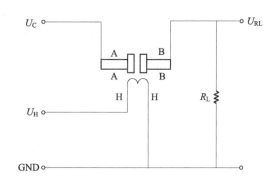
(b) MQ-2测试电路图

图 11-19 MQ-2 烟雾传感器

利用 MQ-2 型半导体电阻式烟雾传感器为核心设计的烟雾报警器是一种结构简单、性能稳定、使用方便、价格低廉、智能化的烟雾报警器，具有一定的实用价值，测试电路图如图 11-19（b）所示。

11.3.9 热释电传感器

热释电人体红外传感器的特点是它只在由于外界的辐射而引起它本身的温度变化时，才给出一个相应的电信号，当温度的变化趋于稳定后就再没有信号输出，所以说热释电信号与它本身的温度的变化率成正比，或者说热释电红外传感器只对运动的人体敏感，应用于当今探测人体移动报警电路中。目前国内市场上常见的热释电红外传感器有上海尼赛拉公司的 SD02、PH5324 和德国海曼的 LHi954、LHi958 以及日本的产品等，其中 SD02 适合防盗报警电路。

如图 11-20 所示是 HC-SR501 热释电模块，感应部分应用菲涅尔透镜对感应范围进行放大，其电气参数如表 11-2 所示，可以实现 4 节 7 号干电池供电。当感应到人体时就输出 3.3V 的高电平，无人时输出 0V 的低电平。同时，可根据需要对感应和输出进行延时设置。

表 11-2　HC-SR501 参数说明

产品型号	HC-SR501 人体感应模块
工作电压范围	直流电压 4.5～20V
静态电流	<50μA
电平输出	高 3.3V/低 0V
触发方式	L不可重复触发/H重复触发
延时时间	0.5～200s(可调)可制作范围零点几秒到几十分钟
封锁时间	2.5s(默认)可制作范围零点几秒到几十秒
电路板外形尺寸	32mm×24mm
感应角度	<100°锥角
工作温度	−15～+70℃
感应透镜尺寸	直径:23mm(默认)

(a) HC-SR501实物图　　　　(b) 检测范围示意图

图 11-20　热释电传感器

总的来说，热释电传感器具有全自动感应，即人进入其感应范围则输出高电平，人离开感应范围则自动延时关闭高电平，输出低电平；此外，还可实现光敏控制，可设置光敏控制，白天或光线强时不感应；可温度补偿，在夏天当环境温度升高至 30～32℃，探测距离稍变短，温度补偿可做一定的性能补偿。

它具有两种触发方式，可跳线选择实现。第一种不可重复触发方式，即感应输出高电平后，延时时间段一结束，输出将自动从高电平变成低电平；第二种可重复触发方式，即感应输出高电平后，在延时时间段内，如果有人体在其感应范围活动，其输出将一直保持高电平，直到人离开后才延时将高电平变为低电平，即感应模块检测到人体的每一次活动后会自动顺延一个延时时间段，并且以最后一次活动的时间为延时时间的起始点。

它具有感应封锁时间（默认设置 2.5s 封锁时间），感应模块在每一次感应输出后（高电平变成低电平），可以紧跟着设置一个封锁时间段，在此时间段内感应器不接受任何感应信号。此功能可以实现"感应输出时间"和"封锁时间"两者的间隔工作；同时此功能可有效抑制负载切换过程中产生的各种干扰。其工作电压范围宽：默认工作电压 DC4.5～20V；微功耗：静态电流<50μA，特别适合干电池供电的自动控制产品；输出高电平信号，可方便与各类电路实现对接。热释电负载电路如图 11-21 所示。

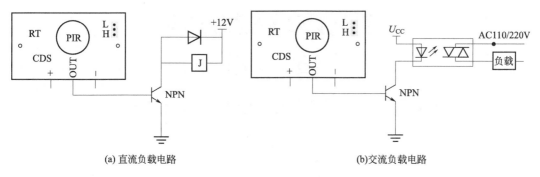

(a) 直流负载电路　　　　　　　　(b)交流负载电路

图 11-21 热释电负载电路图

习 题

11-1 模拟信号与数字信号为什么需要转换？

11-2 简述什么是 A/D 转换器？什么是 D/A 转换器？

11-3 A/D 转换器的原理及主要技术指标是什么？

11-4 什么是采样定理？它的步骤是什么？

11-5 A/D 转换器与 D/A 转换器都用什么芯片实现的？

11-6 传感器的用途是什么？

11-7 描述电容式物位计测量液位和料位时的工作原理。

11-8 温度传感器有哪些类型？各自有什么特点？

11-9 传感器的选用原则是什么？

11-10 选择一种传感器，想想传感器的检测信号与控制芯片之间信号是如何变换的。

CHAPTER 12

第12章
电工电子技术的工程应用

12.1 口罩自动检测装置的设计

2020 年突如其来的疫情，使人们越来越认识到公共场所戴口罩的重要性。医院、学校、机场、高铁、客车站、商场、小区、办公楼等公共场所要求必须佩戴口罩，因此，口罩的自动检测设备应运而生。在门禁系统中安装摄像头，采集人脸数据，通过数据比对，进而自动识别出未戴口罩的人，从而克服人工筛查的检查效率低、预警速度慢和增加感染风险等缺点。

设计的口罩自动检测设备是利用图像传感器技术获取图像信息，再通过图像处理、数据传输，最终识别有无佩戴口罩。设计中采用 Arduino 作为控制器，利用摄像头获取图像，再通过图像分析模块传递给控制器，通过控制器的智能判断，给出佩戴口罩的检测结果。如若未佩戴口罩，蜂鸣器进行报警，字符显示模块显示提示信息。图 12-1 给出口罩自动检测装置的方框图，元件如表 12-1 所示。

图 12-1 口罩自动检测装置方框图

表 12-1 元件列表

序号	名称	数量
1	Arduino UNO R3	1
2	七彩 LED 灯模块	1
3	OLED12864 显示模块	1
4	蜂鸣模块	1
5	HuskyLens 液晶显示	1
6	传感器拓展板	1
7	杜邦线	若干

口罩自动检测装置主要分为数据采集子系统、数据分析子系统和报警子系统三个部分。其中，数据采集子系统由摄像头、图像传感器（型号：OV2640）、图像分析模块、液晶显示模块组成；数据分析子系统主要就是 Arduino UNO 控制模块；报警子系统由蜂

鸣器电路和字符显示模块组成。

口罩自动检测装置中采用 Arduino UNO 作为主控制器。主控制器采用 ATmega328 微处理器，内置 32KB 的 Flash 存储器、2KB 的静态随机存储器（SRAM）和 1KB 的电可擦写程序存储器（E²PROM）。此外，控制器有 14 个数字 I/O 端口，其中 6 个端口可以作为模拟输入和 PWM 输出端口使用。

数据分析子系统则采用 HuskyLens 集成芯片，它是一个集成了人脸识别与物体跟踪多个功能的人工智能摄像头，内置了人脸识别、物体跟踪、物体识别、颜色识别、标签识别、物体分类、二维码识别和条码识别等功能。它采用 Kendryte K210 作为图像分析的处理器，分析图像中的数据信息，使用了 OV2640 作为图像传感器，采集图像信息。

图 12-2　Kendryte K210 外观图

Kendryte K210 外观如图 12-2 所示，它可以采集 OV2640 图像传感器的图像数据，再通过 UART 接口/IIC 接口与 HuskyLens 液晶显示屏相连（表 12-2、表 12-3 说明了 UART 和 IIC 两种模式的引脚功能），最后通过内置的 MicroUSB 接口与主控芯片连接。其中，OV2640 图像传感器可以获取 200 万像素的图像，供电电压为 3.3V，电流为 320mA；HuskyLens 液晶显示屏是一款 320×240 分辨率的 2.0 寸 IPS 显示屏，可以显示检测的佩戴口罩的人物动态图像。

表 12-2　4pin 接口（UART 模式）

标注	管脚功能	用途
T	TX	HuskyLens 的串口数据发送引脚
R	RX	HuskyLens 的串口数据接收引脚
—	GND	电源负极
+	UCC	电源正极

表 12-3　4pin 接口（IIC 模式）

标注	引脚功能	用途
T	SDA	串行数据线
R	SCL	串行时钟线
—	GND	电源负极
+	UCC	电源正极

选用 OLED12864 液晶显示输出图像，它功耗低、反应速度快，不需要背光源，有电流流过时则会发光。此外，声光报警模块是当图像中的人未佩戴口罩时进行报警提示，主要采用了蜂鸣器模块以及 LED 状态显示灯。蜂鸣器选择无源蜂鸣器，其制作成本低、声音出现频率变化范围宽，其连接图如图 12-3 所示。

初始常态下为蓝色灯光，人脸检测以及口罩检测两个检测都通过时为绿色灯光，而当两项检测中人脸检测通过而口罩检测没有通过时为红色灯光，用这三种灯光可以更好地区分现在指示的状态。指示灯连接电路如图 12-4 所示。

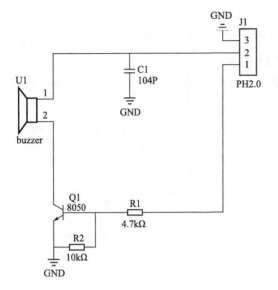

图 12-3 蜂鸣器模块电路

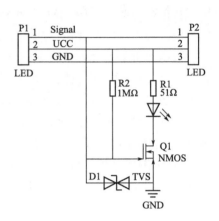

图 12-4 LED 状态指示灯

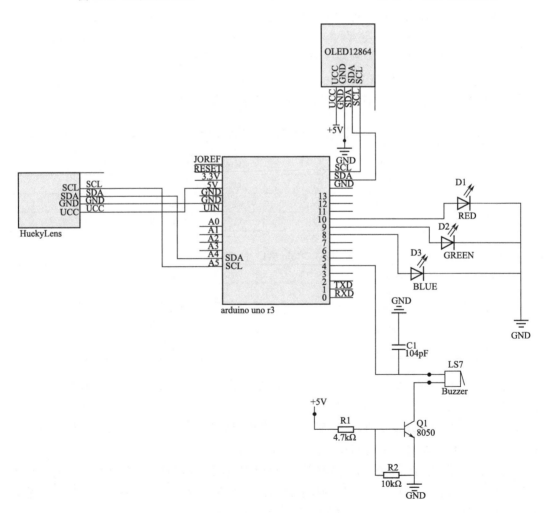

图 12-5 整机电路图

首先进行的是读取 HuskyLens 中的数据并确定图像中是否存在人脸，如若存在人脸，则首先更新 OLED 显示模块的显示数据使其更改为有人经过，然后进入到口罩检测模式，判断图像中是否存在口罩，如若佩戴口罩则开始更新 OLED 显示模块的显示数据使其更改为已佩戴口罩，LED 灯显示绿色，如果没有检测到口罩的信息则 OLED 显示屏更新显示数据为未佩戴口罩，紧接着蜂鸣器进行报警而后 LED 灯改为红色，然后再重新回到主循环中，其整机电路图如图 12-5 所示，流程图如图 12-6 所示，实物图如图 12-7 所示。

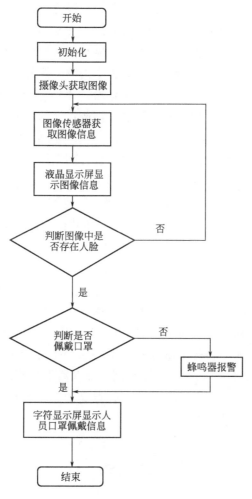

图 12-6　流程图

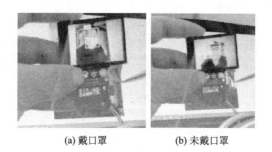

(a) 戴口罩　　　　　　　(b) 未戴口罩

图 12-7　实物图

12.2　疫情防控电子门的设计

　　针对传统的测温仪器自身存在的诸多缺点以及在现实生活中所暴露的使用不便、缺少安全性等缺陷，提出了一种非接触式红外测温系统设计方案，电路连接图如图 12-8 所示。

　　物体红外辐射能量的大小和波长的分布与其表面温度关系密切。因此，通过对物体自身红外辐射的测量，能准确地确定其表面温度，红外测温就是利用这一原理测量温度的。红外测温器由光学系统、光电探测器、信号放大器和信号处理及输出等部分组成。光学系统汇聚其视场内的目标红外辐射能量，视场的大小由测温仪的光学零件及其位置确定。红外能量聚焦在光电探测器上并转变为相应的电信号。该信号经过放大器和信号处理电路，并按照仪器内的算法和目标发射率校正后转变为被测目标的温度值。

　　GY906 红外传感器输出的是数字信号，UCC 为 3V 到 5V 之间的电压，一般取 3.3V；引脚 4 是 D，为数据接收引脚，没有数据接收时 D 为高电平；引脚 3 是 C，为 2kHz Clock 输出引脚；引脚 2 是 G，为接地引脚；引脚 1 是 A，为测温启动信号引脚，低电平有效。

　　GY906 红外模块正常上电，当进行温度测量时，将 GY906 的红外传感器探头对准被测量者的额头，随即按下功能按键 0，即开始键，单片机通过向测试脚提供一个高电平的信号，启动红外测温。在时钟的下降沿开始读数据，共 5 个字节，当第 1 个字节为 4CH（或 66H），且第 5 个字节为 0DH 时，读取的数据为有效数据，否则读取的数据无效，数据读取后，单片机对读到的有效数据进行运算处理，然后送 LCD1602 显示。

　　显示电路采用 LCD1602，它是 5×7 点阵图形来显示字符的液晶显示器，内带 ASCII 字符库。LCD1602 模块内部可以完成显示扫描，单片机向 LCD1602 发送命令，即显示内容对应的 ASCII 码。LCD1602 显示器的工作电压为 4.5～5.5V，字符尺寸为 2.95mm×4.35mm。

　　当人体体温检测小于 36.8℃时，绿灯点亮，蜂鸣器不报警；当体温在 36.8～37.4℃之间时，只是黄灯，显示屏显示体温；当人体体温高于 37.4℃时，红灯亮，蜂鸣器报警，显示屏显示体温。系统流程图如图 12-9 所示。

习　题

12-1　什么是产品的实际需求？

12-2　电源的工作参数如何选择？

12-3　硬件连接图绘制的主要原则是什么？

12-4　根据实际需求，设计一个生活中的电子产品，并说出它的工作原理。

12-5　芯片的选用原则是什么？

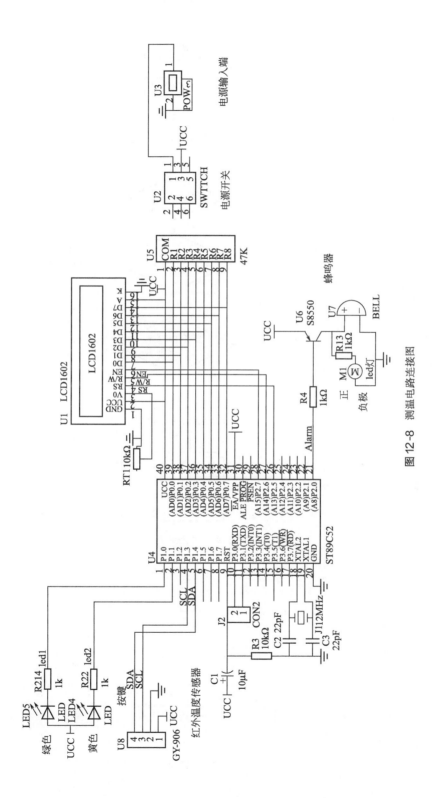

图 12-8　测温电路连接图

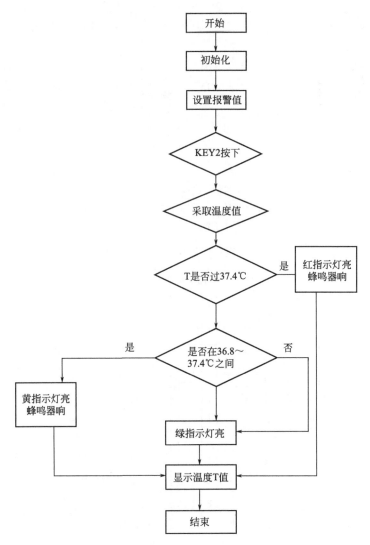

图 12-9　系统流程图

附录

附录 A 半导体分立器件型号命名方法

（国家标准 GB/T 249—2017）

第一部分		第二部分		第三部分		第四部分	第五部分
用阿拉伯数字表示器件的电极数目		用汉语拼音字母表示器件的材料和极性		用汉语拼音字母表示器件的类别		用阿拉伯数字表示等级顺序号	用汉语拼音字母表示规格号
符号	意义	符号	意义	符号	意义		
2	二极管	A B C D E	N 型，锗材料 P 型，锗材料 N 型，硅材料 P 型，硅材料 化合物或合金材料	P H V W C Z L S K N F X G D A T Y B J	小信号管 混频管 检波管 电压调整管和电压基准管 变容管 整流管 整流堆 隧道管 开关管 噪声管 限幅管 低频小功率晶体管 （$f_z<3\text{MHz}, P_c<1\text{W}$） 高频小功率晶体管 （$f_z\geqslant3\text{MHz}, P_c<1\text{W}$） 低频大功率晶体管 （$f_z<3\text{MHz}, P_c\geqslant1\text{W}$） 高频大功率晶体管（） $f_z\geqslant3\text{MHz}, P_c\geqslant1\text{W}$ 闸流管 体效应管 雪崩管 阶跃恢复管		
3	三极管	A B C D E	PNP 型，锗材料 NPN 型，锗材料 PNP 型，硅材料 NPN 型，硅材料 化合物或合金材料				

示例

硅 NPN 型高频小功率晶体管

3 D G 6 C

- 规格号
- 登记顺序号
- 高频率小功率晶体管
- NPN型，硅材料
- 三极管

附录 B　常用半导体分立器件的参数

附表 B-1　常用锗检波二极管参数

型号	最大整流电流/mA	最高反向工作电压/V	反向击穿电压/V	最高工作频率/MHz
2AP1	16	20	≥40	
2AP3	25	30	≥45	
2AP4	16	50	≥75	150
2AP5	16	75	≥110	
2AP7	12	100	≥150	
2AP9	5	15	≥20	100
2AP10	5	30	≥40	
2AP21	50	＜10	＞15	
2AP22	16	＜30	＞45	100
2AP23	25	＜40	＞60	

附表 B-2　常用开关二极管参数

型号	反向击穿电压/V	最高反向工作电压/V	最大正向电流/mA	零偏压结电容/pF	反向恢复时间/ns	反向电流/μA
2CK84A	≥40	≥30	100	≤30	≤150	≤1
2CK84B	≥80	≥60	100	≤30	≤150	≤1
2CK84C	≥120	≥90	100	≤30	≤150	≤1
2CK84D	≥150	≥120	100	≤30	≤150	≤1
2CK84E	≥180	≥150	100	≤30	≤150	≤1
2CK84F	≥210	≥180	100	≤30	≤150	≤1
2AK1	30	10	≥150	≤3	≤200	30
2AK2	40	20	≥150	≤3	≤200	30
2AK3	50	30	≥200	≤2	≤150	20
2AK5	60	40	≥200	≤2	≤150	5
2AK6	70	50	≥200	≤2	≤150	5
2AK7	50	30	≥10	≤2	≤150	20
2AK9	60	40	≥10	≤2	150	20
2AK10	70	50	≥10	≤2	150	20

附表 B-3　晶体管参数

参数符号		单位	测试条件	型号			
				3DG100A	3DG100B	3DG100C	3DG100D
直流参数	I_{CBO}	μA	$U_{CB}=10V$	$\leqslant 0.1$	$\leqslant 0.1$	$\leqslant 0.1$	$\leqslant 0.1$
	I_{EBO}	μA	$U_{EB}=1.5V$	$\leqslant 0.1$	$\leqslant 0.1$	$\leqslant 0.1$	$\leqslant 0.1$
	I_{CEO}	μA	$U_{CE}=10V$	$\leqslant 0.1$	$\leqslant 0.1$	$\leqslant 0.1$	$\leqslant 0.1$
	U_{BE}	V	$I_B=1mA$ $I_C=10mA$	$\leqslant 1.1$	$\leqslant 1.1$	$\leqslant 1.1$	$\leqslant 1.1$
	$h_{FE(\beta)}$		$U_{CE}=10V$ $I_C=3mA$	$\geqslant 30$	$\geqslant 30$	$\geqslant 30$	$\geqslant 30$
交流参数	f_T	MHz	$U_{CE}=10V$ $I_C=3mA$ $f=30MHz$	$\geqslant 150$	$\geqslant 150$	$\geqslant 300$	$\geqslant 300$
	G_P	dB	$U_{CB}=10V$ $I_C=3mA$ $f=100MHz$	$\geqslant 7$	$\geqslant 7$	$\geqslant 7$	$\geqslant 7$
	C_{ob}	pF	$U_{CB}=10V$ $I_C=3mA$ $f=5MHz$	$\leqslant 4$	$\leqslant 3$	$\leqslant 3$	$\leqslant 3$
极限参数	$U_{BR(CBO)}$	V	$I_C=100\mu A$	$\geqslant 30$	$\geqslant 40$	$\geqslant 30$	$\geqslant 40$
	$U_{BR(CEO)}$	V	$I_C=200\mu A$	$\geqslant 20$	$\geqslant 30$	$\geqslant 20$	$\geqslant 30$
	$U_{BR(EBO)}$	V	$I_E=100\mu A$	$\geqslant 4$	$\geqslant 4$	$\geqslant 4$	$\geqslant 4$
	I_{CM}	mA		20	20	20	20
	P_{CM}	mW		100	100	100	100
	T_{jM}	℃		150	150	150	150

附表 B-4　整流二极管参数

型号	最大整流电流/A	最高反向工作电压（峰值）/V	最高反向工作电压下的反向电流（125℃）/μA	正向压降平均值（25℃）/V	最高工作频率/kHz
2CZ52	0.1	25、50、100、200、300、400、500、600、700、800、900、1000、1200、1400、1600、1800、2000、2200、2400、2600、2800、3000	1000	$\leqslant 0.8$	3
2CZ54	0.5		1000	$\leqslant 0.8$	3
2CZ57	5		1000	$\leqslant 0.8$	3
1N4001	1	50	5	1.0	
1N4002	1	100	5	1.0	
1N4003	1	200	5	1.0	
1N4004	1	400	5	1.0	
1N4005	1	600	5	1.0	
1N4006	1	800	5	1.0	
1N4007	1	1000	5	1.0	
1N4007A	1	1300	5	1.0	

续表

型号	最大整流电流/A	最高反向工作电压(峰值)/V	最高反向工作电压下的反向电流(125℃)/μA	正向压降平均值(25℃)/V	最高工作频率/kHz
1N5400	3	50	5	0.95	
1N5401	3	100	5	0.95	
1N5402	3	200	5	0.95	

附表 B-5　稳压二极管参数

型号		最大耗散功率/W	最大工作电流/mA	稳定电压/V	反向泄漏电流/μA	正向压降/V
1N4370	2CW50	0.25	83	1~2.8	$\leqslant 10 (U_r=0.5V)$	$\leqslant 1$
1N4371	2CW51	0.25	71	2.5~3.5	$\leqslant 5 (U_r=0.5V)$	$\leqslant 1$
1N747-9	2CW52	0.25	55	3.2~4.5	$\leqslant 2 (U_r=0.5V)$	$\leqslant 1$
1N750-1	2CW53	0.25	41	4~5.8	$\leqslant 1$	$\leqslant 1$
1N752-3	2CW54	0.25	38	5.5~6.5	$\leqslant 0.5$	$\leqslant 1$
1N754	2CW55	0.25	33	6.2~7.5	$\leqslant 0.5$	$\leqslant 1$
1N755-6	2CW56	0.25	27	7~8.8	$\leqslant 0.5$	$\leqslant 1$
1N757	2CW57	0.25	26	8.5~9.5	$\leqslant 0.5$	$\leqslant 1$
1N758	2CW58	0.25	23	9.2~10.5	$\leqslant 0.5$	$\leqslant 1$
1N962	2CW59	0.25	20	10~11.8	$\leqslant 0.5$	$\leqslant 1$
1N963	2CW60	0.25	19	11.5~12.5	$\leqslant 0.5$	$\leqslant 1$
1N964	2CW61	0.25	16	12.2~14	$\leqslant 0.5$	$\leqslant 1$
1N965	2CW62	0.25	14	13.5~17	$\leqslant 0.5$	$\leqslant 1$
(2DW7A)	2DW230	0.2	30	5.8~6.0	$\leqslant 1$	$\leqslant 1$
(2DW7B)	2DW231	0.2	30	5.8~6.0	$\leqslant 1$	$\leqslant 1$
(2DW7C)	2DW232	0.2	30	6.0~6.5	$\leqslant 1$	$\leqslant 1$
2DW8A		0.2	30	5~6	$\leqslant 1$	$\leqslant 1$
2DW8B		0.2	30	5~6	$\leqslant 1$	$\leqslant 1$
2DW8C		0.2	30	5~6	$\leqslant 1$	$\leqslant 1$

附表 B-6　常用场效应晶体管主要参数

参数名称	N 沟道结型				MOS 型 N 沟道耗尽型		
	3DJ2	3DJ4	3DJ6	3DJ7	3D01	3D02	3D04
	D~H	D~H	D~H	D~H	D~H	D~H	D~H
饱和漏源电流 I_{DSS}/mA	0.3~10	0.3~10	0.3~10	0.35~1.8	0.35~10	0.35~25	0.3~10.5
夹断电压 U_{GS}/V	$<\lvert1{\sim}9\rvert$	$<\lvert1{\sim}9\rvert$	$<\lvert1{\sim}9\rvert$	$<\lvert1{\sim}9\rvert$	$\leqslant\lvert1{\sim}9\rvert$	$\leqslant\lvert1{\sim}9\rvert$	$\leqslant\lvert1{\sim}9\rvert$
正向跨导 g_m/μV	>2000	>2000	>1000	>3000	$\geqslant1000$	$\geqslant4000$	$\geqslant2000$
最大漏源电压 U_{DS}/V	>20	>20	>20	>20	>20	$>12{\sim}20$	>20
最大耗散功率 P_{DN1}/mW	100	100	100	100	100	25~100	100
栅源绝缘电阻 r_{GS}/Ω	$\geqslant10^8$	$\geqslant10^8$	$\geqslant10^8$	$\geqslant10^8$	$\geqslant10^8$	$\geqslant10^8{\sim}10^9$	$\geqslant100$

附录 C　半导体集成电路型号命名方法

(国家标准 GB/T 3430—1989)

第 0 部分		第一部分		第二部分	第三部分		第四部分	
用字母表示器件 符合国家标准		用字母表示器件 的类型		用阿拉伯数字和 字符表示器件的 系列和品种代号	用字母表示器件 的工作温度范围		用字母表示器件 的封装	
符号	意义	符号	意义		符号	意义	符号	意义
C	符合国家标准	T H E C M μ F W B J AD DA D SC SS SW	TTL 电路 HTL 电路 ECL 电路 CMOS 电路 存储器 微型机电路 线性放大器 稳压器 非线性电路 接口电路 A/D 转换器 D/A 转换器 音响、电视电路 通信专用电路 敏感电路 钟表电路		C G L E R M	$0\sim70℃$ $-25\sim70℃$ $-25\sim85℃$ $-40\sim85℃$ $-55\sim85℃$ $-55\sim125℃$	F B H D J P S K T C E G	多层陶瓷扁平 塑料扁平 黑瓷扁平 多层陶瓷双列直插 黑瓷双列直插 塑料双列直插 塑料单列直插 金属菱形 金属圆形 陶瓷片状载体 塑料片状载体 网格阵列

示例

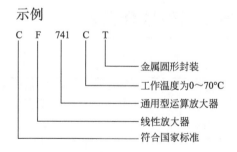

　　　　　金属圆形封装
　　　　工作温度为0~70℃
　　　通用型运算放大器
　　线性放大器
　符合国家标准

附录 D　常用半导体集成电路的参数和符号

附表 D-1　运算放大器的参数和符号

参数名称	符号	单位	型号					
			F007	F101	8FC2	CF118	CF725	CF747M
最大电源电压	U_S	V	±22	±22	±22	±22	±22	±22

续表

参数名称	符号	单位	型号					
			F007	F101	8FC2	CF118	CF725	CF747M
差模开环电压放大倍数	A_{uO}		≥80dB	≥88dB	$3×10^4$	$2×10^5$	$3×10^6$	$2×10^5$
输入失调电压	U_{IO}	mV	2～10	3～5	≤3	2	0.5	1
输入失调电流	I_{IO}	nA	100～300	20～200	≤100			
输入偏置电流	I_{IB}	nA	500	150～500		120	42	80
共模输入电压范围	U_{ICR}	V	±15			±11.5	±14	±13
共模抑制比	U_{CMR}	dB	≥70	≥80	≥80	≥80	120	90
最大输出电压	U_{OPP}	V	±13	±14	±12		±13.5	
静态功耗	P_D	mW	≤120	≤60	150		80	

附表 D-2　W7800 系列和 W7900 系列集成稳压器的参数和符号

参数名称	符号	单位	7805	7815	7820	7905	7915	7920
输出电压	U_o	V	5±5%	15±5%	20±5%	−5±5%	−15±5%	−20±5%
输入电压	U_i	V	10	23	28	−10	−23	−28
电压最大调整率	S_u	mV	50	150	200	50	150	200
静态工作电流	I_o	mA	6	6	6	6	6	6
输出电压温漂	S_T	mV/℃	0.6	1.8	2.5	−0.4	−0.9	−1
最小输出电压	U_{omin}	V	7.5	17.5	22.5	−7	−17	−22
最大输出电压	U_{imax}	V	35	35	35	−35	−35	−35
最大输出电流	I_{omax}	A	1.5	1.5	1.5	1.5	1.5	1.5

附录 E　数字集成电路各系列型号分类表

系列	子系列	名称	国标型号	国际型号	速度/ns-功耗/mW
TTL	TTL	标准 TTL 系列	CT1000	54/74×××	10-10
	HTTL	高速 TTL 系列	CT2000		6-22
	STTL	肖特基 TTL 系列	CT3000		3-19
	LSTTL	低功耗肖特基 TTL 系列	CT4000		9.5-2
	ALSTTL	先进低功耗肖特基 TTL 系列			4-1
MOS	PMOS	P 沟道场效应晶体管系列	CC4000		
	NMOS	N 沟道场效应晶体管系列			
	CMOS	互补场效应晶体管系列			125-1.25
	HCMOS	高速 CMOS 系列			8-2.5
	HCMOST	与 TTL 兼容的 HC 系列			8-2.5

附录 F   TTL 门电路、触发器和计数器的部分品种型号

类型	型号	名称
门电路	CT4000(74LS00)	四 2 输入与非门
	CT4004(74LS04)	六反相器
	CT4008(74LS08)	四 2 输入与门
	CT4011(74LS11)	三 3 输入与门
	CT4020(74LS20)	双 4 输入与非门
	CT4027(74LS27)	三 3 输入或非门
	CT4032(74LS32)	四 2 输入或门
	CT4086(74LS86)	四 2 输入异或门
触发器	CT4074(74LS74)	双上升沿 D 触发器
	CT4112(74LS112)	双下降沿 JK 触发器
	CT4175(74LS175)	四上升沿 D 触发器
计数器	CT4160(74LS160)	十进制同步计数器
	CT4161(74LS161)	二进制同步计数器
	CT4162(74LS162)	十进制同步计数器
	CT4192(74LS192)	十进制同步可逆计数器
	CT4290(74LS290)	2-5-10 进制计数器
	CT4293(74LS293)	2-8-16 进制计数器

参考文献

[1] 徐淑华. 电工电子技术. 第4版. 北京：电子工业出版社，2017.

[2] 曾令琴，申伟. 电工电子技术. 第4版. 北京：人民邮电出版社. 2016.

[3] 曹才开，熊幸明 . 电工电子技术. 北京：机械工业出版社. 2014.

[4] 童诗白，华成英. 模拟电子技术基础. 第5版. 北京：高等教育出版社，2015.

[5] 唐介，王宁. 电工学. 北京：高等教育出版社，2020.

[6] 秦曾煌. 电工学简明教程. 北京：高等教育出版社，2014.

[7] WILAMOWSKI B M, DAVID IRWIN J. Fundamentals of Industrial Electronics. Boca Raton：CRC Press，2018.

[8] 吴延容等. 电工学 . 第2版. 北京：中国电力出版社，2019.

[9] 毕淑娥. 电工学（本科少学时）. 哈尔滨：哈尔滨工业大学出版社，2020.

[10] 陈佳新，陈炳煌. 电路基础. 北京：机械工业出版社，2014.

[11] 房晔，徐健. 电工学（少学时）. 北京：中国电力出版社，2009.

[12] 邱关源，罗先觉. 电路. 北京：高等教育出版社，2006.